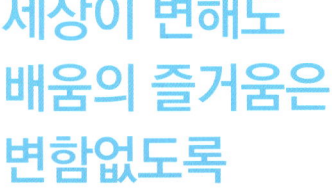

세상이 변해도
배움의 즐거움은
변함없도록

시대는 빠르게 변해도
배움의 즐거움은
변함없어야 하기에

어제의 비상은
남다른 교재부터
결이 다른 콘텐츠
전에 없던 교육 플랫폼까지

변함없는 혁신으로
교육 문화 환경의 새로운 전형을
실현해왔습니다.

비상은 오늘, 다시 한번
새로운 교육 문화 환경을 실현하기 위한
또 하나의 혁신을 시작합니다.

오늘의 내가 어제의 나를 초월하고
오늘의 교육이 어제의 교육을 초월하여
배움의 즐거움을 지속하는 혁신,

바로, 메타인지 기반 완전 학습을.

상상을 실현하는 교육 문화 기업 비상

메타인지 기반 완전 학습

초월을 뜻하는 meta와 생각을 뜻하는 인지가 결합한 메타인지는
자신이 알고 모르는 것을 스스로 구분하고 학습계획을 세우도록 하는
궁극의 학습 능력입니다. 비상의 메타인지 기반 완전 학습 시스템은
잠들어 있는 메타인지를 깨워 공부를 100% 내 것으로 만들도록 합니다.

완자

기출
PICK

중학 수학

1·1

706제

구성 structure

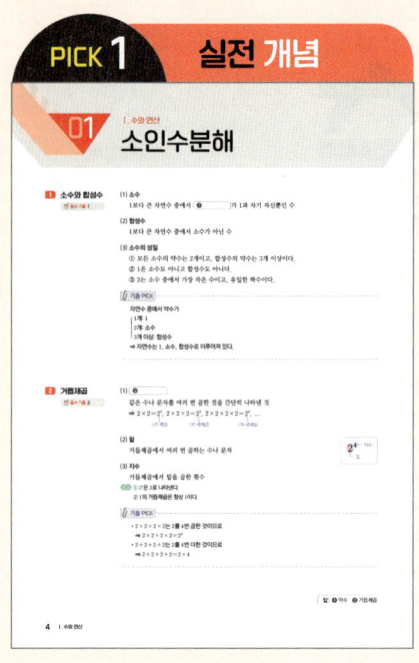

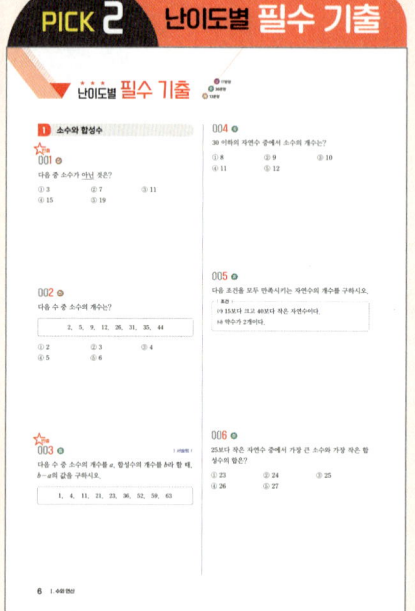

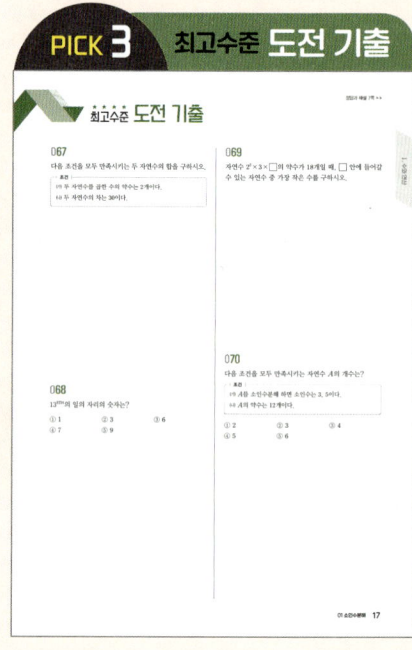

- 기출 문제 분석을 통해 정리한 실전 개념을
학습에 용이하도록 구성
- 중요한 개념을 확인할 수 있도록
☐ 채우기 구성
- 빈출 유형에서 사용되는 주요 비법은
기출 PICK에 수록

- 학교의 최신 기출 문제를 모두 분석하여
주제별, 난이도별로 구성
- 학교 시험의 고빈출, 고난도 문제를 제시
하여 문제 해결력 향상
- 내신에서 서술형 유형으로 자주 출제되는
문제를 | 서술형 | 으로 수록

- 내신에서 변별력을 높이기 위해 출제되는
최고난도 문제 수록

차례 contents

완자 기출PICK 중학 수학 1-2 구성

01 소인수분해

1 소수와 합성수

☑ 필수 기출 1

(1) 소수

1보다 큰 자연수 중에서 ❶[　　　　　]가 1과 자기 자신뿐인 수

(2) 합성수

1보다 큰 자연수 중에서 소수가 아닌 수

(3) 소수의 성질

① 모든 소수의 약수는 2개이고, 합성수의 약수는 3개 이상이다.

② 1은 소수도 아니고 합성수도 아니다.

③ 2는 소수 중에서 가장 작은 수이고, 유일한 짝수이다.

🖉 기출 PICK

자연수 중에서 약수가

- 1개: 1
- 2개: 소수
- 3개 이상: 합성수

➡ 자연수는 1, 소수, 합성수로 이루어져 있다.

2 거듭제곱

☑ 필수 기출 2

(1) ❷[　　　　]

같은 수나 문자를 여러 번 곱한 것을 간단히 나타낸 것

➡ $2 \times 2 = 2^2$, $2 \times 2 \times 2 = 2^3$, $2 \times 2 \times 2 \times 2 = 2^4$, …

2의 제곱　　2의 세제곱　　2의 네제곱

(2) 밑

거듭제곱에서 여러 번 곱하는 수나 문자

(3) 지수

거듭제곱에서 밑을 곱한 횟수

2^{4} ← 지수　밑

참고 ① 2^1은 2로 나타낸다.

　　② 1의 거듭제곱은 항상 1이다.

🖉 기출 PICK

- $2 \times 2 \times 2 \times 2$는 2를 4번 곱한 것이므로

　➡ $2 \times 2 \times 2 \times 2 = 2^4$

- $2 + 2 + 2 + 2$는 2를 4번 더한 것이므로

　➡ $2 + 2 + 2 + 2 = 2 \times 4$

답: ❶ 약수　❷ 거듭제곱

3 소인수분해

☑ 필수 기출 3, 4

(1) 소인수

어떤 자연수의 약수 중에서 [**❸**]인 것

참고 약수를 다른 말로 인수라고도 한다.

(2) [**❹**]

1보다 큰 자연수를 소인수만의 곱으로 나타내는 것

(3) 소인수분해 하는 방법

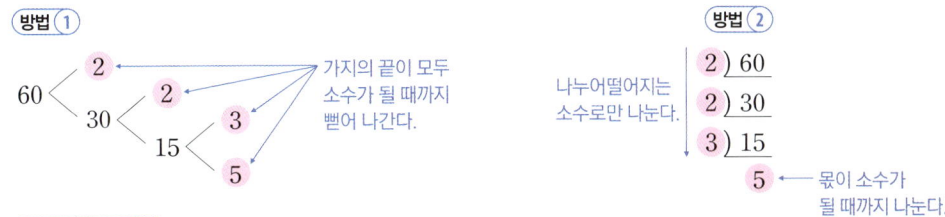

방법 ①

$$60 < \begin{matrix} 2 \\ 30 < \begin{matrix} 2 \\ 15 < \begin{matrix} 3 \\ 5 \end{matrix} \end{matrix} \end{matrix}$$

가지의 끝이 모두 소수가 될 때까지 뻗어 나간다.

소인수분해 한 결과 $60 = 2 \times 2 \times 3 \times 5 = 2^2 \times 3 \times 5$

방법 ②

나누어떨어지는 소수로만 나눈다.

$$\begin{array}{r} 2\ )\ 60 \\ 2\ )\ 30 \\ 3\ )\ 15 \\ \hline 5 \end{array}$$

몫이 소수가 될 때까지 나눈다.

✎ 기출 PICK

소인수분해 한 결과를 나타내는 방법

① 반드시 소인수의 곱으로만 나타낸다.

➡ $12 = 2 \times 6$ (×) $12 = 2^2 \times 3$ (○)

② 크기가 작은 소인수부터 차례로 쓰고, 같은 소인수의 곱은 거듭제곱으로 나타낸다.

이때 곱의 순서를 생각하지 않는다면 그 결과는 오직 한 가지뿐이다.

4 소인수분해를 이용한 약수

☑ 필수 기출 5

자연수 A가

$A = a^m \times b^n$ (a, b는 서로 다른 소수, m, n은 자연수)

으로 소인수분해 될 때

(1) A의 약수

a^m의 약수 $\underbrace{1,\ a,\ a^2,\ \dots,\ a^m}_{(m+1)개}$과 b^n의 약수 $\underbrace{1,\ b,\ b^2,\ \dots,\ b^n}_{(n+1)개}$ 중 각각 하나씩 골라 서로 곱하여 구한다.

➡ (a^m의 약수) × (b^n의 약수) 꼴

(2) A의 약수의 개수

([**❺**]) × $(n+1)$

└ 소인수의 각 지수에 1을 더하여 곱한다.

✎ 기출 PICK

소인수분해를 이용하여 약수를 구하는 방법

소인수분해를 이용하여 약수를 구할 때, 표를 이용하면 약수를 빠짐없이 구할 수 있다.

$20 = 2^2 \times 5$의 약수는 오른쪽 표에서 2^2의 약수와 5의 약수의 곱인 1, 2, 4, 5, 10, 20이다.

또 약수가 들어가는 가로 칸의 개수와 세로 칸의 개수를 곱한 것이 약수의 개수가 됨을 알 수 있다.

×	1	2	2^2
1	$1 \times 1 = 1$	$1 \times 2 = 2$	$1 \times 2^2 = 4$
5	$5 \times 1 = 5$	$5 \times 2 = 10$	$5 \times 2^2 = 20$

답: ❸ 소수 ❹ 소인수분해 ❺ $m+1$

1 소수와 합성수

★빈출 001 하

다음 중 소수가 <u>아닌</u> 것은?

① 3   ② 7   ③ 11
④ 15   ⑤ 19

002 하

다음 수 중 소수의 개수는?

2, 5, 9, 12, 26, 31, 35, 44

① 2   ② 3   ③ 4
④ 5   ⑤ 6

★빈출 003 중
| 서술형 |

다음 수 중 소수의 개수를 a, 합성수의 개수를 b라 할 때, $b-a$의 값을 구하시오.

1, 4, 11, 21, 23, 36, 52, 59, 63

004 중

30 이하의 자연수 중에서 소수의 개수는?

① 8   ② 9   ③ 10
④ 11   ⑤ 12

005 중

다음 조건을 모두 만족시키는 자연수의 개수를 구하시오.

> | 조건 |
> ㈎ 15보다 크고 40보다 작은 자연수이다.
> ㈏ 약수가 2개이다.

006 중

25보다 작은 자연수 중에서 가장 큰 소수와 가장 작은 합성수의 합은?

① 23   ② 24   ③ 25
④ 26   ⑤ 27

007 중

다음 중 옳은 것은?

① 짝수는 모두 합성수이다.
② 자연수의 약수는 2개 이상이다.
③ 두 소수의 곱은 홀수이다.
④ 한 자리의 자연수 중에서 소수는 4개이다.
⑤ 자연수는 소수와 합성수로 이루어져 있다.

008 중

다음 보기 중 옳은 것을 모두 고른 것은?

┌─ 보기 ├─────────────────────────
ㄱ. 가장 작은 소수는 1이다.
ㄴ. 소수는 모두 홀수이다.
ㄷ. 합성수의 약수는 3개 이상이다.
ㄹ. 소수와 합성수의 곱은 합성수이다.
└──────────────────────────────

① ㄱ, ㄷ   ② ㄱ, ㄹ   ③ ㄴ, ㄷ
④ ㄴ, ㄹ   ⑤ ㄷ, ㄹ

009 상

어떤 자연수는 서로 다른 두 소수의 합으로 나타낼 수 있다. 예를 들어 $16 = 3 + 13 = 5 + 11$과 같이 나타낼 수 있다. 24를 서로 다른 두 소수의 합으로 나타내는 방법은 모두 몇 가지인지 구하시오.

(단, 더하는 순서는 생각하지 않는다.)

010 상

다음 조건을 모두 만족시키는 자연수 중에서 가장 큰 수와 세 번째로 큰 수의 차는?

┌─ 조건 ├─────────────────────────
㈎ 30 이하의 자연수이다.
㈏ 9로 나누면 몫과 나머지가 모두 소수이다.
└──────────────────────────────

① 2   ② 3   ③ 4
④ 5   ⑤ 6

2 거듭제곱

빈출

011 하

다음 중 옳은 것은?

① $7 \times 7 \times 7 = 3^7$

② $5 + 5 + 5 + 5 = 5^4$

③ $2 \times 2 \times 2 \times 3 \times 3 = 2^2 \times 3^3$

④ $\dfrac{1}{2} \times \dfrac{1}{2} \times \dfrac{3}{5} \times \dfrac{3}{5} \times \dfrac{3}{5} = \left(\dfrac{1}{2}\right)^2 \times \left(\dfrac{3}{5}\right)^3$

⑤ $\dfrac{1}{3 \times 3 \times 3 \times 7 \times 7} = \dfrac{1}{3^3} + \dfrac{1}{7^2}$

012 하

$3 \times 3 \times 5 \times 7 \times 3 \times 7 \times 5$를 거듭제곱으로 나타내면 $3^a \times b^2 \times 7^c$일 때, 자연수 a, b, c에 대하여 $a + b - c$의 값은? (단, b는 소수)

① 3   ② 4   ③ 5

④ 6   ⑤ 7

013 중

| 서술형 |

$2^a = 16$, $5^3 = b$를 만족시키는 자연수 a, b에 대하여 $a + b$의 값을 구하시오.

014 상

꿀타래는 한 덩어리의 꿀을 길게 늘여 한 번 접고 다시 길게 늘여 접는 일을 반복하여 실처럼 가늘게 만든 과자이다. 꿀을 한 번 접으면 2가닥이 되고 두 번 접으면 4가닥이 될 때, 이와 같은 규칙으로 15번 접은 꿀은 모두 몇 가닥이 되는가?

① 2^{14}가닥   ② 2^{15}가닥   ③ 2^{16}가닥

④ 2^{28}가닥   ⑤ 2^{30}가닥

3 소인수분해

015 하

280을 소인수분해 하면?

① $2^3 \times 35$ ② $2^3 \times 3^2 \times 5$

③ $2^3 \times 5 \times 7$ ④ $2^3 \times 5^2 \times 7$

⑤ $2^2 \times 3^2 \times 5 \times 7$

016 하

다음 중 420의 소인수가 <u>아닌</u> 것은?

① 2   ② 3   ③ 5

④ 7   ⑤ 11

017 하

90의 소인수를 모두 구한 것은?

① 1, 2, 3, 5　　② 2, 3, 5　　③ 2, 3^2, 5

④ 3, 5, 6　　⑤ 3^2, 10

빈출
018 중

다음 중 소인수분해 한 것으로 옳지 <u>않은</u> 것은?

① $21=3\times7$　　② $65=5\times13$

③ $80=2^3\times10$　　④ $132=2^2\times3\times11$

⑤ $504=2^3\times3^2\times7$

019 중

다음 보기 중 소인수분해를 바르게 한 것을 모두 고르시오.

┌ 보기 ┐

ㄱ. $30=5\times6$　　ㄴ. $84=2^2\times3\times7$

ㄷ. $120=2^3\times3\times5$　　ㄹ. $144=12^2$

ㅁ. $165=3\times5\times11$　　ㅂ. $396=4\times9\times11$

020 중

600을 소인수분해 하면 $2^a\times b\times c^2$일 때, 자연수 a, b, c에 대하여 $a-b+c$의 값은?

① 5　　② 6　　③ 7

④ 8　　⑤ 9

빈출
021 중

다음 중 소인수가 나머지 넷과 <u>다른</u> 하나는?

① 14　　② 42　　③ 56

④ 98　　⑤ 196

022 중

312의 모든 소인수의 합은?

① 12　　② 16　　③ 18

④ 19　　⑤ 23

023 중

225의 모든 소인수의 지수의 곱은?

① 4   ② 5   ③ 6
④ 8   ⑤ 10

024 중

다음 중 모든 소인수의 합이 가장 큰 것은?

① 88   ② 126   ③ 135
④ 140   ⑤ 147

025 중

| 서술형 |

30×75를 소인수분해 하면 $2^a \times 3^b \times 5^c$일 때, 자연수 a, b, c에 대하여 $a+b+c$의 값을 구하시오.

026 상

$1 \times 2 \times 3 \times \cdots \times 10$을 소인수분해 하면 $2^a \times 3^b \times 5^c \times 7$일 때, 자연수 a, b, c에 대하여 $a-b-c$의 값을 구하시오.

027 상

$2 \times 3 \times 4 \times \cdots \times 15$를 소인수분해 했을 때, 소인수 3의 지수는?

① 2   ② 3   ③ 4
④ 5   ⑤ 6

028 상

$1 \times 2 \times 3 \times \cdots \times 45$가 5^n으로 나누어떨어질 때, 자연수 n 중에서 가장 큰 수를 구하시오.

029 (상)

다음 조건을 모두 만족시키는 자연수를 구하시오.

┌ 조건 ┐
㉮ 20보다 크고 26보다 작다.
㉯ 소인수는 2개이고, 두 소인수의 합은 13이다.

030 (상)

자연수 n의 모든 소인수의 합을 $\langle n \rangle$이라 하자. 예를 들어 $\langle 12 \rangle = 2 + 3 = 5$이다. 다음 중 $\langle n \rangle = 10$을 만족시키는 n의 값이 될 수 없는 것은?

① 63   ② 150   ③ 189
④ 210   ⑤ 270

031 (상)

다음 조건을 모두 만족시키는 세 자리의 자연수의 개수는?

┌ 조건 ┐
㉮ 13의 배수이다.
㉯ 모든 소인수의 합은 198의 모든 소인수의 합과 같다.

① 2   ② 3   ③ 4
④ 5   ⑤ 6

---

4   소인수분해의 응용

032 (하)

$2^2 \times 5 \times 7^3 \times a$가 어떤 자연수의 제곱이 되도록 할 때, 가장 작은 자연수 a의 값을 구하시오.

⭐빈출
033 (중)

40에 자연수를 곱하여 어떤 자연수의 제곱이 되도록 할 때, 곱할 수 있는 가장 작은 자연수는?

① 2   ② 4   ③ 5
④ 10   ⑤ 25

034 (중)

126을 자연수로 나누어 어떤 자연수의 제곱이 되도록 할 때, 나눌 수 있는 가장 작은 자연수를 구하시오.

035 (중) | 서술형 |

$240 \times a = b^2$을 만족시키는 가장 작은 자연수 a, b에 대하여 $b - a$의 값을 구하시오.

036 ㉛

112를 가능한 한 작은 자연수 a로 나누어 어떤 자연수 b의 제곱이 되도록 할 때, $a \times b$의 값은?

① 14   ② 18   ③ 21
④ 24   ⑤ 28

037 ㉛

180에 자연수 a를 곱하여 어떤 자연수의 제곱이 되도록 할 때, 다음 중 a의 값이 될 수 <u>없는</u> 것은?

① 20   ② 45   ③ 60
④ 80   ⑤ 125

★빈출
038 ㉛

| 서술형 |

504에 자연수를 곱하여 어떤 자연수의 제곱이 되도록 할 때, 곱할 수 있는 자연수 중에서 두 번째로 작은 수를 구하시오.

039 ㉛

$108 \times \square$가 어떤 자연수의 제곱일 때, $\square$ 안에 들어갈 수 있는 가장 큰 두 자리의 자연수를 구하시오.

040 ㉛

150에 자연수를 곱하여 어떤 자연수의 제곱이 되도록 할 때, 곱할 수 있는 두 자리의 자연수의 합을 구하시오.

041 ㊖

80에 자연수 x를 곱하여 3의 배수이면서 어떤 자연수의 제곱이 되도록 할 때, 가장 작은 자연수 x의 값을 구하시오.

042 ㊖

300을 자연수 x로 나누어 어떤 자연수의 제곱이 되도록 할 때, 모든 x의 값의 합은?

① 350   ② 360   ③ 370
④ 380   ⑤ 390

5 소인수분해를 이용한 약수

☆빈출 043 하

다음 중 $2^3 \times 7^2 \times 11$의 약수가 <u>아닌</u> 것은?

① 2×7 ② $2^2 \times 11$ ③ $7^3 \times 11$

④ $2^2 \times 7 \times 11$ ⑤ $2^3 \times 7^2 \times 11$

044 하

다음 중 72의 약수가 <u>아닌</u> 것은?

① 2^3 ② 3^2 ③ 2×3

④ $2^2 \times 3^3$ ⑤ $2^3 \times 3$

045 하

104의 약수를 모두 구하시오.

046 하

200의 약수의 개수를 구하시오.

☆빈출 047 하

$5^a \times 11^3$의 약수가 24개일 때, 자연수 a의 값은?

① 4 ② 5 ③ 6

④ 7 ⑤ 8

048 중

아래 표를 이용하여 675의 약수를 구하려고 할 때, 다음 중 옳은 것을 모두 고르면? (정답 2개)

×	1	5	(가)
1	1	5	
(나)	3	3×5	
3^2	3^2	(다)	
3^3	3^3	$3^3 \times 5$	

① 675를 소인수분해 하면 $3^3 \times 5$이다.
② (가)에 알맞은 수는 5^3이다.
③ (나)에 알맞은 수는 3이다.
④ (다)에 알맞은 수는 35이다.
⑤ $3^2 \times 5^2$이 675의 약수임을 알 수 있다.

다음 중 옳지 <u>않은</u> 것은?

① 3^4에서 밑은 3이고 지수는 4이다.
② 117을 소인수분해 하면 $3^2 \times 13$이다.
③ 40의 소인수는 2, 5이다.
④ 56의 약수는 (2^3의 약수)$\times$(7^2의 약수) 꼴이다.
⑤ 500의 약수는 12개이다.

050 중

264를 소인수분해 하면 $2^a \times 3 \times b$이고 약수의 개수가 c일 때, 자연수 a, b, c에 대하여 $a+b+c$의 값을 구하시오.

051 중

다음 중 옳은 것은?

① $2^2 \times 13$의 약수는 2개이다.
② $2 \times 3^3 \times 7^2$의 약수는 16개이다.
③ 27의 약수는 3개이다.
④ 66의 약수는 4개이다.
⑤ 136의 약수는 8개이다.

다음 중 약수의 개수가 가장 많은 것은?

① $2^2 \times 3^2$ ② $2 \times 5 \times 13$ ③ 64
④ 84 ⑤ 98

053 중

다음 중 약수의 개수가 나머지 넷과 <u>다른</u> 하나는?

① $3^3 \times 5^3$ ② $2^7 \times 7$ ③ 96
④ 168 ⑤ 270

054 중

$3^5 \times 7^3$의 약수 중에서 두 번째로 큰 수가 $3^a \times 7^b$일 때, 자연수 a, b에 대하여 $a-b$의 값을 구하시오.

055 중

360의 약수 중에서 어떤 자연수의 제곱이 되는 수의 개수를 구하시오.

056 중 | 서술형 |

504의 약수의 개수와 $3^a \times 5 \times 7$의 약수의 개수가 같을 때, 자연수 a의 값을 구하시오.

057 중

자연수 $27 \times \square$의 약수가 10개일 때, 다음 중 $\square$ 안에 들어갈 수 <u>없는</u> 수는?

① 6   ② 9   ③ 15
④ 21   ⑤ 33

058 중

$4 \times A$의 약수가 18개일 때, 다음 수 중 A의 값이 될 수 있는 것의 개수는?

$$3^5, \quad 5^2 \times 7^2, \quad 45, \quad 64, \quad 105, \quad 175$$

① 2   ② 3   ③ 4
④ 5   ⑤ 6

059 중 | 서술형 |

100 이하의 자연수 중에서 약수가 3개인 자연수의 개수를 구하시오.

060 중

자연수 $3^4 \times \square$의 약수가 15개일 때, $\square$ 안에 들어갈 수 있는 자연수 중 가장 작은 수를 구하시오.

061 상

$2^a \times 7^b \times 9$의 약수가 12개일 때, 자연수 a, b에 대하여 $a+b$의 값은?

① 2   ② 3   ③ 4

④ 5   ⑤ 6

062 상

630의 약수 중에서 7의 배수의 개수는?

① 6   ② 8   ③ 10

④ 12   ⑤ 14

빈출
063 상

$\dfrac{144}{n}$가 자연수가 되도록 하는 자연수 n의 개수를 구하시오.

064 상

20 이하의 자연수 중에서 약수가 4개인 모든 수의 합은?

① 51   ② 53   ③ 55

④ 57   ⑤ 59

065 상

약수가 8개인 자연수 중에서 두 번째로 작은 수를 구하시오.

066 상

다음 조건을 모두 만족시키는 자연수를 모두 구하시오.

┤ 조건 ├
㈎ 약수의 개수가 홀수이다.
㈏ 20보다 크고 60보다 작다.

★★★★ 최고수준 도전 기출

067

다음 조건을 모두 만족시키는 두 자연수의 합을 구하시오.

┌ 조건 ┐
(가) 두 자연수를 곱한 수의 약수는 2개이다.
(나) 두 자연수의 차는 30이다.

069

자연수 $2^2 \times 3 \times \square$의 약수가 18개일 때, $\square$ 안에 들어갈 수 있는 자연수 중 가장 작은 수를 구하시오.

070

다음 조건을 모두 만족시키는 자연수 A의 개수는?

┌ 조건 ┐
(가) A를 소인수분해 하면 소인수는 3, 5이다.
(나) A의 약수는 12개이다.

① 2   ② 3   ③ 4
④ 5   ⑤ 6

068

13^{1234}의 일의 자리의 숫자는?

① 1   ② 3   ③ 6
④ 7   ⑤ 9

최대공약수와 최소공배수

1 공약수와 최대공약수

☑ 필수 기출 1, 3, 4

(1) 공약수

두 개 이상의 자연수의 공통인 약수

(2) ❶

공약수 중에서 가장 큰 수

> 참고 공약수 중에서 가장 작은 것은 항상 1이므로 최소공약수는 생각하지 않는다.

(3) 최대공약수의 성질

두 개 이상의 자연수의 공약수는 그 수들의 ❷ 의 약수이다.

(4) 서로소

최대공약수가 ❸ 인 두 자연수

(5) 소인수분해를 이용하여 최대공약수 구하기

❶ 각 수를 소인수분해 한다.

❷ 공통인 소인수를 모두 곱한다. 이때 소인수의 거듭제곱에서 지수가 같으면 그대로, 다르면 작은 것을 택하여 곱한다.

> 참고 다음과 같이 공약수로 나누어 최대공약수를 구할 수도 있다.
> ❶ 1이 아닌 공약수로 각 수를 나눈다.
> ❷ 몫이 서로소가 될 때까지 계속 나눈다.
> ❸ 나누어 준 공약수를 모두 곱한다.

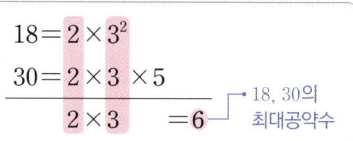

$$18 = 2 \times 3^2$$
$$30 = 2 \times 3 \times 5$$
$$\overline{\quad 2 \times 3 \quad} = 6 \rightarrow 18, 30의 최대공약수$$

$$\begin{array}{r|cc} 2 & 18 & 30 \\ 3 & 9 & 15 \\ \hline & 3 & 5 \end{array}$$ 공약수가 1뿐이다.

$$\therefore 2 \times 3 = 6 \rightarrow 18, 30의 최대공약수$$

📎 **기출 PICK**

서로소의 성질

① 1은 모든 자연수와 서로소이다.
② 공약수가 1뿐인 두 자연수는 서로소이다.
③ 서로 다른 두 소수는 항상 서로소이다.

---

2 공배수와 최소공배수

☑ 필수 기출 2, 3, 4

(1) 공배수

두 개 이상의 자연수의 공통인 배수

(2) ❹

공배수 중에서 가장 작은 수

> 참고 공배수는 끝없이 계속 구할 수 있으므로 공배수 중에서 가장 큰 것은 알 수 없다.
> 따라서 최대공배수는 생각하지 않는다.

> 답: ❶ 최대공약수 ❷ 최대공약수 ❸ 1 ❹ 최소공배수

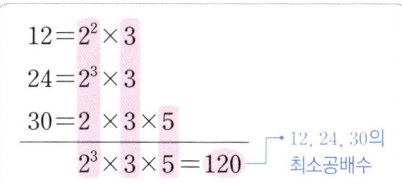

(3) 최소공배수의 성질

두 개 이상의 자연수의 공배수는 그 수들의 최소공배수의 **⑤** 이다.

(4) 소인수분해를 이용하여 최소공배수 구하기

❶ 각 수를 소인수분해 한다.

❷ 공통인 소인수와 공통이 아닌 소인수를 모두 곱한다. 이때 소인수의 거듭제곱에서 지수가 같으면 그대로, 다르면 큰 것을 택하여 곱한다.

$$12 = 2^2 \times 3$$
$$24 = 2^3 \times 3$$
$$30 = 2 \times 3 \times 5$$
$$\overline{}$$
$$2^3 \times 3 \times 5 = 120 \quad \rightarrow \text{12, 24, 30의 최소공배수}$$

참고 다음과 같이 공약수로 나누어 최소공배수를 구할 수도 있다.

❶ 1이 아닌 공약수로 각 수를 나눈다.

❷ 세 수의 공약수가 없을 때는 두 수의 공약수로 나눈다. 이때 공약수가 없는 수는 그대로 내려 쓴다.

❸ 나누어 준 공약수와 마지막 몫을 모두 곱한다.

```
2 ) 12   24   30
3 )  6   12   15
2 )  2    4   ⑤
        1    2    5
```

$$\therefore 2 \times 3 \times 2 \times 1 \times 2 \times 5 = 120$$

12, 24, 30의 최소공배수

🖋 기출 PICK

최대공약수와 최소공배수의 밑과 지수 비교

최대공약수	최소공배수
공통인 소인수만 곱한다.	공통이 아닌 소인수까지 곱한다.
소인수의 지수가 작거나 같은 것을 택하여 곱한다.	소인수의 지수가 크거나 같은 것을 택하여 곱한다.

❸ 최대공약수와 최소공배수의 관계

✓ 필수 기출 3

두 자연수 A, B의 최대공약수가 G, 최소공배수가 L일 때,

$$A = a \times G, \ B = b \times G \ (a, b는 \text{ 서로소})$$

라 하면 다음이 성립한다.

(1) $L = a \times b \times G$

(2) $A \times B =$ **⑥**

```
최대공약수 → G ) A   B
                 a   b
                 └───┘
                  서로소
  ➡ L = a × b × G
        └ 최소공배수
```

🖋 기출 PICK

최대공약수 또는 최소공배수가 주어지면 다음을 이용한다.

① 두 수 A, B의 최대공약수가 G이다. ➡ A, B는 G의 배수이다.

② 두 수 A, B의 최소공배수가 L이다. ➡ A, B는 L의 약수이다.

답: ⑤ 배수 ⑥ $L \times G$

1 최대공약수

★빈출
071 하

두 수 $2^3 \times 3 \times 7$, $2^2 \times 3^3$의 최대공약수는?

① 2×3　　　② $2^2 \times 3$　　　③ $2^3 \times 3^3$
④ $2 \times 3 \times 7$　　　⑤ $2^3 \times 3^3 \times 7$

072 하

두 자연수 A, B의 최대공약수 45일 때, 다음 중 A, B의 공약수가 아닌 것은?

① 3　　　② 5　　　③ 9
④ 13　　　⑤ 15

★빈출
073 하

두 자연수의 최대공약수가 32일 때, 이 두 수의 공약수를 모두 구하시오.

074 하

다음 중 63과 서로소인 것은?

① 28　　　② 33　　　③ 45
④ 50　　　⑤ 56

075 중

세 수 $3^2 \times 5^3 \times 7$, $3^3 \times 7^2$, $3^2 \times 5^2 \times 7$의 최대공약수가 $3^a \times b$일 때, 자연수 a, b에 대하여 $b-a$의 값은?
(단, b는 소수)

① 1　　　② 2　　　③ 3
④ 4　　　⑤ 5

076 중

세 수 54, 72, 126의 최대공약수를 구하시오.

077 중

다음 중 두 수 $2^2 \times 3^3$, $2 \times 3^2 \times 5^3$의 공약수가 <u>아닌</u> 것은?

① 2   ② 3   ③ 2×3

④ 2×3^2 ⑤ $2^2 \times 3$

078 중

다음 보기 중 두 수 $2 \times 3^3 \times 5^2 \times 7$, $2^2 \times 5^3 \times 7^2$의 공약수인 것을 모두 고르시오.

┌ 보기 ├
ㄱ. 2^2 ㄴ. 2×5 ㄷ. $5^2 \times 7$
ㄹ. $3^3 \times 5$ ㅁ. $2 \times 3 \times 7$ ㅂ. $2 \times 5 \times 7$

079 중

세 수 $2 \times 3^2 \times 7^2$, 168, 189의 모든 공약수의 합은?

① 31   ② 32   ③ 33

④ 34   ⑤ 35

080 중 | 서술형 |

세 수 216, 504, 720의 공약수의 개수를 구하시오.

081 중

다음 중 두 수가 서로소인 것은?

① 7, 84   ② 11, 121   ③ 20, 27

④ 24, 42   ⑤ 36, 51

082 중

두 자연수 39와 A의 공약수가 1개일 때, 다음 중 A의 값이 될 수 <u>없는</u> 것은?

① 16   ② 22   ③ 25

④ 35   ⑤ 52

083 중

다음 중 옳은 것을 모두 고르면? (정답 2개)

① 1은 모든 자연수와 서로소이다.
② 서로 다른 두 홀수는 서로소이다.
③ 서로 다른 두 소수는 서로소이다.
④ 두 수가 서로소이면 두 수의 공약수는 없다.
⑤ 두 수의 최대공약수가 1이면 두 수는 모두 소수이다.

084 중

다음 중 옳지 <u>않은</u> 것은?

① 24를 소인수분해 하면 $2^3 \times 3$이다.
② 76의 소인수는 2개이다.
③ 17과 21은 서로소이다.
④ 54와 90의 최대공약수는 9이다.
⑤ 105와 225의 공약수는 4개이다.

085 중

10보다 크고 30보다 작은 자연수 중에서 99와 서로소인 수의 개수를 구하시오.

086 중 | 서술형 |

두 자연수 A, B에 대하여 $A \bigcirc B$를 A와 B의 최대공약수라 할 때, $35 \bigcirc N = 1$을 만족시키는 30 이하의 자연수 N의 개수를 구하시오.

087 중

다음 조건을 모두 만족시키는 자연수의 개수는?

┤ 조건 ├
㈎ 약수가 2개이다.
㈏ 26과 서로소이다.
㈐ 20보다 작은 수이다.

① 5   ② 6   ③ 7
④ 8   ⑤ 9

088 상

두 수 $3^2 \times 5^2 \times 7 \times 11^3$, $3^4 \times 5^2 \times 11$의 공약수 중 두 번째로 큰 수를 구하시오.

089 (상)

450과 675의 공약수 중에서 어떤 자연수의 제곱이 되는 모든 수의 합을 구하시오.

090 (상)

0보다 크고 1보다 작거나 같은 분수 중에서 분모가 98인 기약분수의 개수는?

① 40   ② 41   ③ 42
④ 43   ⑤ 44

2 최소공배수

091 (하)

두 수 $3^2 \times 5 \times 7$, 84의 최소공배수는?

① $2^2 \times 3^2$ ② 3×7 ③ $3^2 \times 5$
④ $3^2 \times 5 \times 7$ ⑤ $2^2 \times 3^2 \times 5 \times 7$

092 (하)

두 자연수 A, B의 최소공배수가 16일 때, 다음 중 A, B의 공배수가 <u>아닌</u> 것은?

① 32   ② 48   ③ 64
④ 98   ⑤ 112

093

세 수 $2^2 \times 3 \times 5^2$, $2^3 \times 3^2 \times 5^2$, $2^2 \times 5$의 최대공약수와 최소공배수는?

	최대공약수	최소공배수
①	2×5^2	$2^2 \times 5^2$
②	$2^2 \times 5$	$2^3 \times 3 \times 5$
③	$2^2 \times 5$	$2^3 \times 3^2 \times 5^2$
④	$2 \times 3^2 \times 5$	$2^2 \times 5^2$
⑤	$2^2 \times 3 \times 5^2$	$2^3 \times 3^2 \times 5$

094 (중)

다음 중 두 수의 최대공약수와 최소공배수의 차가 가장 큰 것은?

① 30, 42   ② 44, 60   ③ 45, 75
④ 54, 72   ⑤ 90, 120

095 (중)

세 수 150, 168, 315의 최소공배수는?

① $2^2 \times 3^3 \times 5^3$ ② $2^3 \times 3^2 \times 5^2$

③ $2 \times 3 \times 5 \times 7$ ④ $2^3 \times 3^2 \times 5 \times 7$

⑤ $2^3 \times 3^2 \times 5^2 \times 7$

096 (중) 빈출

두 자연수의 최소공배수가 18일 때, 이 두 자연수의 공배수 중에서 200에 가장 가까운 수를 구하시오.

097 (중)

다음 중 두 수 2×7^2, $2 \times 7 \times 11^2$의 공배수가 <u>아닌</u> 것은?

① $2 \times 7^2 \times 11^2$ ② $2^2 \times 7 \times 11^3$

③ $2^2 \times 7^2 \times 11^2$ ④ $2 \times 3 \times 7^2 \times 11^2$

⑤ $2^2 \times 5 \times 7^3 \times 11^2$

098 (중) | 서술형 |

두 수 8과 12의 공배수 중에서 두 자리의 자연수의 개수를 구하시오.

099 (중) 빈출

세 수 18, 30, 36의 공배수 중에서 1000 이하인 수의 개수는?

① 4   ② 5   ③ 6

④ 7   ⑤ 8

100 (중)

다음 보기 중 옳은 것을 모두 고른 것은?

┌ 보기 ├
ㄱ. 두 수 $2^2 \times 3^2$과 $2^2 \times 3 \times 11$의 최대공약수는 396이다.
ㄴ. 두 수 45와 189의 공약수는 3개이다.
ㄷ. 세 수 16, 32, 36의 최소공배수는 288이다.
ㄹ. 세 수 $2^2 \times 3$, $2^2 \times 5$, $2 \times 3 \times 5$의 공배수는 12개이다.

① ㄱ, ㄴ   ② ㄱ, ㄷ   ③ ㄴ, ㄷ

④ ㄴ, ㄹ   ⑤ ㄷ, ㄹ

101 (상)

다음 조건을 모두 만족시키는 자연수 x의 값을 구하시오.

┌ 조건 ├
㈎ x는 3과 7의 공배수이다.
㈏ x는 126과 315의 공약수이다.
㈐ x의 약수는 6개이다.

3 최대공약수 또는 최소공배수가 주어지는 경우

102 (하)

두 수 $2 \times 3^a \times 7^4$, $3^3 \times 7^b$의 최대공약수가 $3^2 \times 7^3$일 때, 자연수 a, b에 대하여 $a+b$의 값은?

① 3　　　　　② 4　　　　　③ 5

④ 6　　　　　⑤ 7

103 (중)　　　　　| 서술형 |

세 수 $2^2 \times 3^a$, $2^b \times 5$, $2^2 \times 3 \times 5^c$의 최소공배수가 1800일 때, 자연수 a, b, c에 대하여 $a+b-c$의 값을 구하시오.

★빈출 104 (중)

두 수 $3^a \times 5^b \times 7^2$, $2^c \times 3^4 \times 5^2$의 최대공약수가 $3^3 \times 5^2$이고 최소공배수가 $2^2 \times 3^4 \times 5^3 \times 7^2$일 때, 자연수 a, b, c에 대하여 $a+b+c$의 값은?

① 5　　　　　② 6　　　　　③ 7

④ 8　　　　　⑤ 9

105 (중)

두 수 $2^a \times 3 \times 5^b$, $2 \times 3^c \times 5^2$의 최대공약수가 30이고 최소공배수가 600일 때, 자연수 a, b, c에 대하여 $a \times b \times c$의 값은?

① 2　　　　　② 3　　　　　③ 4

④ 5　　　　　⑤ 6

106 (중)

세 자연수 $2^a \times 3 \times b$, $2^5 \times 3^3 \times 7 \times 11^3$, $2^5 \times 3^2 \times 7$의 최대공약수가 84이고 최소공배수가 $2^5 \times 3^c \times 7 \times 11^3$일 때, 자연수 a, b, c에 대하여 $b+c-a$의 값을 구하시오.

(단, b는 소수)

★빈출 107 (중)

두 자연수 $2^3 \times a$, $2^2 \times 3^2 \times 5$의 최대공약수가 36일 때, 다음 중 a의 값이 될 수 없는 것을 모두 고르면? (정답 2개)

① 18　　　　　② 27　　　　　③ 45

④ 63　　　　　⑤ 90

108 중 | 서술형 |

두 자연수 112, N의 최대공약수가 16일 때, 100 미만의 자연수 N의 개수를 구하시오.

109 빈출 중

두 자연수 A, 50의 최소공배수가 $2 \times 3 \times 5^3$일 때, A의 값이 될 수 있는 가장 작은 자연수는?

① 75　　　　② 125　　　　③ 250
④ 375　　　　⑤ 750

110 중

세 자연수 N, 24, $2^2 \times 3^4$의 최소공배수가 $2^4 \times 3^4$일 때, 다음 중 N의 값이 될 수 있는 것은?

① 80　　　　② 96　　　　③ 144
④ 162　　　　⑤ 216

111 중

두 자연수 280, $2^2 \times 3 \times \square$의 최대공약수가 20일 때, $\square$ 안에 들어갈 수 있는 가장 작은 자연수와 이때 두 수의 최소공배수를 차례로 구하시오.

112 빈출 중

세 자연수 $4 \times a$, $6 \times a$, $9 \times a$의 최소공배수가 108일 때, 자연수 a의 값은?

① 2　　　　② 3　　　　③ 4
④ 5　　　　⑤ 6

113 중

세 자연수 $3 \times a$, $9 \times a$, $15 \times a$의 최소공배수가 270일 때, 세 수의 최대공약수는?

① 9　　　　② 15　　　　③ 18
④ 27　　　　⑤ 45

114 중

두 자연수의 비가 3 : 7이고 최소공배수가 126일 때, 이 두 자연수의 차를 구하시오.

★빈출
115 중

두 자연수 32, N의 최대공약수가 8이고 최소공배수가 288일 때, N의 값은?

① 56　　　　② 64　　　　③ 72
④ 80　　　　⑤ 88

116 중

두 자연수 $2^4 \times 5 \times 7$, A의 최대공약수가 $2^3 \times 5$이고 최소공배수가 $2^4 \times 3^2 \times 5 \times 7$일 때, A의 값은?

① 120　　　　② 200　　　　③ 360
④ 440　　　　⑤ 520

117 중

두 자연수 A, B의 곱이 490이고 두 수의 최대공약수가 7일 때, 두 수의 최소공배수를 구하시오.

★빈출
118 상

| 서술형 |

두 자연수 A, B의 최대공약수가 9이고 최소공배수가 72일 때, $A+B$의 값을 구하시오. (단, $A < B$)

119 상

세 자연수 A, 27, 99의 최소공배수가 $3^3 \times 5 \times 11^2$일 때, A의 값이 될 수 있는 자연수의 개수는?

① 3　　　　② 4　　　　③ 5
④ 6　　　　⑤ 7

120 (상)

세 자연수 45, 75, N의 최대공약수가 15이고 최소공배수가 450일 때, N의 값이 될 수 있는 모든 자연수의 합은?

① 640　　　② 660　　　③ 680
④ 700　　　⑤ 720

121 (상)

최대공약수가 2이고 최소공배수가 66인 두 자연수의 차가 16일 때, 이 두 수의 합은?

① 28　　　② 34　　　③ 40
④ 46　　　⑤ 52

122 (상)

두 자리의 자연수 A, B에 대하여 A, B의 곱이 540이고 최대공약수가 6일 때, $B-A$의 값을 구하시오.

(단, $A<B$)

★빈출 123 (중)

다음 중 두 분수 $\dfrac{30}{n}$, $\dfrac{75}{n}$가 자연수가 되도록 하는 자연수 n의 값이 아닌 것은?

① 1　　　② 3　　　③ 5
④ 10　　　⑤ 15

124 (중)

두 수 32, 48을 어떤 자연수로 나누면 모두 나누어떨어질 때, 어떤 자연수 중에서 가장 큰 수를 구하시오.

★빈출 125 (중)

두 분수 $\dfrac{1}{14}$, $\dfrac{1}{21}$의 어느 것에 곱해도 그 결과가 자연수가 되도록 하는 수 중에서 150 이하의 자연수의 개수는?

① 1　　　② 2　　　③ 3
④ 4　　　⑤ 5

126 중

다음 조건을 모두 만족시키는 가장 큰 자연수 x의 값을 구하시오.

┌ **조건** ┐
㉮ x는 15, 65로 모두 나누어떨어진다.
㉯ x는 세 자리의 자연수이다.

127 중

세 분수 $\dfrac{45}{n}$, $\dfrac{63}{n}$, $\dfrac{108}{n}$이 자연수가 되도록 하는 자연수 n의 개수는?

① 2   ② 3   ③ 4
④ 5   ⑤ 6

128 중

다음 중 세 분수 $\dfrac{1}{12}$, $\dfrac{1}{18}$, $\dfrac{1}{54}$의 어느 것에 곱해도 그 결과가 자연수가 되도록 하는 수는?

① 2×3 ② $2^2 \times 3$ ③ $2^2 \times 3^2$
④ $2^3 \times 3^2$ ⑤ $2^3 \times 3^3$

129 중

| 서술형 |

두 분수 $\dfrac{a}{12}$, $\dfrac{a}{90}$가 자연수가 되도록 하는 자연수 a의 값 중에서 가장 작은 수를 A, 두 분수 $\dfrac{12}{b}$, $\dfrac{90}{b}$이 자연수가 되도록 하는 자연수 b의 값 중에서 가장 큰 수를 B라 할 때, $A-B$의 값을 구하시오.

☆빈출 130 중

두 분수 $\dfrac{35}{6}$, $\dfrac{21}{8}$의 어느 것에 곱해도 그 결과가 자연수가 되도록 하는 가장 작은 기약분수를 $\dfrac{a}{b}$라 할 때, $a-b$의 값은?

① 11   ② 13   ③ 15
④ 17   ⑤ 19

☆빈출 131 중

어떤 자연수를 8, 12, 20으로 나누면 모두 3이 남는다고 할 때, 이와 같은 자연수 중에서 400에 가장 가까운 수는?

① 360   ② 363   ③ 380
④ 383   ⑤ 403

132 중

4, 6, 9의 어느 수로 나누어도 나누어떨어지려면 1이 부족한 두 자리의 자연수 중 가장 큰 수를 구하시오.

133 중

어떤 자연수로 145를 나누면 2가 남고, 170을 나누면 나누어떨어지기에 6이 부족하다고 한다. 이와 같은 자연수 중에서 가장 큰 수를 구하시오.

134 중

다음 조건을 모두 만족시키는 모든 자연수의 합은?

┤ 조건 ├

㈎ 43을 이 자연수로 나누면 1이 남는다.
㈏ 58을 이 자연수로 나누면 2가 남는다.
㈐ 115를 이 자연수로 나누면 3이 남는다.

① 15   ② 18   ③ 21
④ 24   ⑤ 27

135 상

두 수 84, 140을 어떤 자연수로 나누면 모두 나누어떨어지고 그 몫이 서로소가 될 때, 어떤 자연수를 구하시오.

136 상

| 서술형 |

세 분수 $3\frac{1}{5}$, $\frac{4}{15}$, $2\frac{2}{9}$의 어느 것에 곱해도 그 결과가 자연수가 되도록 하는 가장 작은 기약분수를 구하시오.

137 상

다음 조건을 모두 만족시키는 가장 작은 자연수는?

┤ 조건 ├

㈎ 6으로 나누면 4가 남는다.
㈏ 9로 나누면 7이 남는다.
㈐ 12로 나누면 10이 남는다.

① 34   ② 36   ③ 38
④ 40   ⑤ 42

★ ★ ★ ★ 최고수준 도전 기출

138

다음 조건을 모두 만족시키는 두 자리의 자연수 n의 개수는?

┤ 조건 ├
㈎ n과 12의 최대공약수는 6이다.
㈏ n과 45의 최대공약수는 9이다.

① 1   ② 2   ③ 3
④ 4   ⑤ 5

139

세 자연수 $2^2 \times 3^3$, 270, $2^a \times 3^b \times 5^c$의 최소공배수가 $2^4 \times 3^3 \times 5$이고 공약수가 6개일 때, 자연수 a, b, c에 대하여 $a+b-c$의 값을 구하시오.

140

20 이하의 두 자연수 A, B에 대하여 A, B의 최대공약수를 G, 최소공배수를 L이라 하면 $\dfrac{L}{G}=10$이다. $A+B=21$일 때, $B-A$의 값은? (단, $A<B$)

① 3   ② 6   ③ 9
④ 12   ⑤ 15

141

다음 조건을 모두 만족시키는 두 자연수 A, B에 대하여 $A+B$의 값을 구하시오.

┤ 조건 ├
㈎ A의 소인수는 2개, B의 소인수는 3개이다.
㈏ A의 약수는 8개, B의 약수는 18개이다.
㈐ A, B의 최대공약수는 3×5이다.
㈑ A, B의 최소공배수는 $2^2 \times 3^2 \times 5^3$이다.

03 정수와 유리수

1 양수와 음수

☑ 필수 기출 1

(1) 양의 부호와 음의 부호

서로 반대되는 성질을 가지는 양을 수로 나타낼 때, 어떤 기준을 중심으로 한쪽에는 양의 부호 +를, 다른 한쪽에는 음의 부호 −를 붙여서 나타낸다.

참고 양의 부호 +, 음의 부호 −는 각각 덧셈, 뺄셈의 기호와 모양은 같지만 그 뜻은 다르다.

(2) 양수와 음수

① 양수: 0보다 큰 수로 양의 부호 +를 붙인 수

② ❶ ⬚ : 0보다 작은 수로 음의 부호 −를 붙인 수

참고 0은 양수도 아니고 음수도 아니다.

📎 기출 PICK

서로 반대되는 성질을 가지고 있는 예는 다음과 같다.

+(양의 부호)	증가	영상	이익	수입	해발	~ 후	지상	상승
−(음의 부호)	감소	영하	손해	지출	해저	~ 전	지하	하락

2 정수와 유리수

☑ 필수 기출 2

(1) 정수

① 양의 정수: 자연수에 양의 부호 +를 붙인 수

② 음의 정수: 자연수에 음의 부호 −를 붙인 수

③ 양의 정수, 0, 음의 정수를 통틀어 ❷ ⬚ 라 한다.

참고 양의 정수는 양의 부호 +를 생략하여 나타내기도 한다. 즉, 양의 정수는 자연수와 같다.

(2) 유리수

① 양의 유리수: 분자, 분모가 자연수인 분수에 양의 부호 +를 붙인 수

② 음의 유리수: 분자, 분모가 자연수인 분수에 음의 부호 −를 붙인 수

③ 양의 유리수, ❸ ⬚, 음의 유리수를 통틀어 유리수라 한다.

참고 양의 유리수도 양의 정수와 마찬가지로 양의 부호 +를 생략하여 나타낼 수 있다.

(3) 유리수의 분류

$$
\text{유리수}\begin{cases} \text{정수}\begin{cases} \text{양의 정수(자연수): } +1, +2, +3, \ldots \\ 0 \\ \text{음의 정수: } -1, -2, -3, \ldots \end{cases} \\ \text{정수가 아닌 유리수: } -\dfrac{2}{3}, -0.4, +\dfrac{1}{2}, +3.5, \ldots \end{cases}
$$

참고 정수는 분수로 나타낼 수 있으므로 모두 유리수이다.

답: ❶ 음수 ❷ 정수 ❸ 0

3 수직선

☑ 필수 기출 3

직선 위에 기준이 되는 점 O를 잡아 그 점에 수 0을 대응시키고, 점 O의 좌우에 일정한 간격으로 점을 잡아 점 O의 오른쪽 점에는 양의 정수를, 왼쪽 점에는 음의 정수를 차례로 대응시킨다.

이와 같이 수를 대응시킨 직선을 ❹ [   ]이라 하고, 기준이 되는 점 O를 원점이라 한다.

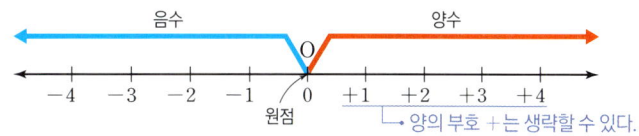

참고 모든 유리수는 수직선 위의 점에 대응시킬 수 있다.

4 절댓값

☑ 필수 기출 4

(1) 절댓값

수직선 위에서 원점과 어떤 수에 대응하는 점 사이의 거리를 그 수의 ❺ [   ]이라 하고, 기호 | |를 사용하여 나타낸다.

(2) 절댓값의 성질

① $a>0$일 때, $|a|=|-a|=a$이다.

② 0의 절댓값은 0이다. 즉, $|0|=0$이다.

③ 절댓값은 거리를 나타내므로 항상 0 또는 ❻ [   ]이다.

④ 절댓값이 큰 수일수록 수직선 위에서 원점으로부터 더 멀리 있는 점에 대응한다.

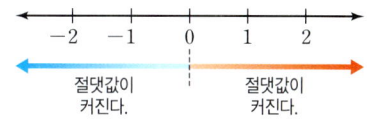

참고 절댓값이 $a(a>0)$인 수는 $+a$, $-a$의 2개이다.

5 수의 대소 관계

☑ 필수 기출 5

(1) 수의 대소 관계

수직선 위에서 수는 오른쪽으로 갈수록 크고, 왼쪽으로 갈수록 작아진다.

① 양수는 0보다 크고 음수는 0보다 작다.

② 양수는 음수보다 크다.

③ 양수끼리는 절댓값이 큰 수가 크다.

④ 음수끼리는 절댓값이 큰 수가 ❼ [   ].

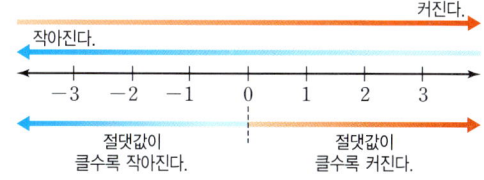

(2) 부등호의 사용

$a>b$	$a<b$	$a≥b$	$a≤b$
• a는 b보다 크다. • a는 b 초과이다.	• a는 b보다 작다. • a는 b 미만이다.	• a는 b보다 크거나 같다. • a는 b보다 작지 않다. • a는 b 이상이다.	• a는 b보다 작거나 같다. • a는 b보다 크지 않다. • a는 b 이하이다.

✍ 기출 PICK

수의 대소 관계는 다음을 이용하여 비교한다.

① (음수)$<0<$(양수)

② 부호가 같은 두 수의 대소 관계는 절댓값을 이용하여 비교한다.

③ 분수와 소수의 대소 관계는 두 수의 형태를 분수나 소수로 동일한 후 비교한다.

답: ❹ 수직선 ❺ 절댓값 ❻ 양수 ❼ 작다

1 양수와 음수

⭐빈출
142 하

다음 중 양의 부호 + 또는 음의 부호 −를 사용하여 나타낸 것으로 옳은 것은?

① 지하 2층 ➡ +2층
② 3점 실점 ➡ +3점
③ 24명 감소 ➡ −24명
④ 5000원 이익 ➡ −5000원
⑤ 해발 600 m ➡ −600 m

143 중

다음은 연우의 일기이다. 밑줄 친 부분을 양의 부호 + 또는 음의 부호 −를 사용하여 나타낸 것으로 옳지 <u>않은</u> 것은?

오늘은 가족끼리 ① 1년 전에 태어난 아기 판다를 보러 동물원에 갔다 왔다. ② 영상 30 ℃의 무더운 날씨였지만 판다가 있는 실내 방사장은 무척 시원했다. 태어났을 때보다 몸무게가 ③ 34 kg 증가한 아기 판다는 ④ 지상 2 m의 나무 위에서 자고 있었다. 그 모습이 참 편안해 보였다. 집으로 돌아오기 전 기념품 가게에 들러 ⑤ 10 % 할인받은 금액으로 인형을 샀다.

① −1년
② −30 ℃
③ +34 kg
④ +2 m
⑤ −10 %

144 중

다음 중 밑줄 친 부분을 양의 부호 + 또는 음의 부호 −를 사용하여 나타낼 때, 부호가 나머지 넷과 다른 하나는?

① 지아는 작년보다 키가 5 cm 컸다.
② 승우는 농구 경기에서 24점 득점했다.
③ 미술관의 입장객은 지난달보다 150명 감소했다.
④ 통장에 20000원을 입금했다.
⑤ 아이스크림 가격이 작년보다 500원 올랐다.

2 정수와 유리수

145 하

다음 수 중 정수의 개수를 구하시오.

$$3, \quad \frac{1}{4}, \quad -\frac{3}{2}, \quad -2.7, \quad 0, \quad -\frac{12}{3}$$

⭐빈출
146 하

다음 중 정수가 아닌 유리수는?

① −2
② $\frac{8}{2}$
③ $-\frac{15}{5}$
④ 3.3
⑤ 9

147 ⑧

다음 중 자연수가 아닌 정수를 모두 고르면? (정답 2개)

① 5   ② 0   ③ $\dfrac{3}{7}$

④ -2.7 ⑤ -4

148 ⑧

다음 중 아래와 같이 유리수를 분류할 때, ☐ 안에 들어갈 수 있는 수는?

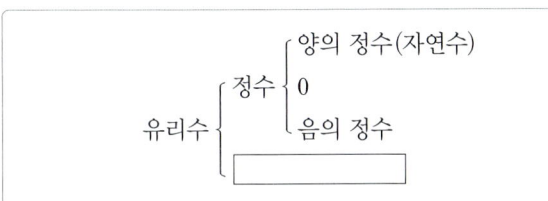

① $-\dfrac{10}{2}$ ② $\dfrac{5}{9}$ ③ $\dfrac{18}{3}$

④ -12 ⑤ 33

149 ⑧

| 서술형 |

다음 수 중 자연수의 개수를 a, 음의 정수의 개수를 b, 양의 유리수의 개수를 c라 할 때, $b+c-a$의 값을 구하시오.

$$-\dfrac{12}{5}, \quad \dfrac{9}{2}, \quad 1.23, \quad -2, \quad -\dfrac{21}{3}, \quad 160, \quad \dfrac{22}{4}$$

150 ⑧

다음 중 주어진 수에 대한 설명으로 옳은 것은?

$$-2.8, \quad 0, \quad 9, \quad \dfrac{32}{8}, \quad -5, \quad \dfrac{5}{6}$$

① 양수는 4개이다.
② 정수는 3개이다.
③ 유리수는 5개이다.
④ 음의 유리수는 2개이다.
⑤ 정수가 아닌 유리수는 3개이다.

151 ⑧

다음 중 옳지 않은 것을 모두 고르면? (정답 2개)

① 모든 자연수는 유리수이다.
② 자연수에 음의 부호를 붙인 수는 음의 정수이다.
③ 0은 정수가 아닌 유리수이다.
④ 유리수는 양의 유리수와 음의 유리수로 이루어져 있다.
⑤ 서로 다른 두 유리수 사이에는 무수히 많은 유리수가 존재한다.

152 중

다음 보기 중 옳은 것을 모두 고르시오.

┌─ 보기 ├─
ㄱ. 0은 양수도 아니고 음수도 아니다.
ㄴ. 0과 1 사이에는 유리수가 없다.
ㄷ. 유리수 중에는 정수가 아닌 수도 있다.
ㄹ. 정수 중 음의 정수가 아닌 수는 양의 정수이다.
ㅁ. 양의 유리수는 분자, 분모가 자연수인 분수에 양의 부호 +를 붙인 수이다.

153 상　　　　　　　　　　| 서술형 |

유리수 A에 대하여

$$\langle A \rangle = \begin{cases} 2 & (A\text{가 자연수일 때}) \\ 3 & (A\text{가 자연수가 아닌 정수일 때}) \\ 4 & (A\text{가 정수가 아닌 유리수일 때}) \end{cases}$$

라 할 때, $\left\langle -\dfrac{13}{3} \right\rangle + \left\langle \dfrac{14}{2} \right\rangle + \langle -5 \rangle^2$의 값을 구하시오.

154 상

5, 10, 15, 20의 숫자가 각각 하나씩 적힌 4장의 카드 중에서 2장을 동시에 뽑아 카드에 적힌 두 수를 a, b라 하자. a, b를 사용하여 새로운 수 $\dfrac{a}{b}$를 만들 때, $\dfrac{a}{b}$ 중 정수가 아닌 유리수의 개수를 구하시오.

3　수직선

⭐빈출
155 하

다음 중 아래 수직선 위의 5개의 점 A, B, C, D, E에 대응하는 수로 옳지 <u>않은</u> 것은?

① A: -4　　② B: $-\dfrac{5}{3}$　　③ C: 0.5

④ D: $\dfrac{3}{2}$　　⑤ E: $\dfrac{13}{4}$

156 하

수직선 위에서 1에 대응하는 점으로부터 거리가 3인 점에 대응하는 수를 모두 구하시오.

157 중

다음 수에 대응하는 점을 수직선 위에 나타냈을 때, 왼쪽에서 두 번째에 있는 점에 대응하는 수를 구하시오.

$$-3,\quad \dfrac{2}{3},\quad -\dfrac{9}{2},\quad 2,\quad -\dfrac{8}{4}$$

158 중

다음 중 아래 수직선 위의 5개의 점 A, B, C, D, E에 대응하는 수에 대한 설명으로 옳은 것을 모두 고르면?

(정답 2개)

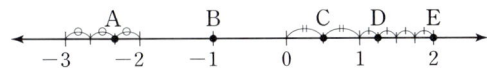

① 점 A에 대응하는 수는 $-\dfrac{8}{3}$이다.

② 점 D에 대응하는 수는 $\dfrac{5}{4}$이다.

③ 정수는 2개이다.

④ 유리수는 3개이다.

⑤ 양수는 2개이다.

★빈출 159 중

수직선 위에서 $-\dfrac{7}{4}$에 가장 가까운 정수를 a, $\dfrac{10}{3}$에 가장 가까운 정수를 b라 할 때, a, b의 값을 각각 구하시오.

160 중

수직선 위에서 -7과 3에 대응하는 두 점으로부터 같은 거리에 있는 점에 대응하는 수를 구하시오.

★빈출 161 중

수직선 위에서 두 수 a, b에 대응하는 두 점 사이의 거리가 8이고 이 두 점의 한가운데에 있는 점에 대응하는 수가 -3일 때, a, b의 값을 각각 구하시오. (단, $a<0$)

162 중
| 서술형 |

수직선 위에서 -12, -6, 4에 대응하는 세 점을 각각 A, B, C라 하자. 두 점 A, B로부터 같은 거리에 있는 점을 M, 두 점 B, C로부터 같은 거리에 있는 점을 N이라 할 때, 두 점 M, N으로부터 같은 거리에 있는 점에 대응하는 수를 구하시오.

163 상

수직선 위에 네 점 A, B, C, D가 차례로 일정한 간격으로 놓여 있다. 네 점 A, B, C, D에 대응하는 수가 각각 -10, x, 2, y일 때, x, y의 값을 각각 구하시오.

164 (상)

수직선 위에서 두 수 a, b에 대응하는 두 점 사이의 거리가 10, 두 수 b, 8에 대응하는 두 점으로부터 같은 거리에 있는 점에 대응하는 수가 5일 때, a, b의 값을 각각 구하면? (단, $a<0$)

① $a=-12$, $b=-2$ ② $a=-10$, $b=0$

③ $a=-8$, $b=2$ ④ $a=-7$, $b=3$

⑤ $a=-6$, $b=2$

---

4 절댓값

165 (하)

절댓값이 8인 수를 모두 구하시오.

★ 빈출
166 (하)

절댓값이 $\dfrac{4}{3}$인 양수를 a, 절댓값이 2.8인 음수를 b라 할 때, a, b의 값을 각각 구하시오.

167 (중)

수직선 위에서 $-\dfrac{8}{3}$에 가장 가까운 정수를 a, $\dfrac{11}{4}$에 가장 가까운 정수를 b라 할 때, $|a|+|b|$의 값을 구하시오.

★ 빈출
168 (중)

다음 중 옳지 <u>않은</u> 것을 모두 고르면? (정답 2개)

① -5와 5의 절댓값은 같다.
② 절댓값은 항상 양수이다.
③ 절댓값이 같은 수는 항상 2개이다.
④ 양수의 절댓값은 자기 자신과 같다.
⑤ 수직선 위에서 원점에서 멀리 떨어진 점일수록 그 점에 대응하는 수의 절댓값이 크다.

169 (중)

다음 보기 중 옳은 것을 모두 고른 것은?

| 보기 |

ㄱ. 절댓값이 가장 작은 수는 0이다.
ㄴ. 절댓값이 같은 두 수는 서로 같다.
ㄷ. $|a|=a$이면 a는 0 또는 양수이다.
ㄹ. 수직선 위에서 오른쪽에 있는 수가 왼쪽에 있는 수보다 절댓값이 항상 크다.

① ㄱ, ㄴ   ② ㄱ, ㄷ   ③ ㄱ, ㄹ

④ ㄴ, ㄷ   ⑤ ㄷ, ㄹ

170 중

수직선 위에서 절댓값이 6인 두 수에 대응하는 두 점 사이의 거리를 구하시오.

171 중

수직선 위의 두 점 A, B에 대응하는 수를 각각 a, b라 할 때, $|a|=|b|$이고 두 점 A, B 사이의 거리가 $\dfrac{5}{6}$이다. 이때 $|b|$의 값은?

① $\dfrac{5}{3}$　　② $\dfrac{5}{6}$　　③ $\dfrac{5}{9}$

④ $\dfrac{5}{12}$　　⑤ $\dfrac{1}{3}$

172 중

절댓값이 같고 부호가 반대인 두 수를 수직선 위에 나타내면 두 수에 대응하는 두 점 사이의 거리는 10이다. 이때 두 수를 구하시오.

173 중

두 수 a, b의 절댓값이 같고 a는 b보다 16만큼 작다고 할 때, a의 값은?

① -16　　② -8　　③ -4

④ 8　　⑤ 16

174 중 　　　　| 서술형 |

다음 수를 절댓값이 큰 수부터 차례로 나열할 때, 세 번째에 오는 수를 구하시오.

$$-3, \quad 1.6, \quad -\dfrac{1}{2} \quad -2.2, \quad \dfrac{10}{3}$$

175 중

다음 수 중 절댓값이 가장 큰 수와 절댓값이 가장 작은 수를 차례로 구하시오.

$$-\dfrac{5}{4}, \quad -0.2, \quad \dfrac{11}{5}, \quad -2.7, \quad 1.8$$

★빈출
176 ⊜

다음 중 수를 수직선 위에 나타냈을 때, 원점에서 두 번째로 가까운 수는?

① -5 ② $-\dfrac{14}{5}$ ③ -1

④ 1.4 ⑤ $\dfrac{9}{2}$

177 ⊜

다음 중 주어진 수에 대한 설명으로 옳지 <u>않은</u> 것을 모두 고르면? (정답 2개)

$$1.3, \quad -\frac{6}{5}, \quad 0, \quad -7, \quad -3.8, \quad \frac{15}{2}$$

① 양수는 2개, 음수는 3개이다.
② 유리수는 4개이다.
③ $|a|=a$인 수는 3개이다.
④ 절댓값이 가장 큰 수는 $\dfrac{15}{2}$이다.
⑤ 절댓값이 가장 작은 수는 $-\dfrac{6}{5}$이다.

178 ⊜

다음 중 아래 수직선 위의 5개의 점 A, B, C, D, E에 대응하는 수에 대한 설명으로 옳지 <u>않은</u> 것은?

```
            A   B C        D     E
 ◄─┬─┬─┬─┬─┬─┬─┬─┬─┬─┬─┬─┬─►
  -6 -5 -4 -3 -2 -1 0  1  2  3  4  5  6
```

① 점 C에 대응하는 수의 절댓값이 가장 작다.
② 점 A에 대응하는 수의 절댓값이 점 D에 대응하는 수의 절댓값보다 크다.
③ 절댓값이 2보다 작은 수는 1개이다.
④ 점 D에 대응하는 수보다 절댓값이 큰 수에 대응하는 점은 3개이다.
⑤ 두 점 B, E에 대응하는 수의 절댓값의 합은 7이다.

179 ⊜

다음 중 절댓값이 4 이상 7 미만인 정수를 모두 고르면?
(정답 2개)

① -7 ② -5 ③ -3
④ 6 ⑤ 8

★빈출
180 ⊜

절댓값이 5 이하인 정수의 개수를 구하시오.

181 중

다음 수 중 절댓값이 $\dfrac{9}{4}$ 이상인 수의 개수는?

$$-2, \quad 1.8, \quad \dfrac{11}{3}, \quad 4, \quad -5.5, \quad -\dfrac{5}{2}$$

① 2 ② 3 ③ 4
④ 5 ⑤ 6

182 중

수직선 위에서 원점과 정수 a에 대응하는 점 사이의 거리가 $\dfrac{5}{2}$보다 작을 때, a의 값을 모두 구하시오.

183 상

| 서술형 |

수직선 위의 두 점 A, B에 대응하는 수를 각각 a, b라 하자. 두 점 A, B로부터 같은 거리에 있는 점에 대응하는 수가 -2이고 a의 절댓값이 6일 때, b의 값을 모두 구하시오.

184 상

$|a|+|b|=3$을 만족시키는 두 정수 a, b를 (a, b)로 나타낼 때, (a, b)의 개수는? (단, $a>b$)

① 6 ② 7 ③ 8
④ 9 ⑤ 10

185 상

절댓값이 n 이하인 정수가 25개일 때, 자연수 n의 값을 구하시오.

5 수의 대소 관계

186 하

'a는 4보다 크지 않다.'를 부등호 또는 등호를 사용하여 나타낸 것은?

① $a>4$ ② $a\geq4$ ③ $a\neq4$
④ $a<4$ ⑤ $a\leq4$

빈출
187 하

다음 중 두 수의 대소 관계가 옳은 것은?

① $-4 > 0$ ② $1 > |-2|$ ③ $\dfrac{5}{4} < 0.8$

④ $-3 < -5$ ⑤ $-\dfrac{2}{3} < -\dfrac{1}{2}$

188 하

다음 중 두 수의 대소 관계에 대한 설명으로 옳지 <u>않은</u> 것은?

① 양수는 0보다 크고 음수는 0보다 작다.
② 양수끼리는 절댓값이 큰 수가 더 크다.
③ 음수끼리는 절댓값이 작은 수가 더 크다.
④ 부호가 다른 두 수는 절댓값이 큰 수가 더 크다.
⑤ 수직선 위에서 오른쪽에 있는 수가 왼쪽에 있는 수보다 더 크다.

빈출
189 중

다음 중 부등호를 사용하여 나타낸 것으로 옳지 <u>않은</u> 것은?

① x는 4보다 크다. ➡ $x > 4$
② x는 2 이상이고 7 미만이다. ➡ $2 \le x < 7$
③ x는 -1보다 크고 3보다 크지 않다. ➡ $-1 < x < 3$
④ x는 -5 초과이고 6보다 작거나 같다. ➡ $-5 < x \le 6$
⑤ x는 3보다 크거나 같고 8 이하이다. ➡ $3 \le x \le 8$

빈출
190 중

다음 중 □ 안에 알맞은 부등호의 방향이 나머지 넷과 <u>다른</u> 하나는?

① $-2 \,\square\, \dfrac{1}{3}$ ② $0 \,\square\, \dfrac{5}{4}$

③ $0.2 \,\square\, \dfrac{1}{2}$ ④ $-\dfrac{6}{5} \,\square\, -1.5$

⑤ $\left|-\dfrac{9}{4}\right| \,\square\, \dfrac{10}{3}$

191 중 | 서술형 |

다음 그림과 같은 길이 있다. 출발점에서 시작하여 갈림길마다 □ 안의 두 수 중 작은 수가 적힌 방향으로 이동할 때, A~D 중 도착점을 구하시오.

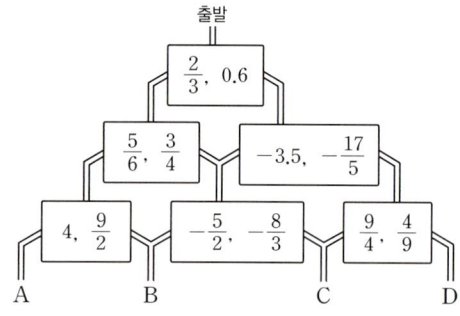

192 중

다음 수를 작은 수부터 차례로 나열할 때, 두 번째, 네 번째에 오는 수를 차례로 구하시오.

$$-\dfrac{3}{5}, \quad |-3|, \quad \dfrac{5}{4}, \quad 0.7, \quad -\dfrac{7}{3}$$

193 중

다음 중 주어진 수에 대한 설명으로 옳은 것은?

$$0.04, \quad -6, \quad -\frac{2}{3}, \quad \frac{7}{6}, \quad 2, \quad -1.8$$

① 0보다 큰 수는 2개이다.

② 가장 큰 수는 $\frac{7}{6}$이다.

③ 가장 작은 수는 -6이다.

④ 절댓값이 가장 작은 수는 $-\frac{2}{3}$이다.

⑤ 음수 중 가장 큰 수는 -1.8이다.

194 중

$-3 < x \leq \frac{7}{2}$을 만족시키는 정수 x의 값을 모두 구하시오.

★빈출
195 중

x는 -5 이상이고 $\frac{11}{4}$보다 크지 않을 때, 이를 만족시키는 정수 x의 개수는?

① 6   ② 7   ③ 8

④ 9   ⑤ 10

196 중
| 서술형 |

a의 절댓값이 $\frac{14}{3}$이고 b의 절댓값이 3이다. $a<0<b$일 때, 두 수 a, b 사이에 있는 정수의 개수를 구하시오.

197 중

두 수 $-\frac{24}{5}$와 $\frac{7}{2}$ 사이에 있는 정수 중에서 자연수가 아닌 정수의 개수를 구하시오.

198 중

두 수 $-\frac{10}{3}$과 1.2 사이에 있는 정수 중에서 절댓값이 가장 큰 수를 구하시오.

199 중

다음 조건을 모두 만족시키는 정수 a의 값을 구하시오.

조건
㉮ a는 -4보다 작지 않고 3 이하이다.
㉯ $|a| > 3$

200 중

다음 조건을 모두 만족시키는 네 수 a, b, c, d의 대소 관계를 부등호를 사용하여 나타내시오.

┌ 조건 ├
㈎ a는 $-\dfrac{11}{3}<a<-\dfrac{15}{7}$를 만족시키는 정수이다.

㈏ b는 $-\dfrac{4}{5}$에 가장 가까운 정수이다.

㈐ c는 -1보다 크고 3.3 이하인 유리수이다.

㈑ d는 -3.3보다 작은 유리수이다.

201 중

다음 조건을 모두 만족시키는 세 수 a, b, c의 대소 관계를 부등호를 사용하여 나타내시오.

┌ 조건 ├
㈎ $|a|=5$

㈏ a는 1보다 작다.

㈐ a와 b의 부호는 같고, $|a|<|b|$이다.

㈑ $|c|=c$

202 상

| 서술형 |

서로 다른 두 수 a, b에 대하여

$$a \circledcirc b = \begin{cases} |a| & (a>b) \\ |b| & (a<b) \end{cases}$$

라 할 때, $\dfrac{5}{4} \circledcirc \left\{ \left(-\dfrac{11}{8} \right) \circledcirc \left(-\dfrac{3}{2} \right) \right\}$의 값을 구하시오.

203 상

두 유리수 $-\dfrac{5}{2}$와 $\dfrac{2}{3}$ 사이에 있는 유리수 중에서 분모가 6인 기약분수의 개수는?

① 5 ② 6 ③ 7
④ 8 ⑤ 9

204 상

다음 조건을 모두 만족시키는 세 수 a, b, c의 대소 관계는?

┌ 조건 ├
㈎ a는 4보다 크다.

㈏ b와 c는 -4보다 크다.

㈐ a는 b보다 -4에 더 가깝다.

㈑ c의 절댓값은 -4의 절댓값과 같다.

① $a<b<c$ ② $a<c<b$ ③ $b<a<c$
④ $c<a<b$ ⑤ $c<b<a$

205 상

다음 조건을 모두 만족시키는 서로 다른 네 수 a, b, c, d의 대소 관계를 부등호를 사용하여 나타내시오.

┌ 조건 ├
㈎ a는 네 수 중에서 절댓값이 가장 작은 수이다.

㈏ 수직선 위에서 b에 대응하는 점은 원점보다 왼쪽에 있다.

㈐ 수직선 위에서 c와 d에 대응하는 두 점은 원점으로부터의 거리가 같다.

㈑ d는 b보다 작다.

★★★★ 최고수준 도전 기출

206

부호가 다른 두 수 a, b에 대하여 $|a|=2\times|b|$이고, 수직선 위에서 두 수 a, b에 대응하는 두 점 사이의 거리가 18이다. 이를 만족시키는 두 수 a, b를 (a, b)로 나타낼 때, (a, b)를 모두 구하시오.

207

다음 조건을 모두 만족시키는 세 수 a, b, c의 값을 각각 구하시오.

조건

(가) $|b|=4$ (나) $|b|=|c|$

(다) $|a|=|c+1|$ (라) $a<b<0<c$

208

$\dfrac{n}{5}$의 절댓값이 1보다 작도록 하는 정수 n의 개수는?

① 6   ② 7   ③ 8

④ 9   ⑤ 10

209

다음 조건을 모두 만족시키는 서로 다른 네 수 a, b, c, d를 작은 수부터 차례로 나열하시오.

조건

(가) 수직선 위에서 a, b에 대응하는 두 점은 원점으로부터 같은 거리에 있다.

(나) 수직선 위에서 c에 대응하는 점은 b에 대응하는 점의 왼쪽, d에 대응하는 점은 b에 대응하는 점의 오른쪽에 있다.

(다) a, b, c, d 중에서 절댓값이 가장 큰 수는 d, 절댓값이 가장 작은 수는 c이다.

04 정수와 유리수의 계산

I. 수와 연산

1 수의 덧셈

☑ 필수 기출 1~3, 6

(1) 부호가 같은 두 수의 덧셈: 두 수의 절댓값의 합에 ⬜❶⬜ 인 부호를 붙인다.

공통인 부호   공통인 부호

예 $(+1)+(+2)=+(1+2)=+3,$ $(-1)+(-2)=-(1+2)=-3$

절댓값의 합   절댓값의 합

(2) 부호가 다른 두 수의 덧셈: 두 수의 절댓값의 차에 절댓값이 ⬜❷⬜ 수의 부호를 붙인다.

절댓값이 큰 수의 부호   절댓값이 큰 수의 부호

예 $(+1)+(-2)=-(2-1)=-1,$ $(-1)+(+2)=+(2-1)=+1$

절댓값의 차   절댓값의 차

참고 • 어떤 수와 0의 합은 그 수 자신이다. ➡ $a+0=a,\ 0+a=a$

• 절댓값이 같고 부호가 다른 두 수의 합은 0이다. ➡ $(+a)+(-a)=0$

(3) 덧셈의 계산 법칙: 세 수 a, b, c에 대하여

① **덧셈의 교환법칙:** $a+b=b+a$

② **덧셈의 결합법칙:** $(a+b)+c=a+(b+c)$

참고 세 수의 덧셈에서 $(a+b)+c$와 $a+(b+c)$의 결과가 같으므로 괄호를 사용하지 않고 $a+b+c$로 나타낼 수 있다.

2 수의 뺄셈

☑ 필수 기출 1~3, 6

두 수의 뺄셈은 빼는 수의 부호를 바꾸어 덧셈으로 고쳐서 계산한다.

뺄셈은 덧셈으로   뺄셈은 덧셈으로

예 $(+2)-(+5)=(+2)+(-5)=-3,$ $(+2)-(-5)=(+2)+(+5)=+7$

부호 바꾸기   부호 바꾸기

참고 어떤 수에서 0을 뺀 값은 그 수 자신이다. ➡ $a-0=a$

3 덧셈과 뺄셈의 혼합 계산

☑ 필수 기출 1~3

(1) 덧셈과 뺄셈의 혼합 계산

❶ 뺄셈을 덧셈으로 고친다.

❷ 덧셈의 계산 법칙을 이용하여 계산한다.

(2) 부호가 생략된 수의 덧셈과 뺄셈

❶ 생략된 양의 부호 $+$를 넣는다.

❷ 뺄셈을 덧셈으로 고친다.

❸ 덧셈의 계산 법칙을 이용하여 계산한다.

4 수의 곱셈

☑ 필수 기출 4~6

(1) 부호가 같은 두 수의 곱셈: 두 수의 절댓값의 곱에 양의 부호 $+$를 붙인다.

양의 부호   양의 부호

예 $(+2)\times(+3)=+(2\times3)=+6,$ $(-2)\times(-3)=+(2\times3)=+6$

절댓값의 곱   절댓값의 곱

답: ❶ 공통 ❷ 큰

(2) 부호가 다른 두 수의 곱셈: 두 수의 절댓값의 곱에 ❸ [　　　] 를 붙인다.

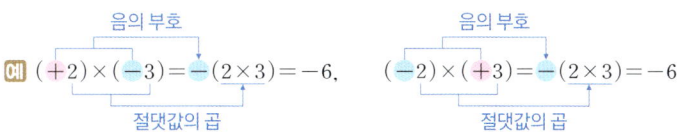

음의 부호 　　　　　　　　　　음의 부호

예 $(+2)×(-3)=-(2×3)=-6$, 　　$(-2)×(+3)=-(2×3)=-6$

절댓값의 곱　　　　　　　　　절댓값의 곱

참고 어떤 수와 0의 곱은 항상 0이다. ➡ $a×0=0$, $0×a=0$

(3) 곱셈의 계산 법칙: 세 수 a, b, c에 대하여

① 곱셈의 교환법칙: $a×b=b×a$

② 곱셈의 결합법칙: $(a×b)×c=a×(b×c)$

　참고 세 수의 곱셈에서 $(a×b)×c$와 $a×(b×c)$의 결과가 같으므로 괄호를 사용하지 않고 $a×b×c$로 나타낼 수 있다.

(4) 세 수 이상의 곱셈

❶ 곱의 부호를 정한다. ➡ 곱해진 음수가 ⎡ 없거나 짝수 개이면 ＋
　　　　　　　　　　　　　　　　　 ⎣ 홀수 개이면 －

❷ 각 수의 절댓값의 곱에 ❶에서 결정된 부호를 붙인다.

(5) [❹ 　　　]: 세 수 a, b, c에 대하여

① $a×(b+c)=a×b+a×c$　　　　　② $(a+b)×c=a×c+b×c$

---

5 수의 나눗셈

☑ 필수 기출 4~6

(1) 부호가 같은 두 수의 나눗셈: 두 수의 절댓값의 나눗셈의 몫에 양의 부호 ＋를 붙인다.

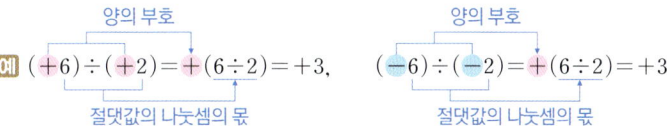

양의 부호 　　　　　　　　　　양의 부호

예 $(+6)÷(+2)=+(6÷2)=+3$, 　　$(-6)÷(-2)=+(6÷2)=+3$

절댓값의 나눗셈의 몫　　　　　절댓값의 나눗셈의 몫

(2) 부호가 다른 두 수의 나눗셈: 두 수의 절댓값의 나눗셈의 몫에 음의 부호 －를 붙인다.

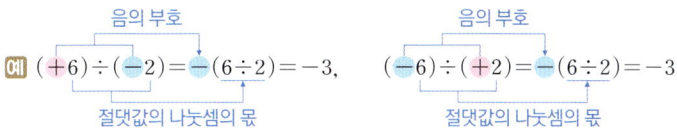

음의 부호 　　　　　　　　　　음의 부호

예 $(+6)÷(-2)=-(6÷2)=-3$, 　　$(-6)÷(+2)=-(6÷2)=-3$

절댓값의 나눗셈의 몫　　　　　절댓값의 나눗셈의 몫

참고 0을 0이 아닌 수로 나누면 그 몫은 항상 0이다. ➡ $0÷a=0$ (단, $a≠0$)

(3) 역수

① 두 수의 곱이 1이 될 때, 한 수를 다른 수의 [❺ 　　　]라 한다.

② 역수를 이용한 수의 나눗셈: 나누는 수의 역수를 곱하여 계산한다.

---

6 덧셈, 뺄셈, 곱셈, 나눗셈의 혼합 계산

☑ 필수 기출 7

(1) 곱셈과 나눗셈의 혼합 계산

❶ 거듭제곱이 있으면 거듭제곱을 먼저 계산한다.

❷ 나눗셈을 곱셈으로 고친다.

❸ 부호를 결정하고, 각 수의 절댓값의 곱에 결정된 부호를 붙인다.

(2) 덧셈, 뺄셈, 곱셈, 나눗셈의 혼합 계산

❶ 거듭제곱이 있으면 거듭제곱을 먼저 계산한다.

❷ 괄호가 있으면 괄호 안을 먼저 계산한다. 이때 ( ) → { } → [ ]의 순서로 계산한다.

❸ 곱셈과 나눗셈을 먼저 한 후 덧셈과 뺄셈을 한다.

답: ❸ 음의 부호 －　❹ 분배법칙　❺ 역수

1 **수의 덧셈과 뺄셈**

210 하

다음 수직선으로 설명할 수 있는 덧셈식은?

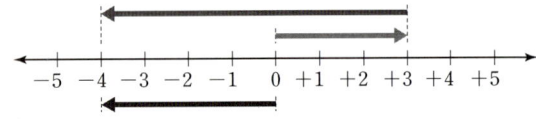

① $(-4)+(+7)=+3$ ② $(-4)+(-7)=-11$
③ $(-3)+(+7)=+4$ ④ $(+3)+(-7)=-4$
⑤ $(+3)+(+7)=+10$

211 하

다음 중 옳은 것은?

① $(-2)+(-2)=+4$ ② $(+5)+(+1)=-6$
③ $(+3)+(-5)=-2$ ④ $(+6)+(-3)=-3$
⑤ $(-4)+(+9)=-5$

212 하

다음 중 계산 결과가 나머지 넷과 다른 하나는?

① $(-4)-(+1)$ ② $(-3)-(+2)$
③ $(+1)-(+6)$ ④ $(+5)-(-10)$
⑤ $(-7)-(-2)$

빈출
213 중

다음 중 계산 결과가 가장 큰 것은?

① $(+5)-(-1)$ ② $(-10)+(+3)$
③ $\left(+\dfrac{2}{3}\right)+\left(-\dfrac{3}{5}\right)$ ④ $(-2.4)-(-7.2)$
⑤ $\left(+\dfrac{5}{2}\right)-(+3.6)$

214 중

$a=\left(+\dfrac{5}{3}\right)-\left(+\dfrac{1}{4}\right)$, $b=\left(-\dfrac{7}{2}\right)+\left(+\dfrac{4}{3}\right)$일 때, $a+b$
의 값을 구하시오.

215 중

다음 중 계산 결과를 수직선 위에 나타냈을 때, 원점에서 가장 가까운 것은?

① $(+8)+(-5)$ ② $(+4)-(-6)$
③ $(-3.2)-(+2)$ ④ $\left(-\dfrac{5}{7}\right)+\left(-\dfrac{3}{7}\right)$
⑤ $\left(+\dfrac{3}{8}\right)-\left(-\dfrac{5}{4}\right)$

216 중

다음 계산 과정에서 ㉠, ㉡에 이용된 덧셈의 계산 법칙을 각각 말하시오.

$$\left(-\frac{2}{3}\right)+(+2.4)+\left(-\frac{4}{3}\right)+(+1.6)$$
$$=\left(-\frac{2}{3}\right)+\left(-\frac{4}{3}\right)+(+2.4)+(+1.6) \quad ㉠$$
$$=\left\{\left(-\frac{2}{3}\right)+\left(-\frac{4}{3}\right)\right\}+\{(+2.4)+(+1.6)\} \quad ㉡$$
$$=(-2)+(+4)$$
$$=2$$

★빈출 217 중

다음 계산 과정에서 ㈎~㈑에 알맞은 것을 각각 구하면?

$$\left(-\frac{11}{15}\right)+(-3)+\left(+\frac{8}{15}\right)$$
$$=\left(-\frac{11}{15}\right)+\left(+\frac{8}{15}\right)+(-3) \quad 덧셈의 \boxed{㈎} 법칙$$
$$=\left\{\left(-\frac{11}{15}\right)+\left(+\frac{8}{15}\right)\right\}+(-3) \quad 덧셈의 \boxed{㈏} 법칙$$
$$=(\boxed{㈐})+(-3)$$
$$=\boxed{㈑}$$

	㈎	㈏	㈐	㈑
①	교환	결합	$-\frac{1}{5}$	$-\frac{16}{5}$
②	교환	결합	$-\frac{1}{5}$	$-\frac{14}{5}$
③	교환	결합	$+\frac{1}{5}$	$-\frac{14}{5}$
④	결합	교환	$-\frac{1}{5}$	$-\frac{16}{5}$
⑤	결합	교환	$+\frac{1}{5}$	$-\frac{14}{5}$

218 중

| 서술형 |

수직선 위에서 $-\frac{7}{3}$에 가장 가까운 정수를 a, $\frac{14}{5}$에 가장 가까운 정수를 b라 할 때, $a-b$의 값을 구하시오.

219 중

다음 수 중 가장 큰 수와 가장 작은 수의 합을 구하시오.

$$-3, \quad -\frac{13}{4}, \quad 2.5, \quad -\frac{21}{8}, \quad \frac{17}{6}$$

★빈출 220 중

다음 수 중 절댓값이 가장 큰 수를 a, 절댓값이 가장 작은 수를 b라 할 때, $b-a$의 값은?

$$-\frac{3}{5}, \quad -3.6, \quad \frac{8}{3}, \quad \frac{7}{6}, \quad -\frac{21}{10}$$

① -3　　② $-\frac{3}{2}$　　③ $\frac{1}{2}$

④ $\frac{3}{2}$　　⑤ 3

221 중

| 서술형 |

$\left(+\dfrac{5}{4}\right)+(-7)+\left(-\dfrac{13}{4}\right)$을 덧셈의 교환법칙과 결합법칙을 이용하여 계산하시오.

222 중

다음 중 옳지 <u>않은</u> 것은?

① $(+5)-(-3)+(+7)=15$

② $(+8)+(-10)-(+4)=-6$

③ $\left(+\dfrac{9}{4}\right)+\left(-\dfrac{5}{6}\right)-\left(+\dfrac{7}{3}\right)=\dfrac{11}{12}$

④ $\left(+\dfrac{2}{7}\right)+\left(-\dfrac{4}{3}\right)-\left(+\dfrac{9}{7}\right)=-\dfrac{7}{3}$

⑤ $(+2.5)-(+5.4)+(+1.5)-(-3.4)=2$

223 중

$\left(-\dfrac{4}{5}\right)+\left(-\dfrac{2}{3}\right)-\left(+\dfrac{2}{5}\right)-\left(-\dfrac{8}{3}\right)$을 계산하시오.

224 중

다음 중 계산 결과가 가장 작은 것은?

① $6-9+5$

② $-\dfrac{3}{4}+\dfrac{1}{2}-\dfrac{4}{5}$

③ $\dfrac{1}{5}-2-\dfrac{1}{3}$

④ $2.5-3.7+4$

⑤ $\dfrac{3}{8}+0.6-\dfrac{15}{8}-2.9$

225 상

$1-2+3-4+5-6+\cdots+99-100$을 계산하시오.

226 상

| 서술형 |

두 수 a, b에 대하여

$$\langle a,\ b\rangle=\begin{cases}|a|+b & (|a|\geq|b|) \\ a-|b| & (|a|<|b|)\end{cases}$$

라 할 때, $\langle -2,\ 5\rangle-\langle -5,\ 2\rangle$의 값을 구하시오.

2 수의 덧셈과 뺄셈의 응용

227 하

$\square - \left(-\dfrac{9}{8} \right) = 3$일 때, $\square$ 안에 알맞은 수를 구하시오.

228 중

두 수 a, b에 대하여 $a - (-5) = 8$, $(-7) + b = -3$일 때, $a + b$의 값은?

① 6   ② 7   ③ 8
④ 9   ⑤ 10

229 중

| 서술형 |

두 수 a, b에 대하여 $a + \left(-\dfrac{5}{4} \right) = -1.2$, $3 - b = \dfrac{9}{4}$일 때, $b - a$의 값을 구하시오.

230 중

다음 $\square$ 안에 알맞은 수를 구하시오.

$$-\dfrac{3}{4} - \dfrac{7}{3} + \square = -\dfrac{7}{12}$$

⭐빈출 231 중

6보다 -2만큼 작은 수를 a, -9보다 12만큼 큰 수를 b라 할 때, $a - b$의 값은?

① 3   ② 5   ③ 7
④ 9   ⑤ 11

232 중

다음 중 가장 큰 수는?

① 3보다 4만큼 큰 수
② -2보다 7만큼 큰 수
③ 5보다 1만큼 작은 수
④ 8보다 $-\dfrac{4}{3}$만큼 큰 수
⑤ $\dfrac{5}{2}$보다 $-\dfrac{9}{4}$만큼 작은 수

233 중

다음을 만족시키는 네 수 a, b, c, d에 대하여 $a + b + c - d$의 값을 구하시오.

- a는 -2보다 -8만큼 큰 수이다.
- b는 $-\dfrac{17}{3}$에 가장 가까운 정수이다.
- c는 $-\dfrac{5}{4} < x < \dfrac{9}{2}$를 만족시키는 정수 x의 개수이다.
- d는 $-\dfrac{5}{6}$보다 $-\dfrac{7}{3}$만큼 작은 수이다.

234 중

-6보다 $\dfrac{11}{6}$만큼 큰 수를 a, 2보다 $-\dfrac{3}{4}$만큼 작은 수를 b라 할 때, $a<x<b$를 만족시키는 정수 x의 개수를 구하시오.

235 중

| 서술형 |

어떤 수에 $\dfrac{9}{20}$를 더해야 할 것을 잘못하여 뺐더니 $-\dfrac{4}{5}$가 되었다. 다음 물음에 답하시오.

(1) 어떤 수를 구하시오.
(2) 바르게 계산한 답을 구하시오.

★빈출
236 중

어떤 수에서 $-\dfrac{3}{5}$을 빼야 할 것을 잘못하여 더했더니 9가 되었다. 이때 바르게 계산한 답은?

① 10 ② $\dfrac{51}{5}$ ③ $\dfrac{52}{5}$

④ $\dfrac{53}{5}$ ⑤ $\dfrac{54}{5}$

237 중

x의 절댓값이 4이고 y의 절댓값이 $\dfrac{3}{2}$일 때, $x+y$의 값 중 가장 작은 값은?

① $-\dfrac{5}{2}$ ② $-\dfrac{7}{2}$ ③ $-\dfrac{9}{2}$

④ $-\dfrac{11}{2}$ ⑤ $-\dfrac{13}{2}$

238 중

두 수 x, y에 대하여 $|x|=3$, $|y|=5$일 때, $x-y$의 값 중 가장 큰 값을 M, 가장 작은 값을 m이라 하자. 이때 $M-m$의 값을 구하시오.

239 상

다음 식의 ㉠, ㉡, ㉢에 세 수 $\dfrac{1}{3}$, $-\dfrac{1}{5}$, $\dfrac{1}{15}$을 한 번씩 넣어 계산한 결과 중 가장 작은 값을 구하시오.

$$\boxed{㉠} + \boxed{㉡} - \boxed{㉢}$$

3 수의 덧셈과 뺄셈의 활용

240 하

수직선 위의 두 점 A, B에 대응하는 수가 각각 $\frac{7}{4}$, -2.5 일 때, 두 점 A, B 사이의 거리는?

① $\frac{17}{4}$　　　　② $\frac{9}{2}$　　　　③ $\frac{19}{4}$

④ 5　　　　⑤ $\frac{21}{4}$

241 중

다음 수직선 위의 점 A에 대응하는 수는?

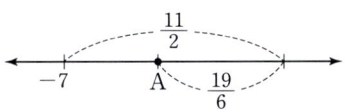

① $-\frac{31}{6}$　　　　② $-\frac{14}{3}$　　　　③ $-\frac{25}{6}$

④ $-\frac{11}{3}$　　　　⑤ $-\frac{19}{6}$

242 중

수직선 위에서 $-\frac{5}{7}$에 대응하는 점과의 거리가 $\frac{5}{3}$인 점에 대응하는 두 수를 구하시오.

243 중

다음 표는 어느 골프 대회에 참가한 두 선수 A, B의 4홀까지의 점수를 나타낸 것이다. 4홀까지의 점수의 합이 더 작은 선수를 구하시오.

선수 ＼ 홀	1	2	3	4
A	−3	1	3	−4
B	0	2	−1	−3

244 중

다음 표는 어느 날 5개의 도시 A, B, C, D, E의 최고 기온과 최저 기온을 나타낸 것이다. 5개의 도시 중 일교차가 가장 큰 도시는?

도시	A	B	C	D	E
최고 기온(℃)	+5.8	−2.2	+1.9	+14.2	−0.6
최저 기온(℃)	−1.3	−5	−6.3	+7.5	−7.4

① A　　　　② B　　　　③ C
④ D　　　　⑤ E

245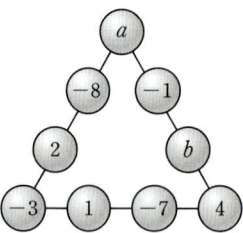

| 서술형 |

오른쪽 그림에서 삼각형의 각 변에 놓인 네 수의 합이 모두 같을 때, $a-b$의 값을 구하시오.

246 중

오른쪽 그림에서 가로, 세로, 대각선에 놓인 세 수의 합이 모두 같을 때, a, b의 값을 각각 구하면?

-1	4	3
a	b	
		5

① $a=-6$, $b=-2$

② $a=-6$, $b=2$

③ $a=6$, $b=-2$

④ $a=6$, $b=2$

⑤ $a=7$, $b=2$

★빈출
247 중

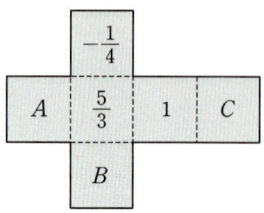

오른쪽 그림의 전개도를 접어서 정육면체를 만들 때, 마주 보는 면에 적힌 두 수의 합은 -2이다. 이때 $A+B-C$의 값을 구하시오.

248 상

다음 표는 지아가 11일부터 15일까지 하루 동안 마신 물의 양을 전날과 비교하여 증가했으면 부호 $+$, 감소했으면 부호 $-$를 사용하여 나타낸 것이다. 15일에 1800 mL를 마셨다고 할 때, 10일에는 몇 mL를 마셨는지 구하시오.

11일	12일	13일	14일	15일
$+70\,\text{mL}$	$-310\,\text{mL}$	$+55\,\text{mL}$	$+280\,\text{mL}$	$-100\,\text{mL}$

249 상

다음은 4개의 건물 A, B, C, D의 높이에 대한 설명이다. 이때 가장 높은 건물과 가장 낮은 건물의 높이의 차는?

- 건물 B는 건물 A보다 높이가 8.4 m 낮다.
- 건물 C는 건물 B보다 높이가 $\dfrac{6}{5}$ m 높다.
- 건물 D는 건물 C보다 높이가 $\dfrac{15}{2}$ m 높다.

① $\dfrac{17}{2}$ m

② $\dfrac{43}{5}$ m

③ $\dfrac{87}{10}$ m

④ $\dfrac{44}{5}$ m

⑤ $\dfrac{89}{10}$ m

4 수의 곱셈과 나눗셈

250 하

다음 중 옳지 <u>않은</u> 것은?

① $(+4) \times (+3) = +12$
② $(-2) \times (+7) = -14$
③ $(-5) \times (-6) = +30$
④ $(+32) \div (-8) = -4$
⑤ $(-42) \div (+7) = +6$

251 하

$(+30) \times \left(-\dfrac{5}{6}\right)$를 계산하시오.

252 하

$\left(-\dfrac{2}{3}\right) \div (-4)$를 계산하면?

① $\dfrac{8}{3}$ ② $\dfrac{3}{8}$ ③ $\dfrac{1}{6}$

④ $-\dfrac{1}{6}$ ⑤ $-\dfrac{3}{8}$

253 하

다음 계산 과정에서 분배법칙이 이용된 곳은?

$$
\begin{aligned}
& 14 \times \left\{ \frac{3}{7} + \left(-\frac{1}{2}\right) + \left(-\frac{5}{7}\right) \right\} \\
&= 14 \times \left\{ \frac{3}{7} + \left(-\frac{5}{7}\right) + \left(-\frac{1}{2}\right) \right\} \quad \text{①} \\
&= 14 \times \left[\left\{ \frac{3}{7} + \left(-\frac{5}{7}\right) \right\} + \left(-\frac{1}{2}\right) \right] \quad \text{②} \\
&= 14 \times \left\{ \left(-\frac{2}{7}\right) + \left(-\frac{1}{2}\right) \right\} \quad \text{③} \\
&= 14 \times \left(-\frac{2}{7}\right) + 14 \times \left(-\frac{1}{2}\right) \quad \text{④} \\
&= (-4) + (-7) = -11 \quad \text{⑤}
\end{aligned}
$$

254 하

분배법칙을 이용하여 $28 \times \left(-\dfrac{4}{7} + \dfrac{5}{4}\right)$를 계산하시오.

빈출 255 하

다음 중 두 수가 서로 역수 관계가 <u>아닌</u> 것을 모두 고르면? (정답 2개)

① $1, 1$ ② $5, \dfrac{1}{5}$ ③ $-\dfrac{3}{4}, \dfrac{4}{3}$

④ $0.3, \dfrac{1}{3}$ ⑤ $-\dfrac{7}{2}, -\dfrac{2}{7}$

256 (하)

$\left(-\dfrac{3}{4}\right)\times\left(-\dfrac{2}{15}\right)\div\dfrac{8}{5}$ 을 계산하시오.

257 (중)

다음 보기 중 옳은 것을 모두 고른 것은?

| 보기 |

ㄱ. $\left(+\dfrac{3}{4}\right)+\left(-\dfrac{1}{2}\right)=+\dfrac{1}{4}$

ㄴ. $(-2.6)-(-1.7)=-1.1$

ㄷ. $\left(-\dfrac{11}{6}\right)\times\left(+\dfrac{12}{5}\right)=-\dfrac{22}{5}$

ㄹ. $\left(-\dfrac{9}{7}\right)\div\left(-\dfrac{3}{14}\right)=+\dfrac{2}{3}$

① ㄱ, ㄴ   ② ㄱ, ㄷ   ③ ㄱ, ㄹ
④ ㄴ, ㄷ   ⑤ ㄷ, ㄹ

258 (중)

다음 보기를 계산한 결과가 작은 것부터 차례로 나열하면?

| 보기 |

ㄱ. $(+3)\times(-7)$ ㄴ. $(+6)\times\left(-\dfrac{7}{12}\right)$

ㄷ. $\left(-\dfrac{4}{3}\right)\times\left(+\dfrac{9}{2}\right)$ ㄹ. $\left(-\dfrac{5}{4}\right)\times\left(-\dfrac{8}{25}\right)$

① ㄱ, ㄴ, ㄷ, ㄹ   ② ㄱ, ㄷ, ㄴ, ㄹ
③ ㄱ, ㄷ, ㄹ, ㄴ   ④ ㄴ, ㄱ, ㄷ, ㄹ
⑤ ㄴ, ㄷ, ㄹ, ㄱ

259 (중)

다음 계산 과정에서 (가)~(라)에 알맞은 것을 각각 구하시오.

$\left(-\dfrac{6}{5}\right)\times(-3.3)\times\left(+\dfrac{5}{18}\right)$

$=\left(-\dfrac{6}{5}\right)\times\left(+\dfrac{5}{18}\right)\times(-3.3)$ 곱셈의 (가) 법칙

$=\left\{\left(-\dfrac{6}{5}\right)\times\left(+\dfrac{5}{18}\right)\right\}\times(-3.3)$ 곱셈의 (나) 법칙

$=\left(\boxed{\text{(다)}}\right)\times(-3.3)$

$=\boxed{\text{(라)}}$

260 (중) | 서술형 |

$a=\left(-\dfrac{9}{7}\right)\times\left(+\dfrac{28}{27}\right)$, $b=\left(-\dfrac{5}{6}\right)\div\left(-\dfrac{10}{21}\right)$일 때,
$a\times b$의 값을 구하시오.

빈출 261 (중)

다음 중 계산 결과가 나머지 넷과 <u>다른</u> 하나는?

① $\left(-\dfrac{8}{3}\right)\times\left(+\dfrac{3}{2}\right)$

② $(+10)\div\left(-\dfrac{5}{2}\right)$

③ $(-24)\div(-2)\div(+3)$

④ $\left(-\dfrac{5}{6}\right)\times\left(+\dfrac{9}{10}\right)\times\left(+\dfrac{16}{3}\right)$

⑤ $\left(+\dfrac{21}{5}\right)\div(+3)\div\left(-\dfrac{7}{20}\right)$

262 중

다음 중 계산 결과가 나머지 넷과 <u>다른</u> 하나는?

① $(-1)^3$ ② $\{-(-1)\}^3$ ③ -1^4
④ $-(-1)^4$ ⑤ $(-1)^5$

263 중

다음 중 옳지 <u>않은</u> 것은?

① $(-2)^4 = 16$ ② $-3^3 = -27$

③ $\left(-\dfrac{1}{2}\right)^3 = -\dfrac{1}{8}$ ④ $-\dfrac{1}{4^2} = \dfrac{1}{16}$

⑤ $-\left(-\dfrac{1}{5}\right)^3 = \dfrac{1}{125}$

☆빈출 264 중

다음 중 계산 결과가 가장 작은 것은?

① -2^2 ② $(-2)^3$ ③ $\{-(-2)\}^4$
④ $-(-2)^4$ ⑤ $-(-2^5)$

265 중

$(-3)^2 + (-1)^{15} - (-3^2)$의 값은?

① -19 ② -17 ③ -1
④ 17 ⑤ 19

266 중

아래는 분배법칙을 이용하여 계산하는 과정이다. 다음 물음에 답하시오.

$$(-8) \times 44 + (-8) \times 26 = (-8) \times A = B$$

⑴ A, B의 값을 각각 구하시오.
⑵ $A+B$의 값을 구하시오.

267 중

$A = 0.9 \times 12.25 - 0.9 \times 2.25$일 때, A보다 작은 자연수의 개수를 구하시오.

☆빈출 268 중

세 수 a, b, c에 대하여 $b \times c = \dfrac{1}{10}$, $(a+b) \times c = \dfrac{1}{6}$일 때, $a \times c$의 값을 구하시오.

269 중
| 서술형 |

2보다 -6만큼 큰 수를 a, $-\dfrac{3}{5}$보다 $-\dfrac{1}{2}$만큼 작은 수를 b라 할 때, $a \times b$의 값을 구하시오.

270 중

다음 수 중 가장 큰 수를 a, 가장 작은 수를 b라 할 때, $a-b$의 값을 구하시오.

$$\left(-\frac{3}{5}\right)^2, \quad -\left(\frac{3}{5}\right)^2, \quad \frac{(-3)^2}{5}, \quad -\frac{3}{5^2}, \quad -\frac{3^2}{5}$$

271 중

9의 역수를 a라 하고 $-\dfrac{2}{15}$의 역수를 b라 할 때, $a \times b$의 값은?

① $-\dfrac{5}{6}$　　② $-\dfrac{1}{2}$　　③ $-\dfrac{1}{6}$

④ $\dfrac{1}{6}$　　⑤ $\dfrac{5}{6}$

272 중

| 서술형 |

a의 역수가 $-2\dfrac{1}{3}$이고 b의 역수가 0.4일 때, $a+b$의 값을 구하시오.

273 중

다음 중 옳은 것은?

① $(-2^4) \times (-1)^4 = 16$

② $(-3)^2 \times (-1)^2 = 6$

③ $(-3)^3 \div (-1)^3 = -27$

④ $(-5)^2 \div (-1^2) = -25$

⑤ $(-1)^{101} \times (-1)^{102} = 1$

274 중

다음을 계산하면?

$$(-1)^{55} - (-1)^{54} - (-1)^{53} - \cdots - (-1)^2 - (-1)$$

① -2　　② -1　　③ 0

④ 1　　⑤ 2

★빈출 275 중

다음 중 옳지 <u>않은</u> 것은?

① $20 \times (-1)^3 \div (-2)^2 = -5$

② $(-18) \div (-3)^2 \times 4 = -8$

③ $4^3 \div (-2)^3 \times 3 = 24$

④ $14 \times (-3)^3 \div (-7) = 54$

⑤ $(-40) \div (-4)^2 \times 6 = -15$

276 중

| 서술형 |

$a=(-6)\times(-2.5)\times(-0.8)$, $b=(-1^3)\times\left(-\dfrac{1}{2}\right)^2$일

때, $a\div b$의 값을 구하시오.

277 중

$a=(-1)^3\times\left(-\dfrac{2}{3}\right)^2\times\dfrac{3}{4}$일 때, $a\times b=1$을 만족시키는

b의 값을 구하시오.

278 중

1.6의 역수에 4를 곱한 수를 a, -0.3의 역수를 b, $-\dfrac{9}{8}$

의 역수를 c라 할 때, $a\div b\times c$의 값을 구하시오.

279 상

$\left(-\dfrac{2}{5}\right)\times\left(-\dfrac{5}{8}\right)\times\left(-\dfrac{8}{11}\right)\times\cdots\times\left(-\dfrac{29}{32}\right)$를 계산하면?

① $-\dfrac{29}{32}$ ② $-\dfrac{1}{16}$ ③ $\dfrac{1}{16}$

④ 1   ⑤ $\dfrac{29}{5}$

280 상

n이 홀수일 때, $(-1)^n-(-1)^{n+1}-(-1)^{n+2}+(-1)^{n\times2}$
을 계산하시오.

281 상

다음 중 양수 a에 대하여 계산 결과가 음수인 것은?

① $(-a)^2$ ② $-(-a)^3$
③ $-(-a^4)$ ④ $-a^3\times(-1)^9$
⑤ $(-a)^5\times(-1)^{10}$

282 상

$\left(-\dfrac{1}{3}\right)\div\left(+\dfrac{3}{5}\right)\div\left(-\dfrac{5}{7}\right)\div\left(+\dfrac{7}{9}\right)\div\cdots\div\left(+\dfrac{19}{21}\right)$를
계산하면?

① $-\dfrac{7}{3}$ ② $-\dfrac{7}{9}$ ③ $-\dfrac{3}{19}$

④ $\dfrac{3}{19}$ ⑤ $\dfrac{7}{3}$

283 하

$\left(-\dfrac{15}{4}\right) \times \square = \dfrac{5}{8}$일 때, $\square$ 안에 알맞은 수를 구하시오.

284 중

두 수 a, b에 대하여 $a \times \left(-\dfrac{9}{8}\right) = \dfrac{27}{16}$, $\dfrac{5}{6} \div b = -\dfrac{1}{24}$일 때, $a \times b$의 값은?

① 30
② $\dfrac{61}{2}$
③ 31

④ $\dfrac{63}{2}$
⑤ 32

285 중

$\left(-\dfrac{1}{4}\right) \times \dfrac{16}{5} \div \square = -\dfrac{3}{10}$일 때, $\square$ 안에 알맞은 수는?

① $\dfrac{7}{3}$
② $\dfrac{8}{3}$
③ 3

④ $\dfrac{10}{3}$
⑤ $\dfrac{11}{3}$

286 중

$\left(-\dfrac{4}{3}\right) \div \left(-\dfrac{5}{9}\right) \times \square = -6$일 때, $\square$ 안에 알맞은 수를 구하시오.

빈출
287 중 　　　　　　　　　　| 서술형 |

어떤 수를 $-\dfrac{5}{3}$로 나누어야 할 것을 잘못하여 곱했더니 $\dfrac{20}{9}$이 되었다. 이때 어떤 수와 바르게 계산한 답을 차례로 구하시오.

288 중

어떤 수에 $\dfrac{9}{4}$를 곱해야 할 것을 잘못하여 나누었더니 $-\dfrac{1}{6}$이 되었다. 이때 바르게 계산한 답은?

① $-\dfrac{15}{16}$
② $-\dfrac{27}{32}$
③ $-\dfrac{3}{4}$

④ $-\dfrac{21}{32}$
⑤ $-\dfrac{9}{16}$

289 중

어떤 수 A에 $-\dfrac{5}{2}$를 더해야 할 것을 잘못하여 곱했더니 $-\dfrac{10}{3}$이었다. 바르게 계산한 답을 B라 할 때, $A \div B$의 값은?

① $-\dfrac{12}{7}$ ② $-\dfrac{8}{7}$ ③ $-\dfrac{4}{7}$

④ $\dfrac{4}{7}$ ⑤ $\dfrac{8}{7}$

291 중

오른쪽 그림의 전개도를 접어서 정육면체를 만들 때, 마주 보는 면에 적힌 두 수가 서로 역수라 한다. 이때 $b \times c \div a^2$의 값은?

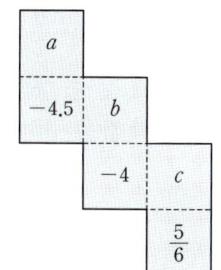

① $-\dfrac{64}{15}$ ② $-\dfrac{32}{15}$

③ $\dfrac{32}{15}$ ④ $\dfrac{64}{15}$

⑤ $\dfrac{128}{15}$

290 중

오른쪽 그림과 같은 정육면체에서 마주 보는 면에 적힌 두 수의 합이 -3일 때, 보이지 않는 세 면에 적힌 수 중 가장 큰 수와 가장 작은 수의 곱을 구하시오.

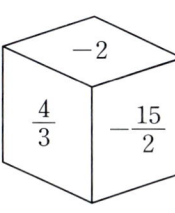

292 중

네 수 $-\dfrac{3}{2}$, $\dfrac{3}{8}$, 4, $-\dfrac{2}{5}$ 중에서 서로 다른 세 수를 뽑아 곱한 값 중 가장 큰 수와 가장 작은 수를 차례로 구하면?

① $\dfrac{9}{40}$, $-\dfrac{9}{4}$ ② $\dfrac{9}{40}$, $-\dfrac{3}{5}$ ③ $\dfrac{12}{5}$, $-\dfrac{9}{2}$

④ $\dfrac{12}{5}$, $-\dfrac{9}{4}$ ⑤ $\dfrac{12}{5}$, $-\dfrac{3}{5}$

293 중 | 서술형 |

네 수 $-\dfrac{5}{3}$, $-\dfrac{9}{2}$, $\dfrac{3}{10}$, -2 중에서 서로 다른 세 수를 뽑아 곱한 값 중 가장 큰 수를 a, 가장 작은 수를 b라 할 때, $a \div b$의 값을 구하시오.

294 상

서로 다른 세 음의 정수가 다음 조건을 모두 만족시킬 때, 세 정수의 합을 구하시오.

㈎ 한 정수의 절댓값은 3이다.
㈏ 세 정수의 곱은 -45이다.

295 상

다음 □ 안에 알맞은 수를 구하시오.

$$\left(-\dfrac{4}{3}\right) \div \square \times \left(-\dfrac{2}{5}\right) = \dfrac{2}{25}$$

296 상

다음 식의 ㉠, ㉡, ㉢에 네 수 $-\dfrac{7}{4}$, $\dfrac{9}{14}$, $\dfrac{3}{2}$, $-\dfrac{7}{12}$ 중에서 서로 다른 세 수를 넣어 계산한 결과 중 가장 큰 값을 구하시오.

$$\boxed{㉠} \times \boxed{㉡} \div \boxed{㉢}$$

297 상

다음 수 중에서 서로 다른 세 수를 뽑아 곱한 값 중 가장 큰 수와 가장 작은 수를 차례로 구하시오.

$$-3, \quad 2, \quad -\dfrac{4}{9}, \quad \dfrac{5}{6}, \quad \dfrac{11}{4}$$

298 상

서로 다른 세 수 a, b, c에 대하여
$$a+b+c = -\dfrac{3}{4}, \quad a \times b \times c = \dfrac{1}{12}$$
이다. $|a| = |b|$일 때, $|a| + |b| + |c|$의 값은?

① $\dfrac{13}{12}$ ② $\dfrac{7}{6}$ ③ $\dfrac{5}{4}$

④ $\dfrac{4}{3}$ ⑤ $\dfrac{17}{12}$

6 문자로 주어진 수의 부호

299 중

두 수 a, b에 대하여 $a>0$, $b<0$일 때, 다음 중 항상 양수인 것은?

① $a+b$ ② $a-b$ ③ $b-a$

④ $a \times b$ ⑤ $a \div b$

300 중

두 수 a, b에 대하여 $a<0$, $b>0$일 때, 다음 중 부호가 나머지 넷과 다른 하나는?

① $-a+b$ ② $a \times (-b)$ ③ $\dfrac{a}{b}$

④ $a^2 \times b$ ⑤ $(-a) \div b^2$

301 중

두 수 a, b에 대하여 $a>0$, $b<0$이고 $|a|<|b|$일 때, 다음 중 옳지 않은 것은?

① $a+b>0$ ② $a-b>0$ ③ $b-a<0$

④ $a \times b<0$ ⑤ $\dfrac{b^2}{a}>0$

302 중 | 서술형 |

두 수 a, b에 대하여 $a \times b>0$, $a+b<0$이고 $|a|=3$, $|b|=5$일 때, a b의 값을 구하시오.

303 중

세 수 a, b, c에 대하여 $a-b<0$, $b \times c>0$, $b \div a<0$일 때, 다음 중 옳은 것은?

① $a<0$, $b<0$, $c<0$ ② $a<0$, $b>0$, $c<0$

③ $a<0$, $b>0$, $c>0$ ④ $a>0$, $b<0$, $c<0$

⑤ $a>0$, $b>0$, $c<0$

304 중

두 수 a, b에 대하여 $a+b<0$, $a-b>0$, $a \times b>0$일 때, 다음 중 옳은 것은?

① $a<0$, $b<0$, $|a|<|b|$

② $a<0$, $b<0$, $|a|>|b|$

③ $a<0$, $b>0$, $|a|<|b|$

④ $a>0$, $b<0$, $|a|<|b|$

⑤ $a>0$, $b>0$, $|a|>|b|$

305 상

두 수 a, b에 대하여 $a>b$, $a \times b<0$일 때, 다음 중 가장 작은 것은?

① a ② b ③ $a+b$

④ $a-b$ ⑤ $b-a$

I. 수와 연산

7 덧셈, 뺄셈, 곱셈, 나눗셈의 혼합 계산

306 중
| 서술형 |

아래 식에 대하여 다음 물음에 답하시오.

$$-1+\frac{10}{3}\times\left\{2-\left(-\frac{1}{4}\right)^2\div\frac{5}{8}\right\}$$

$$\underset{\textcircled{\tiny ㄱ}}{\uparrow}\quad\underset{\textcircled{\tiny ㄴ}}{\uparrow}\quad\underset{\textcircled{\tiny ㄷ}}{\uparrow}\quad\underset{\textcircled{\tiny ㄹ}}{\uparrow}\quad\underset{\textcircled{\tiny ㅁ}}{\uparrow}$$

(1) 주어진 식의 계산 순서를 차례로 나열하시오.

(2) 주어진 식을 계산하시오.

307 중 ☆빈출

다음을 계산하시오.

$$2-\left[(-1)^5+\left\{-4+\left(1+\frac{1}{6}\right)\times\frac{3}{2}\right\}\div 9\right]$$

308 중

다음 중 계산 결과가 가장 작은 것은?

① $\{-4+(-5)^2\}\div 3$

② $10-\{2\times(-3)-(-2)^3\}$

③ $\frac{3}{4}\times\left(-2-\frac{2}{5}\right)\div\left(-\frac{6}{5}\right)$

④ $\frac{3}{2}-\left\{1-\frac{2}{3}\times\left(-\frac{1}{2}\right)^2\right\}$

⑤ $1-\left(-\frac{1}{3}\right)^2\times\left\{2+\left(-\frac{1}{2}\right)^3\right\}$

309 중

다음 두 수 A, B에 대하여 $A-B$의 값을 구하시오.

$$A=3^3-\left\{1-20\times(-5)\div(-2)^2\right\}$$
$$B=-1-\left(\frac{1}{4}-\frac{2}{3}\right)\times 3-\left(-\frac{1}{2}\right)^3$$

310 중

수직선 위에서 두 수 -5, $\frac{19}{3}$에 대응하는 두 점으로부터 같은 거리에 있는 점에 대응하는 수는?

① $-\frac{2}{3}$ ② $-\frac{1}{3}$ ③ $\frac{1}{3}$

④ $\frac{2}{3}$ ⑤ $\frac{4}{3}$

311 중

지안이가 한 문제를 맞히면 3점을 얻고, 틀리면 1점을 잃는 영어 퀴즈를 풀었다. 기본 점수 20점에서 시작하여 총 7문제를 푼 결과가 다음 표와 같을 때, 지안이의 점수를 구하시오. (단, 맞히면 ○, 틀리면 ×로 표시한다.)

1번	2번	3번	4번	5번	6번	7번
○	×	×	○	○	○	×

312 중

| 서술형 |

수아와 민혁이가 계단에서 게임을 하는데 이기면 2칸 올라가고, 지면 1칸 내려가기로 하였다. 두 사람이 같은 위치에서 시작하여 게임을 10번 한 결과 수아가 7번 이겼다. 처음 위치를 0으로 생각하고 1칸 올라가는 것을 +1, 1칸 내려가는 것을 −1이라 할 때, 수아와 민혁이의 위치의 차를 구하시오. (단, 비기는 경우는 없고, 계단의 칸은 오르내리기에 충분하다.)

313 중

다음과 같은 설명이 적힌 두 상자 ㈎, ㈏가 있다. −6을 상자 ㈎에 넣었을 때 나온 값 A를 상자 ㈏에 넣었을 때 나온 B의 값은?

> ㈎ 들어온 수에 −5를 곱한 후 2를 더해서 내보낸다.
> ㈏ 들어온 수에서 4를 뺀 후 2로 나누어 내보낸다.

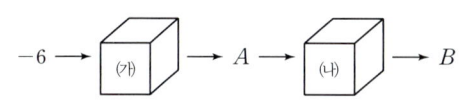

① 12 　　　 ② $\dfrac{25}{2}$ 　　　 ③ 13

④ $\dfrac{27}{2}$ 　　　 ⑤ 14

314 상

다음과 같이 계산되는 3개의 프로그램 A, B, C가 있다. 8을 프로그램 A에 입력하여 나온 값을 프로그램 B에 입력하고, 이때 나온 값을 다시 프로그램 C에 입력했을 때, 마지막에 나온 값을 구하시오.

> 프로그램 A: 입력된 수에서 2를 뺀 후 $\dfrac{5}{3}$를 곱한다.
>
> 프로그램 B: 입력된 수에 $\dfrac{1}{4}$을 곱한 후 $\dfrac{17}{6}$을 더한다.
>
> 프로그램 C: 입력된 수에 $(-3)^3$을 더한 후 5로 나눈다.

315 상

다음 수직선 위의 점 C는 두 점 A, B 사이의 거리를 2 : 1로 나누는 점일 때, 점 C에 대응하는 수는?

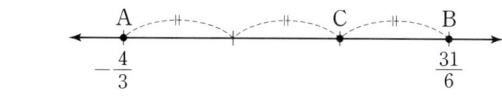

① $\dfrac{8}{3}$ 　　　 ② $\dfrac{17}{6}$ 　　　 ③ 3

④ $\dfrac{19}{6}$ 　　　 ⑤ $\dfrac{10}{3}$

316

다음 그림과 같이 연속한 세 칸에서 왼쪽에 있는 수와 오른쪽에 있는 수의 합이 가운데에 있는 수가 되도록 계속해서 수를 적어 나갈 때, 100번째 칸에 적히는 수는?

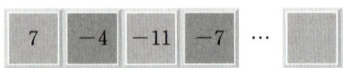

① −11   ② −7   ③ −4
④ 4   ⑤ 7

317

세 정수 a, b, c가 다음 조건을 모두 만족시킬 때, $b+c-a$의 값은?

┌─ 조건 ┐
(가) $|c|<|b|<|a|$
(나) $a\times b\times c=20$
(다) $a+b+c=-9$

① −7   ② −5   ③ 1
④ 9   ⑤ 11

318

n이 짝수일 때, 다음 식의 값을 구하시오.

$$(-1)^n\times100+(-1)^{n+1}\times99+(-1)^{n+2}\times98$$
$$+\cdots+(-1)^{n+98}\times2+(-1)^{n+99}\times1$$

319

서로 다른 세 수 a, b, c에 대하여 $a+b<0$, $a\div b>0$, $|b|=|c|$일 때, 다음 중 옳은 것은?

① $a+b+c<0$
② $a+b-c>0$
③ $a-b+c<0$
④ $a\times b\times c<0$
⑤ $a\times(b+c)<0$

320

수진이가 다음과 같은 규칙을 만들어 유리수의 나눗셈을 하는 퍼즐을 만들었다.

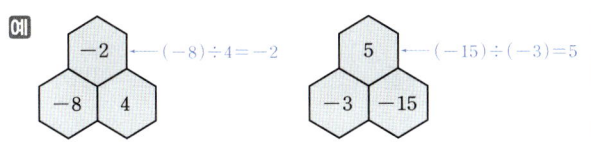

옆으로 이웃하는 두 칸의 수 중 절댓값이 큰 수를 절댓값이 작은 수로 나눈 결과를 바로 위의 칸에 쓴다.

예 -2 ←── $(-8) \div 4 = -2$
-8 4

5 ←── $(-15) \div (-3) = 5$
-3 -15

이때 오른쪽 퍼즐에서 a, b, c의 값을 각각 구하시오.

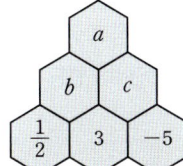

a
b c
$\frac{1}{2}$ 3 -5

321

한 변의 길이가 15 cm인 정사각형에서 가로의 길이는 40 %만큼 늘이고 세로의 길이는 20 %만큼 줄여서 만든 직사각형의 넓이는?

① 250 cm² ② 252 cm² ③ 254 cm²
④ 256 cm² ⑤ 258 cm²

322

다음 그림에서 ㈎에서 출발하여 사다리를 타면서 만나는 연산을 차례로 계산한 값은?

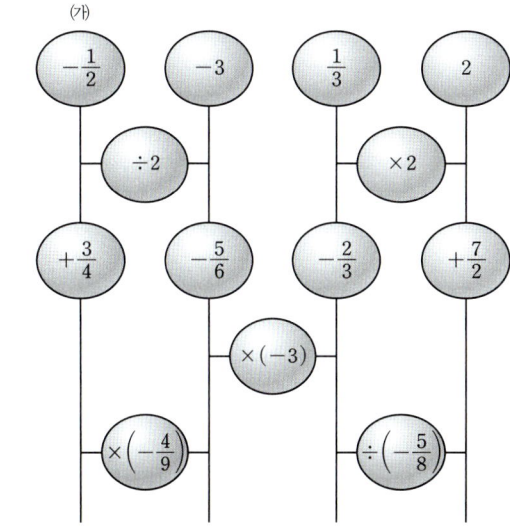

① $-\dfrac{26}{5}$ ② $-\dfrac{24}{5}$ ③ $-\dfrac{22}{5}$

④ -4 ⑤ $-\dfrac{18}{5}$

문자의 사용과 식

1 문자를 사용한 식

☑ 필수 기출 2

(1) 문자를 사용한 식

[❶]를 사용하면 수량이나 수량 사이의 관계를 식으로 간단히 나타낼 수 있다.

(2) 문자를 사용하여 식으로 나타내기

❶ 문제의 뜻을 파악하여 수량 사이의 규칙을 찾는다.

❷ 문자를 사용하여 ❶의 규칙에 맞도록 식으로 나타낸다.

주의 식을 세울 때 단위에 주의하고, 답을 쓸 때 단위를 반드시 쓴다.

📎 **기출 PICK**

문자를 사용한 식에 자주 쓰이는 수량 사이의 관계

① (물건 전체의 가격)=(물건 1개의 가격)×(물건의 개수)

② (거리)=(속력)×(시간), (속력)=$\dfrac{(거리)}{(시간)}$, (시간)=$\dfrac{(거리)}{(속력)}$

③ (소금물의 농도)=$\dfrac{(소금의 양)}{(소금물의 양)}×100(\%)$, (소금의 양)=$\dfrac{(소금물의 농도)}{100}×(소금물의 양)$

2 곱셈 기호와 나눗셈 기호의 생략

☑ 필수 기출 1, 2

(1) 곱셈 기호의 생략

(수)×(문자), (문자)×(문자)에서 곱셈 기호×를 생략하고 다음과 같이 나타낸다.

① (수)×(문자)에서 수는 문자 앞에 쓴다. 예 $2×a=2a$, $x×(-3)=-3x$

② $1×$(문자), $(-1)×$(문자)에서 1은 생략한다. 예 $1×a=a$, $-1×a=-a$

③ (문자)×(문자)에서 문자는 보통 알파벳 순서로 쓴다. 예 $b×a×c=abc$

④ 같은 문자의 곱은 [❷]으로 나타낸다. 예 $a×a=a^2$, $x×y×y=xy^2$

⑤ 괄호가 있을 때는 수를 괄호 앞에 쓴다. 예 $(a-1)×2=2(a-1)$

참고 $0.1×a$는 $0.a$로 쓰지 않고 $0.1a$ 또는 $\dfrac{1}{10}a$로 쓴다.

(2) 나눗셈 기호의 생략

나눗셈 기호 ÷를 생략하고 분수 꼴로 나타내거나 나눗셈을 역수의 곱셈으로 고쳐서 곱셈 기호를 생략한다.

예 $x÷2=\dfrac{x}{2}$, $x÷3=x×\dfrac{1}{3}=\dfrac{1}{3}x$

참고 곱셈 기호와 나눗셈 기호가 섞여 있는 경우에는 기호를 앞에서부터 차례로 생략한다.

3 대입과 식의 값

☑ 필수 기출 3

(1) [❸]: 문자를 사용한 식에서 문자에 어떤 수를 바꾸어 넣는 것

(2) 식의 값: 문자를 사용한 식에서 문자에 어떤 수를 대입하여 계산한 결과

(3) 식의 값 구하기

① 문자에 수를 대입할 때는 생략된 곱셈 기호를 다시 쓴다.

② 문자에 음수를 대입할 때는 반드시 괄호를 사용한다.

③ 분모에 분수를 대입할 때는 생략된 나눗셈 기호를 다시 쓴다.

답: ❶ 문자 ❷ 거듭제곱 ❸ 대입

4 **다항식과 일차식**

☑ 필수 기출 4

(1) **항**: 수 또는 문자의 곱으로 이루어진 식

(2) [**4**   ]: 문자 없이 수만으로 이루어진 항

(3) **계수**: 항에서 문자에 곱해진 수

(4) **다항식**: 한 개의 항 또는 두 개 이상의 항의 합으로 이루어진 식

(5) **단항식**: 다항식 중에서 항이 한 개뿐인 식

(6) **항의 차수**: 어떤 항에서 문자가 곱해진 개수

(7) **다항식의 차수**: 다항식에서 차수가 가장 큰 항의 차수

(8) [**5**   ]: 차수가 1인 다항식

(9) **동류항**: 문자가 같고 [**6**   ]도 같은 항

> **예** • x^2과 $2x$ ➡ 문자는 같지만 차수가 다르므로 동류항이 아니다.
> • $3x$와 $3y$ ➡ 차수는 같지만 문자가 다르므로 동류항이 아니다.
> • $4x$와 $-x$ ➡ 문자가 같고 차수도 같으므로 동류항이다.

> **참고** 상수항끼리는 모두 동류항이다.

x의 계수 y의 계수 상수항
$$2x + 3y + 5$$
항

✎ **기출 PICK**

다항식의 이해

① $\dfrac{1}{x}$, $\dfrac{2}{x-1}$ 와 같이 분모에 문자가 있는 식은 다항식이 아니다.

② 단항식은 다항식 중에서 한 개의 항으로만 이루어진 식이므로 단항식도 모두 다항식이다.

③ 다항식은 항의 합으로 이루어진 식이므로 식에 뺄셈이 있으면 덧셈으로 바꾼 후 항, 상수항, 계수를 구한다.

④ 상수항의 차수는 0이다.

---

5 **일차식과 수의 곱셈, 나눗셈**

☑ 필수 기출 5, 6

(1) **단항식과 수의 곱셈, 나눗셈**

① (수)×(단항식), (단항식)×(수): 수끼리 곱하여 문자 앞에 쓴다.

② (단항식)÷(수): 나누는 수의 역수를 곱한다.

(2) **일차식과 수의 곱셈, 나눗셈**

① (수)×(일차식), (일차식)×(수): [**7**   ]을 이용하여 일차식의 각 항에 수를 곱한다.

② (일차식)÷(수): 분배법칙을 이용하여 일차식의 각 항에 나누는 수의 역수를 곱한다.

---

6 **일차식의 덧셈, 뺄셈**

☑ 필수 기출 5, 6

(1) **동류항의 덧셈과 뺄셈**

분배법칙을 이용하여 동류항의 계수끼리 더하거나 뺀 후 문자 앞에 쓴다.

(2) **일차식의 덧셈과 뺄셈**

❶ 괄호가 있으면 분배법칙을 이용하여 괄호를 푼다.

이때 괄호는 ( ) → { } → [ ]의 순서로 푼다.

❷ 동류항끼리 모아서 계산한다.

답: ❹ 상수항 ❺ 일차식 ❻ 차수 ❼ 분배법칙

1 곱셈 기호와 나눗셈 기호의 생략

323 하

$(-2) \times x \times y \times x \times y \times y$를 기호 $\times$를 생략하여 나타내면?

① $12xy$ ② $-2x^2y^3$ ③ $2x^2y^3$

④ $-2x+y^3$ ⑤ $2x+y^3$

324 중

다음 중 기호 $\times$, $\div$를 생략하여 나타낸 것으로 옳은 것을 모두 고르면? (정답 2개)

① $a \times a \times a \times b = 3ab$

② $(x-y) \div 5 = 5(x-y)$

③ $a \times b \div c = \dfrac{ab}{c}$

④ $y \times y \times \dfrac{1}{2} \times x \times x = \dfrac{1}{2}x^2y^2$

⑤ $a \times (-2) + b \times 7 = (a-2) + 7b$

☆빈출
325 중

다음 중 기호 $\times$, $\div$를 생략하여 나타낸 것으로 옳지 <u>않은</u> 것은?

① $a \div 4 \times b = \dfrac{ab}{4}$

② $a \times b \div \dfrac{3}{5}c = \dfrac{5ab}{3c}$

③ $0.1 \times a \times a \times a = 0.a^3$

④ $a \times a \times a \times a \div 6 = \dfrac{a^4}{6}$

⑤ $(a+b) \times (-1) \times c = -(a+b)c$

326 중

다음 중 기호 $\times$, $\div$를 생략하여 나타낼 때, 나머지 넷과 <u>다른</u> 하나는?

① $a \div b \div c$ ② $a \times \dfrac{1}{b} \div c$ ③ $a \div (b \times c)$

④ $a \times (b \div c)$ ⑤ $(a \div b) \times \dfrac{1}{c}$

2 문자를 사용한 식

327 하

다음을 문자를 사용한 식으로 나타내시오.

> 4점짜리 문제 a개와 5점짜리 문제 b개를 맞혔을 때의 점수

328 하

윗변의 길이가 a cm, 아랫변의 길이가 b cm, 높이가 h cm인 사다리꼴의 넓이를 a, b, h를 사용한 식으로 나타내시오.

329 종

다음 중 옳은 것은?

① 십의 자리의 숫자가 a, 일의 자리의 숫자가 b인 두 자리의 자연수는 $a+b$이다.

② 수학 점수는 a점, 과학 점수는 b점일 때, 두 과목의 평균 점수는 $\dfrac{ab}{2}$점이다.

③ 남학생이 15명, 여학생이 x명인 반의 전체 학생은 $(15+x)$명이다.

④ 한 개에 x g인 사탕 4개의 무게는 x^4 g이다.

⑤ 6명의 학생에게 초콜릿을 x개씩 나누어 주고 2개가 남았을 때, 초콜릿의 전체 개수는 $6x-2$이다.

330 중

다음 중 옳은 것을 모두 고르면? (정답 2개)

① a분 b초 ➡ $(6a+b)$초
② a시간 b분 ➡ $(60a+b)$분
③ a m b cm ➡ $(1000a+b)$ cm
④ a kg b g ➡ $(1000a+b)$ g
⑤ a L b mL ➡ $(100a+b)$ mL

331 중

다음 보기 중 옳은 것을 모두 고른 것은?

┌ 보기 ├─────────────────────
ㄱ. 가로의 길이가 a cm, 세로의 길이가 b cm인 직사각형의 둘레의 길이는 $(a+b)$ cm이다.

ㄴ. 밑변의 길이가 a cm, 높이가 b cm인 삼각형의 넓이는 $\dfrac{ab}{2}$ cm²이다.

ㄷ. 밑변의 길이가 a cm, 높이가 b cm인 평행사변형의 넓이는 ab cm²이다.

ㄹ. 가로의 길이가 x cm, 세로의 길이가 y cm, 높이가 5 cm인 직육면체의 부피는 $5(x+y)$ cm³이다.
─────────────────────────

① ㄱ, ㄴ   ② ㄱ, ㄷ   ③ ㄴ, ㄷ
④ ㄴ, ㄹ   ⑤ ㄷ, ㄹ

332 종

4자루에 a원인 연필 5자루와 3개에 1500원인 지우개 b개의 가격의 합을 문자를 사용한 식으로 나타내면?

① $\left(\dfrac{4a}{5}+500b\right)$원   ② $\left(\dfrac{4a}{5}+1500b\right)$원

③ $\left(\dfrac{5a}{4}+500b\right)$원   ④ $\left(\dfrac{5a}{4}+1500b\right)$원

⑤ $(5a+500b)$원

333 ⓒ

|서술형|

어느 반 학생들의 50 m 달리기 기록은 남학생 15명의 평균이 x초, 여학생 13명의 평균이 y초이다. 이 반 전체 학생 28명의 50 m 달리기 기록의 평균을 문자를 사용한 식으로 나타내시오.

334 ⓒ

정가가 20000원인 물건을 $a\%$ 할인하여 판매한 가격을 문자를 사용한 식으로 나타내면?

① $(20000-a)$원   ② $(20000-20a)$원
③ $(20000-100a)$원   ④ $(20000-200a)$원
⑤ $(20000-2000a)$원

⭐빈출 335 ⓒ

오른쪽 그림과 같은 사각형의 넓이를 a, b를 사용한 식으로 나타내면?

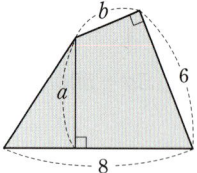

① $2a+3b$ ② $3a+4b$
③ $4a+3b$ ④ $4a+6b$
⑤ $8a+6b$

⭐빈출 336 ⓒ

다음 보기 중 옳은 것을 모두 고른 것은?

┌ 보기 ┐

ㄱ. x시간 동안 200 km를 갔을 때의 속력은 시속 $\dfrac{200}{x}$ km이다.

ㄴ. 무게가 30 g인 바구니에 한 개의 무게가 a g인 공 6개를 넣었을 때, 전체 무게는 $(30-6a)$ g이다.

ㄷ. 5명이 x원씩 내서 y원짜리 화분 3개를 사고 남은 돈은 $(5x-3y)$원이다.

ㄹ. 물 50 L가 들어 있는 물탱크에 1분당 5 L씩 물을 채울 때, m분 후 물탱크에 들어 있는 물의 양은 $(50+m)$ L이다.

① ㄱ, ㄴ   ② ㄱ, ㄷ   ③ ㄱ, ㄹ
④ ㄴ, ㄷ   ⑤ ㄷ, ㄹ

337 ⓒ

농도가 $a\%$인 소금물 2 kg에 들어 있는 소금의 양은 몇 g인지 문자를 사용한 식으로 나타내면?

① $\dfrac{1}{50}a$ g   ② $2a$ g   ③ $20a$ g
④ $200a$ g   ⑤ $2000a$ g

338 중 | 서술형 |

A 지점에서 출발하여 220 km 떨어진 B 지점을 향하여 시속 60 km로 x시간 동안 갔을 때, 남은 거리를 문자를 사용한 식으로 나타내시오.

339 중

지민이가 자전거를 타고 A 지점에서 출발하여 20 km 떨어진 B 지점을 향하여 가는데 시속 a km로 가다가 도중에 30분 동안 쉬고 다시 같은 속력으로 갔다. A 지점에서 출발하여 B 지점에 도착할 때까지 걸린 시간을 문자를 사용한 식으로 나타내면?

① $\left(\dfrac{a}{20}+\dfrac{1}{3}\right)$시간   ② $\left(\dfrac{a}{20}+\dfrac{1}{2}\right)$시간

③ $\left(\dfrac{20}{a}+\dfrac{1}{3}\right)$시간   ④ $\left(\dfrac{20}{a}+\dfrac{1}{2}\right)$시간

⑤ $\left(\dfrac{20}{a}+2\right)$시간

340 상

어느 중학교의 전체 학생이 a명이고, 그중에서 남학생이 $b\%$일 때, 남학생 수와 여학생 수를 차례로 문자를 사용한 식으로 나타내시오.

---

3 **식의 값**

341 하

$x=3$일 때, $4x-2$의 값은?

① 7   ② 8   ③ 9

④ 10   ⑤ 11

342 하

$a=-2$일 때, 다음 중 식의 값이 나머지 넷과 다른 하나는?

① $-2a$ ② a^2 ③ $(-a)^2$

④ $8-a^2$ ⑤ $-\dfrac{1}{4}a^3$

343 하

$x=5$, $y=-3$일 때, x^2-xy의 값을 구하시오.

II. 문자와 식

344 하

$a=-2$, $b=6$일 때, $\dfrac{a-b}{a+b}$의 값은?

① -3 ② -2 ③ -1

④ 1 ⑤ 2

345 하

온도를 나타내는 방법 중에는 섭씨온도(℃)와 화씨온도 (℉)가 있다. 화씨 x℉는 섭씨 $\dfrac{5}{9}(x-32)$℃일 때, 화씨 77℉는 섭씨 몇 ℃인지 구하시오.

★빈출 346 중

$a=4$, $b=-\dfrac{1}{2}$일 때, 다음 중 식의 값이 가장 큰 것은?

① a^2+2b ② $a-4b^2$ ③ $\dfrac{1}{a^2}+b$

④ $\dfrac{1}{a}-6b$ ⑤ a^2+16b^3

347 중

$x=-3$, $y=2$, $z=-4$일 때, $\dfrac{y-z}{x}+\dfrac{z^2}{y}$의 값을 구하시오.

★빈출 348 중

$x=\dfrac{1}{6}$, $y=-\dfrac{1}{3}$, $z=\dfrac{1}{4}$일 때, $\dfrac{6}{x}+\dfrac{3}{y}-\dfrac{4}{z}$의 값을 구하시오.

349 중

$x=-\dfrac{1}{2}$, $y=\dfrac{1}{3}$일 때, 다음 중 식의 값이 가장 작은 것은?

① $12xy$ ② $4x^2+9y^2$ ③ $\dfrac{3}{x}+\dfrac{2}{y}$

④ $\dfrac{x-y}{xy}$ ⑤ $\dfrac{1}{x^2}-\dfrac{1}{y^2}$

350 ⑤

이상적인 체중을 표준 체중이라 하고, 키가 a cm인 사람의 표준 체중은 $0.9(a-100)$ kg이라 한다. 이때 키가 158 cm인 사람의 표준 체중은?

① 50.5 kg ② 52.2 kg ③ 52.5 kg
④ 54.2 kg ⑤ 54.5 kg

☆빈출
351 ⑤

기온이 x ℃일 때, 공기 중에서 소리의 속력은 초속 $(331+0.6x)$ m라 한다. 기온이 25 ℃일 때, 소리가 5초 동안 이동한 거리는 몇 m인지 구하시오.

☆빈출
352 ⑤

| 서술형 |

오른쪽 그림과 같이 가로의 길이, 세로의 길이가 각각 12, 8인 직사각형에 대하여 다음 물음에 답하시오.

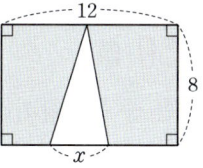

(1) 어두운 부분의 넓이를 x를 사용한 식으로 나타내시오.

(2) $x=4$일 때, 어두운 부분의 넓이를 구하시오.

353 ⑤

지면에서 높이가 1 km씩 높아질 때마다 기온은 6 ℃씩 낮아진다고 한다. 현재 지면의 기온이 18 ℃일 때, 다음 물음에 답하시오.

(1) 지면에서 높이가 h km인 곳의 기온을 h를 사용한 식으로 나타내시오.

(2) 지면에서 높이가 5 km인 곳의 기온을 구하시오.

354 ⑤

어느 중학교 축구 경기 예선에서 한 경기마다 이기면 3점, 비기면 1점, 지면 0점의 승점을 받는다. A 팀의 경기 결과가 x승 y무 2패였을 때, 다음 물음에 답하시오.

(1) A 팀의 승점을 x, y를 사용한 식으로 나타내시오.

(2) $x=4$, $y=2$일 때, A 팀의 승점을 구하시오.

Ⅱ. 문자와 식

355 (상)

건구 온도가 $a\,℃$, 습구 온도가 $b\,℃$인 날의 불쾌지수는 $0.72(a+b)+40.6$이라 한다. 불쾌지수에 따라 불쾌감을 느끼는 정도는 다음 표와 같을 때, 건구 온도가 $30\,℃$, 습구 온도가 $15\,℃$인 날의 불쾌지수와 불쾌감을 느끼는 정도를 구하시오.

불쾌지수	불쾌감을 느끼는 정도
68 미만	전원 쾌적함을 느낌
68 이상 75 미만	불쾌감을 느끼기 시작함
75 이상 80 미만	50 % 정도 불쾌감을 느낌
80 이상	전원 불쾌감을 느낌

356 (상)

| 서술형 |

어느 정육점의 삼겹살의 가격은 $100\,g$당 a원이다. 지혁이가 이 정육점에서 삼겹살 $b\,kg$을 살 때, 다음 물음에 답하시오.

(1) 지혁이가 지불해야 할 금액을 a, b를 사용한 식으로 나타내시오.

(2) $a=2700$, $b=3$일 때, 지혁이가 지불해야 할 금액을 구하시오.

---

4 다항식과 일차식

357 (하)

다음 중 단항식의 개수를 구하시오.

$$3x, \quad -\frac{y}{2}, \quad x^2+2, \quad -7, \quad x-y, \quad 4xy$$

358 (하)

다음 중 일차식인 것을 모두 고르면? (정답 2개)

① 10 ② $-2x+4$ ③ x^2-1

④ $\dfrac{1}{3}y-3$ ⑤ $\dfrac{5}{y}+1$

359 (하) 빈출

다음 중 동류항끼리 짝 지어진 것은?

① $3,\ 3x$ ② $2x,\ x^2$ ③ $\dfrac{1}{y},\ y$

④ $-y,\ 2y$ ⑤ $4x,\ 4y$

360 하

다음 중 $-a$와 동류항인 것의 개수를 구하시오.

$$b, \quad a^2, \quad 2a, \quad -\frac{4}{a}, \quad -2, \quad \frac{a}{3}$$

361 중

다음 중 다항식 $\dfrac{x^2}{3}-4x+2$에 대한 설명으로 옳지 <u>않은</u> 것은?

① 항은 3개이다.
② x^2의 계수는 3이다.
③ x의 계수는 -4이다.
④ 상수항은 2이다.
⑤ 다항식의 차수는 2이다.

362 중 | 서술형 |

다항식 $-7x^2-8x+2$에서 다항식의 차수를 a, x의 계수를 b, 상수항을 c, 항의 개수를 d라 할 때, $ad-bc$의 값을 구하시오.

363 중

다음 중 옳은 것은?

① $x+2$는 단항식이다.
② $1+xy$에서 항은 3개이다.
③ $\dfrac{x}{4}-2$에서 x의 계수는 $\dfrac{1}{4}$이다.
④ x^2-9에서 상수항은 9이다.
⑤ $-2x^2+5+1$의 차수는 -2이다.

364 중

다음 보기 중 동류항끼리 짝 지어진 것을 모두 고르시오.

| 보기 |

ㄱ. $4x$, $4x^2$ ㄴ. $-2b$, $0.1b$
ㄷ. $3y$, $\dfrac{y}{3}$ ㄹ. $-\dfrac{x}{6}$, $-\dfrac{6}{x}$
ㅁ. $5x^2$, $5y^2$ ㅂ. $2x^2y$, $4xy^2$

365 중

다음 보기 중 다항식 $3x^2-x-9y+4$에 대한 설명으로 옳은 것을 모두 고른 것은?

| 보기 |

ㄱ. 항은 4개이다.
ㄴ. 다항식의 차수는 3이다.
ㄷ. y의 계수는 -9이다.
ㄹ. $3x^2$과 $-x$는 동류항이다.

① ㄱ, ㄴ　　② ㄱ, ㄷ　　③ ㄴ, ㄷ
④ ㄴ, ㄹ　　⑤ ㄷ, ㄹ

II. 문자와 식

366 중

|서술형|

x의 계수가 -6이고 상수항이 2인 x에 대한 일차식에 대하여 $x=-1$일 때의 식의 값을 a, $x=3$일 때의 식의 값을 b라 할 때, $a-b$의 값을 구하시오.

367 중

다항식 $(a+2)x^2+(b-5)x+1$이 x에 대한 일차식이 되도록 하는 상수 a, b의 조건은?

① $a=-2$, $b=5$
② $a=-2$, $b\neq5$
③ $a=2$, $b\neq5$
④ $a\neq-2$, $b=5$
⑤ $a\neq-2$, $b\neq5$

368 중

다음 중 아래 조건을 모두 만족시키는 다항식은?

┌ 조건 ─────────────────────
(가) 다항식의 차수는 2이다.
(나) 항은 3개이다.
(다) x의 계수는 -4이다.
(라) x^2의 계수와 상수항의 곱은 양수이다.
└──────────────────────────

① $-3x^2+9x$
② $-4x^2+x-8$
③ $-2x^2-4x+1$
④ x^2-4x+5
⑤ x^3-4x+2

5 일차식의 계산

369 하

$2x+8y-(4-x)+1$을 계산하면?

① $x+8y-3$
② $x+8y+5$
③ $3x+8y-3$
④ $3x+8y+5$
⑤ $8x+3y-3$

370 하

$(6x-9)\div\left(-\dfrac{3}{5}\right)$을 계산하면 $ax+b$일 때, 상수 a, b에 대하여 ab의 값을 구하시오.

빈출
371 중

다음 중 옳지 <u>않은</u> 것을 모두 고르면? (정답 2개)

① $-8x\times\dfrac{3}{4}=-6x$
② $(2x-5)\times(-2)=-4x+10$
③ $-\dfrac{1}{3}(12-9x)=3x+4$
④ $\dfrac{4}{3}x\div\left(-\dfrac{4}{9}\right)=-\dfrac{1}{3}x$
⑤ $(14x+3)\div7=2x+\dfrac{3}{7}$

372 중

다음 중 계산 결과가 $-4(x+3)$과 같은 것은?

① $(x+3) \times 4$ 　　② $(x+3) \div (-4)$

③ $(x+3) \div \left(-\dfrac{1}{4}\right)$ 　④ $\dfrac{1}{2}(8x-6)$

⑤ $(3-x) \div \dfrac{1}{4}$

373 중 | 서술형 |

$\dfrac{7}{4}(8x-2)$를 계산하면 x의 계수가 a이고,

$\left(\dfrac{x}{9}-\dfrac{5}{3}\right) \div \left(-\dfrac{1}{9}\right)$을 계산하면 상수항이 b일 때, $a+b$ 의 값을 구하시오.

⭐빈출
374 중

$4(1-3x) - \dfrac{1}{3}(-6x+21)$을 계산하면 $ax+b$일 때, 상수 a, b에 대하여 $b-a$의 값은?

① 1 　　　　② 3 　　　　③ 5

④ 7 　　　　⑤ 9

375 중

$0.25x - 0.5 + \dfrac{5}{4}x + \dfrac{2}{3}$를 계산하시오.

376 중

다음 중 옳지 <u>않은</u> 것은?

① $7x-4-10x+5 = -3x+1$

② $6x-1-(2x+8) = 4x-9$

③ $3(2x+1)+5(x-4) = 11x-17$

④ $\dfrac{1}{6}(3-12x)-(2-x) = -x-\dfrac{3}{2}$

⑤ $4\left(x+\dfrac{3}{2}\right)+3\left(\dfrac{2}{3}x-2\right) = 6x+12$

377 중

다음 중 계산 결과의 x의 계수가 가장 작은 것은?

① $(24x-8) \times \left(-\dfrac{1}{4}\right)$

② $\left(-15x+\dfrac{1}{2}\right) \div 5$

③ $3x+2(7-x)$

④ $(1-2x)-(5x+4)$

⑤ $\dfrac{1}{2}(4x+20)-6\left(x+\dfrac{4}{3}\right)$

378 ⓒ

$\dfrac{3(x-1)}{4} - \dfrac{6-x}{3}$ 를 계산하면?

① $\dfrac{5}{12}x - \dfrac{11}{4}$ ② $\dfrac{5}{12}x + \dfrac{5}{4}$ ③ $\dfrac{13}{12}x - \dfrac{5}{4}$

④ $\dfrac{13}{12}x - \dfrac{11}{4}$ ⑤ $\dfrac{13}{12}x + \dfrac{5}{4}$

379 ⓒ

$2x+6a-(8-bx)$ 를 계산하면 x의 계수는 -3, 상수항은 4일 때, 상수 a, b에 대하여 ab의 값을 구하시오.

380 ⓒ | 서술형 |

$10x+9-\{6x+2(4-x)-1\}$ 을 계산했을 때, x의 계수와 상수항의 합을 구하시오.

381 ⓒ

다음을 계산하시오.

$$8x-[3x-10-2\{-x+4(x-5)\}]$$

382 ⓒ

$\dfrac{4x-3}{5} + 0.4\left(2x - \dfrac{9}{4}\right)$ 를 계산하면 $ax+b$일 때, 상수 a, b에 대하여 $a-b$의 값은?

① $-\dfrac{17}{5}$ ② $-\dfrac{31}{10}$ ③ $\dfrac{3}{10}$

④ $\dfrac{31}{10}$ ⑤ $\dfrac{17}{5}$

383 ⓒ

$x=-\dfrac{3}{4}$, $y=\dfrac{1}{2}$일 때,

$3x-[x-4y-\{7x+y-(x+3y)\}]$의 값은?

① -1 ② -3 ③ -5

④ -7 ⑤ -9

384 ⓒ

$A=-3x+2$, $B=x-5$일 때, $2A-3(A-B)$를 계산하면?

① $-6x+15$ ② $3x-5$ ③ $3x+8$

④ $6x-17$ ⑤ $6x-13$

385 중

$A=\dfrac{-4x+1}{6}$, $B=\dfrac{2x+6}{5}$일 때, $3A+B$를 계산하면?

① $-\dfrac{8}{5}x+\dfrac{11}{10}$ ② $-\dfrac{8}{5}x+\dfrac{13}{10}$ ③ $-\dfrac{8}{5}x+\dfrac{17}{10}$

④ $-\dfrac{4}{5}x+\dfrac{13}{10}$ ⑤ $-\dfrac{4}{5}x+\dfrac{17}{10}$

386 상

$\dfrac{x+y}{2}-\dfrac{3x+5y}{4}+\dfrac{4x-y}{5}$ 를 계산했을 때, x의 계수와 y의 계수의 차는?

① $-\dfrac{3}{2}$ ② $-\dfrac{2}{5}$ ③ $\dfrac{2}{5}$

④ $\dfrac{3}{2}$ ⑤ $\dfrac{5}{2}$

387 상

n이 홀수일 때, $(-1)^{n}(4x-5)-(-1)^{n+1}(-x+3)$을 계산하시오.

6 일차식의 계산의 응용

388 중

$3(5x-2)-\boxed{}=7x+4$에서 $\boxed{}$ 안에 알맞은 식을 구하시오.

389 중 | 서술형 |

일차식 $ax+b$에 $-\dfrac{5}{3}$를 곱하면 $10x+3$이 되고,

$-3x+10$을 $\dfrac{2}{3}$로 나누면 $cx+d$가 될 때, 상수 a, b, c, d에 대하여 $ac-bd$의 값을 구하시오.

390 중

어떤 다항식에 $4x-3y$를 더했더니 $-2x+y$가 되었다. 이때 어떤 다항식은?

① $-6x-2y$ ② $-6x+4y$ ③ $-2x+2y$

④ $2x-2y$ ⑤ $6x+4y$

391 중

| 서술형 |

어떤 다항식에 $2a-9$를 더해야 할 것을 잘못하여 **뺐더니** $3a+11$이 되었다. 이때 바르게 계산한 식을 구하시오.

392 중

$3x+8$에서 어떤 다항식을 빼야 할 것을 잘못하여 더했더니 $-x+6$이 되었다. 이때 바르게 계산한 식의 x의 계수와 상수항의 합은?

① 11   ② 13   ③ 15
④ 17   ⑤ 19

393 중

오른쪽 그림과 같은 사다리꼴의 넓이를 x를 사용한 식으로 나타내면?

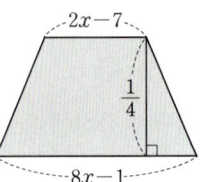

① $\dfrac{5}{4}x-1$ ② $\dfrac{5}{4}x+2$

③ $\dfrac{3}{4}x-2$ ④ $\dfrac{3}{4}x+3$

⑤ $\dfrac{1}{4}x+1$

394 중

오른쪽 보기와 같이 위 칸의 식이 바로 아래 이웃하는 두 칸의 식을 더한 것일 때, 다음 그림에서 ㉠에 알맞은 식을 구하시오.

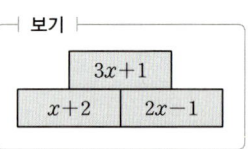

보기

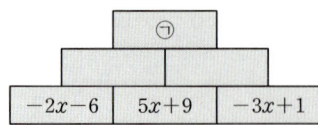

395 중

다음 그림에서 위의 이웃하는 두 칸의 식을 더한 것이 바로 아래 칸의 식일 때, $A+B+C$를 x를 사용한 식으로 나타내시오.

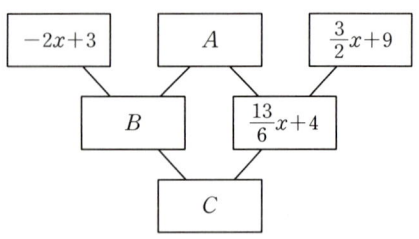

396 중

다음 표에서 가로, 세로, 대각선에 놓인 세 다항식의 합이 모두 같을 때, A에 알맞은 다항식은?

A	$5x-6$	
	$x-2$	
	$-3x+2$	$4x-5$

① $-3x+1$ ② $-2x-4$ ③ $-2x+1$
④ $2x-1$ ⑤ $4x-3$

397 중

다음 그림과 같은 도형의 넓이를 x를 사용한 식으로 나타내시오.

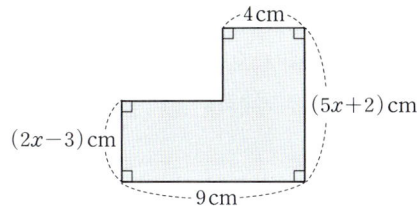

398 중

| 서술형 |

오른쪽 그림과 같이 한 변의 길이가 $6\,\text{cm}$인 정사각형에서 가로의 길이를 $(3x-1)\,\text{cm}$만큼, 세로의 길이를 $x\,\text{cm}$만큼 줄였더니 직사각형이 되었다. 이 직사각형의 둘레의 길이를 x를 사용한 식으로 나타내시오.

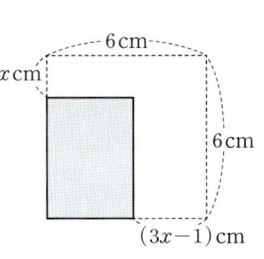

399 중

다음을 만족시키는 다항식 A, B에 대하여 $B-A$를 계산하면?

- 한 켤레에 $\left(\dfrac{2}{5}-3x\right)\text{g}$인 운동화 8켤레의 무게 $A\,\text{g}$
- $(15x-1)$원짜리 아이스크림을 $20\,\%$ 할인한 가격 B원

① $24x-\dfrac{3}{5}$ ② $24x+6$ ③ $30x-2$

④ $36x-\dfrac{12}{5}$ ⑤ $36x-4$

400 상

다음 조건을 모두 만족시키는 두 일차식 A, B에 대하여 $2A-(3A-5B)$를 계산하시오.

┌ 조건 ┐
㈎ A에서 $6x-2$를 빼면 B이다.
㈏ B에 $-4x+1$을 더하면 $3x+8$이다.

401 상

어떤 다항식에서 $6x-15$를 3배 하여 빼야 할 것을 잘못하여 $\dfrac{1}{3}$배 하여 더했더니 $8x-17$이 되었다. 이때 바르게 계산한 식을 구하시오.

Ⅱ. 문자와 식

정답과 해설 39쪽 ▶▶

402 ❸

다음 그림과 같이 바둑돌을 사용하여 + 모양을 만들 때, [16단계]의 모양을 만드는 데 필요한 바둑돌의 개수는?

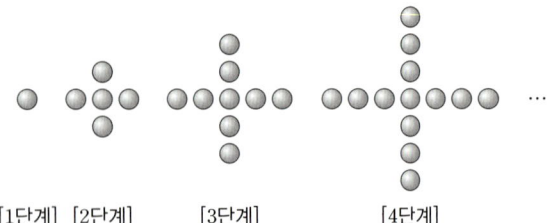

[1단계] [2단계]　[3단계]　　　[4단계]

① 49　　② 53　　③ 57

④ 61　　⑤ 65

404 ❸

| 서술형 |

오른쪽 그림과 같은 직사각형에 대하여 다음 물음에 답하시오.

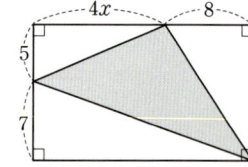

(1) 어두운 부분의 넓이를 x를 사용한 식으로 나타내시오.

(2) $x=3$일 때, 어두운 부분의 넓이를 구하시오.

405 ❸

다음 그림과 같은 직사각형에서 어두운 부분의 넓이를 x를 사용한 식으로 나타내면?

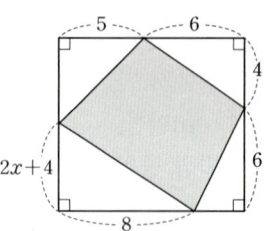

① $-3x+24$　　② $-3x+44$　　③ $-3x+58$

④ $-5x+44$　　⑤ $-5x+58$

403 ❸

다음 그림과 같이 성냥개비를 사용하여 정사각형을 만들 때, 정사각형을 12개 만드는 데 필요한 성냥개비의 개수를 구하시오.

최고수준 도전 기출

406

같은 종류의 티셔츠를 1장에 x원에 파는 A, B 두 쇼핑몰에서 할인 행사를 하고 있다. 다음 그림과 같이 A 쇼핑몰은 티셔츠 3장을 한 묶음으로 사면 전체 가격을 15 % 할인 해주고, B 쇼핑몰은 티셔츠 3장을 한 묶음으로 사면 1장을 공짜로 더 준다고 한다. 세린이가 티셔츠 3장을 한 묶음으로 사려고 할 때, 어느 쇼핑몰에서 사야 티셔츠 1장 당 구입 가격이 더 저렴한지 구하시오.

407

한 변의 길이가 8 cm인 정사각형 모양의 종이 n장을 다음 그림과 같이 이웃하는 종이끼리 2 cm만큼 겹치도록 이어 붙여서 직사각형을 만들려고 한다. 이때 완성된 직사각형의 둘레의 길이를 n을 사용한 식으로 나타내시오.

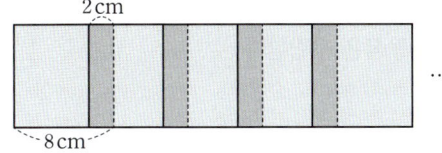

408

오른쪽 그림과 같이 한 변의 길이가 12인 정사각형 모양의 종이 ABCD를 꼭짓점 A 가 변 BC 위의 점 G에 오도록 선분 EF를 접는 선으로 하여 접었다. 선분 EB의 길이가 3, 선분 FH의 길이가 $2x+1$일 때, 사각형 EGHF의 넓이를 x를 사용한 식으로 나타내면?

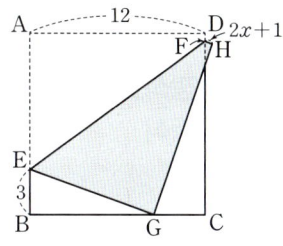

① $8x+60$ ② $10x+30$ ③ $10x+60$

④ $12x+30$ ⑤ $12x+60$

409

지율이네 가게에서 핫도그를 1개에 a원씩 팔다가 오후에는 10 % 할인하여 팔았다. 오후에 판매한 핫도그의 개수는 오전에 판매한 핫도그의 개수의 2배일 때, 하루 동안 판매한 핫도그 1개의 평균 가격은 얼마인가?

① $\dfrac{8}{15}a$원   ② $\dfrac{3}{5}$원   ③ $\dfrac{2}{3}a$원

④ $\dfrac{4}{5}a$원   ⑤ $\dfrac{14}{15}a$원

일차방정식

1 방정식과 항등식

☑ 필수 기출 1

(1) **❶ [　　　　]** : 등호(＝)를 사용하여 수량 사이의 관계를 나타낸 식

참고 등호의 왼쪽 부분을 좌변, 오른쪽 부분을 우변이라 하고, 좌변과 우변을 통틀어 양변이라 한다.

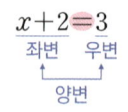

$$x+2\underset{\text{좌변}\quad\text{우변}}{=}3$$
양변

(2) **방정식**: 문자의 값에 따라 참이 되기도 하고 거짓이 되기도 하는 등식

　① **❷ [　　　　]** : 방정식에 있는 문자

　② **방정식의 해(근)**: 방정식을 참이 되게 하는 미지수의 값

　　➡ 방정식의 해를 모두 구하는 것을 방정식을 푼다고 한다.

　예 등식 $x+2=3$은 $x=1$일 때 $1+2=3$이므로 참이 되고, $x=2$일 때 $2+2\neq3$이므로 거짓이 된다.

　　➡ $x+2=3$은 방정식이고, $x=1$은 이 방정식의 해(근)이다.

(3) **❸ [　　　　]** : 미지수에 어떤 값을 대입하여도 항상 참이 되는 등식

📎 기출 PICK

　① 방정식의 해 찾기

　　➡ $x=a$를 x에 대한 방정식에 대입하여 (좌변)＝(우변)이면 $x=a$는 그 방정식의 해이다.

　② 항등식 찾기

　　➡ 좌변과 우변을 각각 정리한 후 (좌변)＝(우변)이면 항등식이다.

2 등식의 성질

☑ 필수 기출 2

(1) **등식의 성질**

　① 등식의 양변에 같은 수를 더해도 등식은 성립한다.

　　➡ $a=b$이면 $a+c=b+c$이다.

　② 등식의 양변에서 같은 수를 빼도 등식은 성립한다.

　　➡ $a=b$이면 $a-c=b-c$이다.

　③ 등식의 양변에 같은 수를 곱해도 등식은 성립한다.

　　➡ $a=b$이면 $ac=bc$이다.

　④ 등식의 양변을 0이 아닌 같은 수로 나누어도 등식은 성립한다.

　　➡ $a=b$이고 $c\neq0$이면 $\dfrac{a}{c}=\dfrac{b}{c}$이다.

　참고 • 양변에서 같은 수 c를 빼는 것은 양변에 같은 수 $-c$를 더하는 것과 같다.

　　　　• 양변을 0이 아닌 같은 수 c로 나누는 것은 양변에 같은 수 $\dfrac{1}{c}$을 곱하는 것과 같다.

(2) **등식의 성질을 이용한 방정식의 풀이**

　등식의 성질을 이용하여 주어진 방정식을 $x=$(수) 꼴로 고쳐서 해를 구한다.

　예 　$x-2=7$

　　　　$x-2+2=7+2$ ⟵ 양변에 2를 더한다.

　　　　$\therefore x=9$

답: ❶ 등식　❷ 미지수　❸ 항등식

(3) **④ [　　　　]** : 등식의 성질을 이용하여 등식의 어느 한 변에 있는 항을 부호를 바꾸어 다른 변으로 옮기는 것

> **참고** $+{\color{pink}\bullet}$를 이항하면 $-{\color{pink}\bullet}$
> $\quad\quad -{\color{cyan}\blacksquare}$를 이항하면 $+{\color{cyan}\blacksquare}$

---

③ 일차방정식의 풀이

☑ 필수 기출 3, 4

(1) 일차방정식

등식의 모든 항을 좌변으로 이항하여 정리한 식이 (x에 대한 일차식)$=0$, 즉
$$ax+b=0\,(a\neq 0)$$
꼴로 나타나는 방정식을 x에 대한 일차방정식이라 한다.

(2) 일차방정식의 풀이

❶ 괄호가 있으면 분배법칙을 이용하여 괄호를 먼저 푼다.

❷ 일차항은 좌변으로, 상수항은 우변으로 각각 이항하고 $ax=b\,(a\neq 0)$ 꼴로 만든다.

❸ 양변을 x의 계수로 나누어 $x=$(수) 꼴로 고쳐서 해를 구한다.

(3) 여러 가지 일차방정식의 풀이

① 계수가 소수인 일차방정식

➡ 양변에 10, 100, 1000, … 중 적당한 수를 곱하여 계수를 모두 정수로 고쳐서 푼다.

② 계수가 분수인 일차방정식

➡ 양변에 분모의 **⑤ [　　　　]** 를 곱하여 계수를 모두 정수로 고쳐서 푼다.

> **주의** 등식의 양변에 어떤 수를 곱할 때는 모든 항에 같은 수를 빠짐없이 곱한다.

> **참고** x에 대한 방정식 $ax=b$에서
> ① 해가 없을 조건 ➡ $a=0$, $b\neq 0$
> ② 해가 무수히 많을 조건 ➡ $a=0$, $b=0$

📎 기출 PICK

일차방정식에서 상수 구하기

① 두 일차방정식의 해가 서로 같은 경우

➡ 해를 구할 수 있는 일차방정식의 해를 먼저 구한 후 그 해를 다른 방정식에 대입하여 상수의 값을 구한다.

② 일차방정식의 해의 조건이 주어진 경우

➡ 주어진 일차방정식의 해를 $x=$(a를 사용한 식)으로 나타낸 후 해의 조건을 만족시키는 a의 값을 구한다.

③ x의 계수 또는 상수항을 잘못 보고 푼 일차방정식의 해가 주어진 경우

➡ 잘못 본 x의 계수 또는 상수항을 문자 a로 나타낸 후 이 식에 주어진 해를 대입하여 a의 값을 구한다.

답: ❹ 이항　❺ 최소공배수

1 방정식과 항등식

410 하

다음 중 등식인 것을 모두 고르면? (정답 2개)

① $4x-2$ ② $-x+5=3$ ③ $3x+1<7$

④ $2x \geq 9x$ ⑤ $2 \times 6 = 12$

411 하

'어떤 수 x와 16의 합은 x의 5배보다 6만큼 작다.'를 등식으로 바르게 나타낸 것은?

① $x-16=5x-6$ ② $x+16=5x-6$

③ $x+16=5x+6$ ④ $x+16=5(x-6)$

⑤ $5(x+16)=x-6$

412 하

다음 방정식 중 해가 $x=-4$인 것은?

① $x+4=8$ ② $2x+3=10$

③ $3-x=-2x-1$ ④ $\dfrac{x}{2}-12=4x$

⑤ $\dfrac{1}{3}(x+1)=1$

413 하

다음 중 항등식인 것은?

① $4x=8$ ② $6+x=6-x$

③ $5x-x=3x$ ④ $3(x+2)=3x+6$

⑤ $-(3-x)=3+x$

414 하

등식 $(a+1)x+3=-2x+b$가 모든 x의 값에 대하여 항상 참일 때, 상수 a, b의 값은?

① $a=-3$, $b=3$ ② $a=-3$, $b=6$

③ $a=1$, $b=-3$ ④ $a=1$, $b=6$

⑤ $a=3$, $b=-6$

빈출 415 중

다음 중 문장을 등식으로 나타낸 것으로 옳은 것은?

① 어떤 수 x의 2배에서 4를 더한 것은 x의 5배와 같다.
  ➡ $2(x+4)=5x$

② 85와 x의 평균은 88이다. ➡ $2(85+x)=88$

③ 한 변의 길이가 x cm인 정사각형의 둘레의 길이는 22 cm이다. ➡ $x+4=22$

④ 밑변의 길이가 x cm, 높이가 3 cm인 삼각형의 넓이는 14 cm이다. ➡ $3x=14$

⑤ 한 개에 800원인 지우개 x개의 가격은 4000원이다.
  ➡ $800x=4000$

416 중

다음 보기 중 문장을 등식으로 나타낸 것으로 옳지 <u>않은</u> 것을 모두 고르시오.

┌ 보기 ┐

ㄱ. 시속 $x\,\text{km}$로 3시간 동안 이동한 거리는 $165\,\text{km}$이다.
　　➡ $3x=165$

ㄴ. 길이가 $30\,\text{cm}$인 끈을 $x\,\text{cm}$씩 5번 잘랐더니 $10\,\text{cm}$가 남았다. ➡ $30=5x-10$

ㄷ. 정가가 x원인 컵을 $20\,\%$ 할인한 판매 가격은 1600원이다. ➡ $0.2x=1600$

ㄹ. 500원짜리 연필 x자루를 사고 10000원을 냈더니 2500원을 거슬러 받았다. ➡ $10000-500x=2500$

417 중

다음 문장을 등식으로 나타내시오.

지혜가 가진 사탕 36개를 친구 8명에게 x개씩 나누어 주었더니 4개가 남았다.

★빈출
418 중

다음 중 [　] 안의 수가 주어진 방정식의 해가 <u>아닌</u> 것은?

① $2x+5=1$ 　　　　 $[\,-2\,]$
② $2-x=x+4$ 　　　　 $[\,-1\,]$
③ $3x+6=18-x$ 　　 $[\,4\,]$
④ $3(1-x)=2x-7$ 　 $[\,2\,]$
⑤ $-x=6(x+2)+9$ $[\,-3\,]$

419 중

x의 값이 -2 이상 2 미만의 정수일 때, 일차방정식 $\dfrac{1}{2}(x+1)-4=3x-6$의 해를 구하시오.

★빈출
420 중

다음 중 x의 값에 관계없이 항상 참인 등식은?

① $7-3x=10x$ 　　　 ② $5x-x=4$
③ $4x+5=5x+4$ 　　 ④ $-2x+6=2(3-x)$
⑤ $3(x+2)=\dfrac{1}{2}(6x+4)$

421 중

등식 $8x+3=a(2-x)+b$가 x에 대한 항등식일 때, 상수 a, b에 대하여 $b-a$의 값을 구하시오.

422 중

다음 등식이 x의 값에 관계없이 항상 성립할 때, 일차식 A를 구하시오.

$$5x-3(2x+3)=A+x-6$$

Ⅱ. 문자와 식

등식의 성질

423 하

$a=b$일 때, 다음 중 옳지 <u>않은</u> 것을 모두 고르면?

(정답 2개)

① $a+2=b+2$ 　　　② $a-5=5-b$

③ $-3a=-3b$ 　　　④ $\dfrac{a}{4}=\dfrac{b}{2}$

⑤ $2a+1=2b+1$

424 하

다음 중 옳지 <u>않은</u> 것은?

① $a=b$이면 $a+c=b+c$이다.

② $a=b$이면 $ac=bc$이다.

③ $a=b$이면 $\dfrac{a}{c}=\dfrac{b}{c}$이다. (단, $c\neq0$)

④ $a-c=b-c$이면 $a=b$이다.

⑤ $ac=bc$이면 $a=b$이다.

425 중

다음은 등식의 성질을 이용하여 방정식 $-2x-5=13$을 푸는 과정이다. 이때 $a-b$의 값을 구하시오.

$-2x-5=13$ 　┐ 등식의 양변에 a를 더해도 등식은 성립한다.
$-2x=18$ 　┤
$\therefore x=-9$ 　┘ 등식의 양변을 b로 나누어도 등식은 성립한다.

426 중

다음 중 밑줄 친 항을 바르게 이항한 것은?

① $x\underline{-5}=2 \Rightarrow x=2-5$

② $3x=\underline{2x}+8 \Rightarrow 3x+2x=8$

③ $6\underline{+x}=\underline{-1}+3x \Rightarrow 6-1=3x+x$

④ $2x\underline{+7}=\underline{-x}+2 \Rightarrow 2x+x=2+7$

⑤ $1\underline{-4x}=2x\underline{+11} \Rightarrow 1-11=2x+4x$

427 중

$3a=b$일 때, 다음 중 옳은 것은?

① $2a=\dfrac{b}{3}$ 　　　② $3a+1=b+3$

③ $3(a+1)=b+1$ 　　　④ $9a-3=3b-1$

⑤ $a+8=\dfrac{b}{3}+8$

428 중

다음 중 옳지 <u>않은</u> 것을 모두 고르면? (정답 2개)

① $a-1=b-3$이면 $a-4=b$이다.

② $a=2b$이면 $a-2=2(b-1)$이다.

③ $\dfrac{a}{3}=\dfrac{b}{2}$이면 $\dfrac{a+1}{3}=\dfrac{b+1}{2}$이다.

④ $\dfrac{3}{4}a=\dfrac{3}{8}b$이면 $6a=3b$이다.

⑤ $a=-b$이면 $-3a+1=3b+1$이다.

429 중

다음 □ 안에 알맞은 수가 나머지 넷과 다른 하나는?

① $2a=3$이면 $2a+3=$ □이다.

② $-a+8=16$이면 $-a-2=$ □이다.

③ $\dfrac{a}{3}=2$이면 $a=$ □이다.

④ $-4a=24$이면 $a=$ □이다.

⑤ $5a=10$이면 $3a=$ □이다.

430 중

| 서술형 |

등식 $5x-6=2x+9$를 이항만을 이용하여
$ax=b\,(a>0)$ 꼴로 고쳤을 때, 상수 a, b에 대하여 $b-a$
의 값을 구하시오.

431 중

다음은 등식의 성질을 이용하여 방정식 $\dfrac{1}{5}x+7=4$를 푸
는 과정이다. 이때 ㈎~㈒에 알맞은 수들의 합을 구하시
오.

$$\frac{1}{5}x+7=4$$

$$\frac{1}{5}x+7-\boxed{㈎}=4-\boxed{㈎}$$

$$\frac{1}{5}x=\boxed{㈏}$$

$$\frac{1}{5}x\times\boxed{㈐}=\boxed{㈏}\times\boxed{㈐}$$

$$\therefore x=\boxed{㈑}$$

432 중

오른쪽은 등식의 성질을 이용하
여 방정식 $\dfrac{3}{4}x-2=-\dfrac{7}{2}$을 푸
는 과정이다. ㉠, ㉡, ㉢ 중 등
식의 성질 '$a=b$이면 $ac=bc$이
다.'가 이용된 곳을 구하시오.
(단, c는 자연수)

$$\begin{aligned} \frac{3}{4}x-2&=-\frac{7}{2} \quad\Big]㉠\\ 3x-8&=-14 \quad\Big]㉡\\ 3x&=-6 \quad\Big]㉢\\ \therefore x&=-2 \end{aligned}$$

⭐빈출
433 중

다음은 등식의 성질을 이용하여 방정식 $6x-7=11$을 푸
는 과정이다. 이때 ㈎, ㈏에서 이용된 등식의 성질을 보
기에서 고르시오.

$$6x-7=11 \xrightarrow{\;㈎\;} 6x=18 \xrightarrow{\;㈏\;} \therefore x=3$$

| 보기 |

$a=b$이고 c는 자연수일 때

ㄱ. $a+c=b+c$ ㄴ. $a-c=b-c$

ㄷ. $ac=bc$ ㄹ. $\dfrac{a}{c}=\dfrac{b}{c}$

434 중

다음 중 방정식을 푸는 과정에서 이용된 등식의 성질이
나머지 넷과 다른 하나는?

① $4x-2=6 \Rightarrow 4x=8$

② $2x-3=-9 \Rightarrow 2x=-6$

③ $-3x-5=7 \Rightarrow -3x=12$

④ $-5x=10 \Rightarrow x=-2$

⑤ $-2(x+1)=8 \Rightarrow -2x=10$

435 ●

다음 방정식 중 등식의 양변에 3을 더한 후 양변에 2를 곱해서 해를 구할 수 있는 것은?

① $\dfrac{x}{2}-6=3$ 　② $\dfrac{x}{2}-3=2$ 　③ $\dfrac{x}{2}+3=-1$

④ $\dfrac{x-3}{2}=1$ 　⑤ $\dfrac{x+3}{2}=-2$

436 ●

등식의 성질을 이용하여 다음 등식이 성립하도록 할 때, □ 안에 알맞은 수를 구하시오.

$$4(a+2)=4b+1\text{이면 } a+3=b+\boxed{}$$

437 ●

$3a-15=9(b+2)$일 때, 다음 중 $a+3b$와 같은 것은?

① $3b+9$ 　② $3b+11$ 　③ $6b+9$

④ $6b+11$ 　⑤ $6b+12$

---

3 일차방정식의 풀이

438 ●

다음 중 일차방정식이 <u>아닌</u> 것은?

① $3x+1=4$ 　　② $x+5=2x-1$

③ $2x+3=3-2x$ 　④ $2x+2=2(x+1)$

⑤ $x^2-2=x^2-x$

439 ●

일차방정식 $6x+3=2x+15$를 푸시오.

빈출
440 ●

일차방정식 $3(4x+2)=5(x-2)+2$를 풀면?

① $x=-3$ 　② $x=-2$ 　③ $x=-1$

④ $x=1$ 　　⑤ $x=2$

441 하

일차방정식 $0.3x-2.2=1.2x+0.5$를 푸시오.

442 하

일차방정식 $\dfrac{1}{3}x+2=\dfrac{5x-3}{4}$을 풀면?

① $x=-3$ ② $x=-1$ ③ $x=1$
④ $x=3$ ⑤ $x=5$

443 중

다음 중 문장을 등식으로 나타낼 때, 일차방정식이 <u>아닌</u> 것은?

① x를 4배 한 후 6을 더하면 30이 된다.
② 한 변의 길이가 x cm인 정오각형의 둘레의 길이는 20 cm이다.
③ 한 변의 길이가 x cm인 정사각형의 넓이는 16 cm²이다.
④ 한 개당 1200원인 오렌지 x개의 가격은 6000원이다.
⑤ 시속 x km로 3시간 동안 달린 거리는 210 km이다.

444 중

| 서술형 |

등식 $3x-1=5-(a+2)x$가 x에 대한 일차방정식이 되기 위한 상수 a의 조건을 구하시오.

445 중

다음 중 일차방정식 $2x-(5x-1)=4$와 해가 같은 것은?

① $-x+5=-6$ ② $3x=x+4$
③ $2(x+2)=3x-5$ ④ $-5x+4=2(6-x)-5$
⑤ $3(x+4)=-(x+8)$

446 중

다음 일차방정식 중 해의 절댓값이 가장 큰 것은?

① $-4x+5=-7$ ② $4-x=x-4$
③ $2x+3=6-x$ ④ $-x=3(x+3)-1$
⑤ $4(x+1)=2x-6$

447 중

일차방정식 $0.2x-0.32=0.18x+0.3$을 풀면?

① $x=5$ ② $x=9$ ③ $x=13$
④ $x=17$ ⑤ $x=31$

448 중

일차방정식 $\dfrac{2x}{3}+\dfrac{5}{2}=\dfrac{5x+3}{4}$을 풀면?

① $x=3$ ② $x=4$ ③ $x=5$
④ $x=6$ ⑤ $x=7$

449 중

| 서술형 |

비례식 $(x-5):(3x+10)=3:4$를 만족시키는 x의 값을 구하시오.

★빈출
450 중

일차방정식 $0.6(x-1)=0.4(x+1)+1.4$를 풀면?

① $x=-6$ ② $x=-3$ ③ $x=3$
④ $x=6$ ⑤ $x=12$

451 중

일차방정식 $0.2(x+3)=1.2(x-2)-2$의 해를 $x=a$라 할 때, a보다 작은 자연수의 개수는?

① 3 ② 4 ③ 5
④ 6 ⑤ 7

452 중

다음 일차방정식 중 해가 나머지 넷과 다른 하나는?

① $6(x-2)=3(x-6)$
② $0.5x+0.1=0.2x-0.5$
③ $\dfrac{x+3}{2}=-\dfrac{x}{4}$
④ $0.09x+0.95=0.11(x+7)$
⑤ $\dfrac{1}{4}(x-6)=\dfrac{3x-4}{5}$

453 중

비례식 $(5-x) : \dfrac{2x-1}{3} = 6 : 5$를 만족시키는 x의 값은?

① -3 ② -1 ③ 1
④ 3 ⑤ 5

454 중

일차방정식 $1.3(x-1) + \dfrac{11}{2} = \dfrac{8}{5}x$를 풀면?

① $x=-14$ ② $x=-7$ ③ $x=7$
④ $x=14$ ⑤ $x=21$

455 중

일차방정식 $\dfrac{1}{5}(0.4x-3) = \dfrac{1}{3}(x+2)$의 해를 $x=a$라 할 때, $2a+11$의 값을 구하시오.

456 중

다음 일차방정식 중 해가 가장 작은 것은?

① $-4(x-3) = 2x+9$
② $2+0.6x = 0.2x+4$
③ $0.3(x+12) = x+0.8$
④ $\dfrac{x-1}{3}+1 = \dfrac{3x+1}{4}$
⑤ $\dfrac{x-1}{2} = \dfrac{2}{5}x-0.7$

457 중

어느 자물쇠의 비밀번호는 다음 세 일차방정식의 해를 차례로 나열한 것과 같다. 이 자물쇠의 비밀번호를 구하시오.

$$3x-1 = 5x-7$$
$$0.4(x-1) = 0.6x-1.6$$
$$\dfrac{x}{2}-1 = \dfrac{2x+5}{7}$$

458 중 | 서술형 |

일차방정식 $0.4(x-2) = \dfrac{3x+1}{7}$의 해를 $x=a$, 일차방정식 $\dfrac{x+2}{3} = 0.2(x-1) - \dfrac{47}{15}$의 해를 $x=b$라 할 때, $b-a$의 값을 구하시오.

459 중

a에 대한 일차방정식 $a(x+2)-15=4(x-a)+9$의 해는? (단, x는 상수)

① $a=4$ ② $a=6$ ③ $a=\dfrac{4x-6}{x+6}$

④ $x=-6$ ⑤ $x=\dfrac{-6a+24}{a+4}$

460 상

두 수 a, b에 대하여
$$a \star b = a+b-ab$$
라 할 때, $\{4 \star (-x)\}+(3x \star 6)=-2$를 만족시키는 x의 값을 구하시오.

461 상

0이 아닌 상수 a, b, c, d에 대하여 등식 $ax+c=bx+d$가 x에 대한 항등식일 때, x에 대한 방정식 $ax+b=cx+d$를 풀면? (단, $a \neq c$)

① $x=-2$ ② $x=-1$ ③ $x=-\dfrac{1}{2}$

④ $x=\dfrac{1}{2}$ ⑤ $x=1$

---

4 일차방정식의 응용

462 하

x에 대한 일차방정식 $ax-4=2x+1$의 해가 $x=5$일 때, 상수 a의 값을 구하시오.

★빈출
463 중

x에 대한 두 일차방정식 $5x-3=2x+9$, $ax+6=3x+2$의 해가 서로 같을 때, 상수 a의 값은?

① $\dfrac{1}{2}$ ② 1 ③ $\dfrac{3}{2}$

④ 2 ⑤ $\dfrac{5}{2}$

★빈출
464 중

x에 대한 일차방정식 $\dfrac{x-a}{3}=1-\dfrac{4x+a}{6}$의 해가 $x=3$일 때, 상수 a의 값은?

① 8 ② 10 ③ 12

④ 14 ⑤ 16

465 중

x에 대한 두 일차방정식 $a(3x-1)=x+16$, $0.4x+0.3b=-0.6x+1$의 해가 $x=-2$일 때, 상수 a, b에 대하여 $a+b$의 값은?

① 5   ② 6   ③ 7
④ 8   ⑤ 9

466 중 | 서술형 |

x에 대한 두 일차방정식 $0.5(1-2x)=-0.4x+2$, $2(x-a)=5$의 해가 서로 같을 때, 상수 a에 대하여 a^2+a-1의 값을 구하시오.

467 중

다음 x에 대한 세 일차방정식의 해가 모두 같을 때, 상수 a, b에 대하여 $a-b$의 값을 구하시오.

$$ax+5=5(2x-3)$$
$$0.3(x-b)=x+2.6$$
$$\frac{x-1}{3}=\frac{3x+2}{4}$$

468 중

x에 대한 일차방정식 $a(4x-2)+5x=-2x+11$의 해가 $x=-1$일 때, x에 대한 일차방정식 $2.2x+a=1.7x-1.5$의 해는? (단, a는 상수)

① $x=-5$ ② $x=-3$ ③ $x=-1$
④ $x=1$ ⑤ $x=3$

469 중

x에 대한 두 일차방정식 $0.3x+0.5=-0.2x+3.5$, $\frac{x}{2}-\frac{a-2x}{3}=1$의 해의 절댓값이 서로 같고 부호가 반대일 때, 상수 a의 값은?

① -36 ② -24 ③ -12
④ 12   ⑤ 24

470 중 | 서술형 |

x에 대한 일차방정식 $2(x+2a)-5x=4$의 해가 일차방정식 $0.8+1.4x=\frac{4x-8}{5}$의 해의 2배일 때, 상수 a의 값을 구하시오.

471 중

x에 대한 일차방정식 $x+\dfrac{1}{2}a=\dfrac{1}{2}x+6$의 해가 자연수가 되도록 하는 자연수 a의 개수는?

① 11   ② 12   ③ 13
④ 14   ⑤ 15

472 중

x에 대한 일차방정식 $x+3a=4(x+3)$의 해가 음의 정수가 되도록 하는 가장 큰 자연수 a의 값을 구하시오.

473 중

x에 대한 일차방정식 $\dfrac{1}{5}(x-2a)=x-4$의 해가 자연수가 되도록 하는 모든 자연수 a의 값의 합은?

① 10   ② 15   ③ 20
④ 25   ⑤ 30

474 상

x에 대한 일차방정식 $(2a-5)x^2+(4b-1)x+8=0$의 해가 $x=4$일 때, 상수 a, b에 대하여 일차방정식 $ax-b+ab=0$의 해는?

① $\dfrac{1}{20}$ ② $\dfrac{1}{10}$ ③ $\dfrac{3}{20}$
④ $\dfrac{1}{5}$ ⑤ $\dfrac{1}{4}$

475 상 | 서술형 |

x에 대한 두 일차방정식 $\dfrac{x-3}{2}=\dfrac{x}{4}+a$, $\dfrac{x+3a}{4}=\dfrac{x}{3}-1$의 해를 각각 $x=m$, $x=n$이라 할 때, $m:n=2:3$이 성립한다. 이때 상수 a의 값을 구하시오.

★ ★ ★ ★ 최고수준 도전 기출

476

등식 $2a-3b=4a+5b$를 만족시키는 두 수 a, b에 대하여 $\dfrac{a-b}{a+3b}$의 값이 x에 대한 일차방정식 $m(x-3)=4-2x$의 해일 때, 상수 m의 값을 구하시오. (단, $ab \neq 0$)

477

x에 대한 두 일차방정식 $7-4x=2(1-x)+10$, $8x-3=2x+3a$의 해의 절댓값이 서로 같을 때, 모든 상수 a의 값의 합을 구하시오.

478

x에 대한 방정식 $\dfrac{2x-3a}{6}+3=x$의 해가 음의 정수가 되도록 하는 가장 작은 자연수 a의 값을 구하시오.

479

일차방정식 $5(x+3)=3x-1$에서 우변의 x의 계수 3을 잘못 보고 풀었더니 해가 $x=2$이었다. 이때 3을 어떤 수로 잘못 본 것인가?

① -13 ② -8 ③ -3
④ 8 ⑤ 13

480

x에 대한 방정식 $(a-6)x+12=-bx+3a$의 해가 존재하지 않을 때, x에 대한 일차방정식 $2x-b=\dfrac{x+4}{a}$의 해는? (단, a, b는 $a>b$인 자연수)

① $x=3$ ② $x=2$ ③ $x=1$
④ $x=-1$ ⑤ $x=-2$

Ⅱ. 문자와 식
일차방정식의 활용

1 일차방정식의 활용 문제

☑ 필수 기출 1~6, 10~12

일차방정식의 활용 문제는 다음과 같은 순서로 해결한다.
❶ 문제의 뜻을 이해하고, 구하려는 값을 ⬛ **❶**　　　　　로 놓는다.
❷ 문제의 뜻에 맞게 일차방정식을 세운다.
❸ 일차방정식을 푼다.
❹ 구한 해가 문제의 뜻에 맞는지 확인한다.
주의 문제의 답을 구할 때, 반드시 단위를 쓴다.
참고 일반적으로 구하려는 값을 미지수로 놓지만 식을 간단하게 하는 것을 미지수로 놓기도 한다.

✐ 기출 PICK

수에 관한 문제에서 미지수는 다음과 같이 정한다.
- 연속하는 세 자연수 ➡ $x-1$, x, $x+1$ 또는 x, $x+1$, $x+2$
- 연속하는 세 짝수(홀수) ➡ $x-2$, x, $x+2$ 또는 x, $x+2$, $x+4$
- 십의 자리의 숫자가 x, 일의 자리의 숫자가 y인 두 자리의 자연수 ➡ $10x+y$
- 백의 자리의 숫자가 x, 십의 자리의 숫자가 y, 일의 자리의 숫자가 z인 세 자리의 자연수 ➡ $100x+10y+z$

2 거리, 속력, 시간에 대한 문제

☑ 필수 기출 7

거리, 속력, 시간에 대한 문제는 다음 관계를 이용하여 방정식을 세운다.

$$(거리)=(\boxed{❷}) \times (시간), \quad (속력)=\frac{(거리)}{(시간)}, \quad (시간)=\frac{(거리)}{(속력)}$$

참고 주어진 단위가 다를 경우 방정식을 세우기 전에 먼저 단위를 통일한다.
➡ $1\,km=1000\,m$, $1\,m=\frac{1}{1000}\,km$, 1시간$=60$분, 1분$=\frac{1}{60}$시간

✐ 기출 PICK

기차가 터널을 완전히 통과하는 데 걸리는 시간은 기차의 맨 앞이 터널에 들어가기 시작할 때부터 기차의 맨 뒤가 터널을 벗어날 때까지의 시간을 말한다.
⑴ (기차가 터널을 완전히 통과할 때 이동한 거리)=(터널의 길이)+(기차의 길이)
⑵ (기차의 속력)$=\dfrac{(터널의 길이)+(기차의 길이)}{(터널을 완전히 통과하는 데 걸린 시간)}$

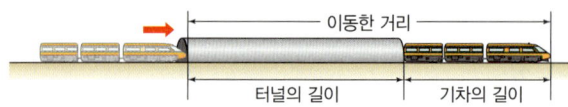

3 증가, 감소에 대한 문제

☑ 필수 기출 8, 9

증가, 감소에 대한 문제는 다음을 이용하여 방정식을 세운다.
⑴ x가 $a\,\%$ 증가한 후의 양 ➡ $x+\dfrac{a}{100}x$
　└➡변화량
⑵ y가 $b\,\%$ 감소한 후의 양 ➡ $y-\dfrac{b}{100}y$
　└➡변화량
⑶ (A의 변화량)+(B의 변화량)=(A, B 전체의 변화량)

답: **❶** 미지수 **❷** 속력

난이도별 **필수 기출**

상 16문항
중 60문항
하 3문항

---

1 수에 대한 문제

481 하

어떤 수의 2배에 5를 더한 수는 어떤 수의 4배보다 1만큼 작을 때, 어떤 수는?

① 2   ② 3   ③ 4
④ 5   ⑤ 6

482 중

일의 자리의 숫자가 4인 두 자리의 자연수가 있다. 이 자연수가 각 자리의 숫자의 합의 6배와 같을 때, 이 자연수를 구하시오.

483 중

서로 다른 두 자연수의 차는 13이고 큰 수는 작은 수의 2배보다 4만큼 클 때, 작은 수는?

① 5   ② 6   ③ 7
④ 8   ⑤ 9

484 중
| 서술형 |

어떤 수의 3배에서 5를 빼야 할 것을 잘못하여 어떤 수의 5배에서 3을 뺐더니 처음 구하려고 했던 수의 2배가 되었다. 이때 처음 구하려고 했던 수를 구하시오.

☆빈출
485 중

연속하는 세 자연수의 합이 114일 때, 세 자연수 중 가장 작은 수는?

① 36   ② 37   ③ 38
④ 39   ⑤ 40

486 중

연속하는 세 홀수의 합이 51일 때, 세 홀수를 구하시오.

487 중

연속하는 세 짝수 중에서 가장 큰 수의 3배는 나머지 두 수의 합보다 32만큼 크다고 할 때, 가장 큰 수는?

① 20　　　　② 22　　　　③ 24
④ 26　　　　⑤ 28

488 중

십의 자리의 숫자가 일의 자리의 숫자보다 5만큼 큰 두 자리의 자연수가 있다. 이 자연수는 각 자리의 숫자의 합의 7배보다 3만큼 크다고 할 때, 이 자연수는?

① 50　　　　② 61　　　　③ 72
④ 83　　　　⑤ 94

489 중
| 서술형 |

일의 자리의 숫자가 2인 두 자리의 자연수가 있다. 이 자연수의 십의 자리의 숫자와 일의 자리의 숫자를 바꾼 수는 처음 수보다 27만큼 작다고 할 때, 처음 수를 구하시오.

490 상

백의 자리의 숫자가 6인 세 자리의 자연수가 있다. 십의 자리의 숫자는 일의 자리의 숫자의 2배보다 1만큼 크고, 백의 자리의 숫자와 십의 자리의 숫자를 바꾼 수는 처음 수보다 270만큼 크다고 할 때, 처음 수를 구하시오.

491 상

다음 조건을 모두 만족시키는 두 자연수 중 작은 수는?

┤ 조건 ├
(개) 두 자리의 자연수이다.
(내) 두 자연수의 합은 89이다.
(대) 작은 수의 일의 자리 뒤에 0을 하나 붙여 만든 세 자리의 자연수와 큰 수의 차는 65이다.

① 13　　　　② 14　　　　③ 15
④ 16　　　　⑤ 17

2 개수의 합이 일정한 문제

492 하

세정이가 농구 시합에서 2점짜리 슛과 3점짜리 슛을 합하여 15개를 넣어 34점을 득점하였을 때, 세정이가 넣은 3점짜리 슛의 개수를 구하시오.

493 중 | 서술형 |

수건 가게에서 한 장에 1500원인 흰색 수건과 한 장에 2000원인 갈색 수건을 합하여 총 9장을 사고 20000원을 냈더니 4500원을 거슬러 받았다. 이때 흰색 수건은 몇 장을 샀는지 구하시오.

494 중

전시회에 토요일과 일요일 이틀 동안 440명의 관람객이 입장하였다. 일요일에 입장한 관람객 수가 토요일에 입장한 관람객 수의 2배보다 5만큼 크다고 할 때, 일요일에 입장한 관람객 수는?

① 265   ② 275   ③ 285
④ 295   ⑤ 305

3 나이에 대한 문제

495 하

정우와 동생의 나이의 합은 21세이고, 차는 5세이다. 정우의 나이를 구하시오.

빈출
496 중

현재 아버지의 나이는 44세이고 딸의 나이는 12세이다. 아버지의 나이가 딸의 나이의 3배가 되는 것은 몇 년 후인가?

① 2년 후   ② 3년 후   ③ 4년 후
④ 5년 후   ⑤ 6년 후

497 중

현재 시율이의 나이는 13세이다. 15년 후에 어머니의 나이가 시율이의 나이의 2배보다 6세가 더 많아진다고 할 때, 현재 어머니의 나이는?

① 45세   ② 46세   ③ 47세
④ 48세   ⑤ 49세

Ⅱ. 문자와 식

498 중

현재 어머니의 나이는 딸의 나이의 4배이다. 6년 후에 어머니의 나이가 딸의 나이의 3배가 된다고 할 때, 현재 딸의 나이는?

① 9세   ② 10세   ③ 11세
④ 12세   ⑤ 13세

499 중

현재 아버지와 아들의 나이의 합은 59세이고, 3년 후에는 아버지의 나이가 아들의 나이의 4배가 된다고 할 때, 현재 아버지의 나이를 구하시오.

500 상

다음은 현재 다은이네 다섯 가족의 나이에 대한 설명이다. 이때 현재 아버지의 나이를 구하시오.

> ㈎ 다은이는 두 명의 쌍둥이 동생이 있고, 다은이의 나이는 쌍둥이 동생보다 4세 더 많다.
> ㈏ 어머니의 나이는 다은이의 나이의 3배이다.
> ㈐ 아버지를 제외한 네 가족의 나이의 합은 82세이다.
> ㈑ 18년 후에는 아버지의 나이가 다은이의 나이의 2배가 된다.

4 예금에 대한 문제

501 중

현재 서우와 소윤이의 통장에는 각각 36000원, 44000원이 예금되어 있다. 다음 달부터 서우는 매달 4000원씩, 소윤이는 매달 x원씩 예금할 때, 8개월 후에 서우의 예금액과 소윤이의 예금액이 같아진다고 한다. 이때 x의 값을 구하시오. (단, 이자는 생각하지 않는다.)

⭐빈출
502 중 | 서술형 |

현재 건후와 지아의 통장에는 각각 80000원, 70000원이 예금되어 있다. 내일부터 건후는 매일 5000원씩, 지아는 매일 3000원씩 통장에서 돈을 찾아 쓸 때, 건후의 예금액과 지아의 예금액이 같아지는 것은 며칠 후인지 구하시오.
(단, 이자는 생각하지 않는다.)

503 중

현재 누나와 동생의 통장에는 각각 45000원, 60000원이 예금되어 있다. 다음 달부터 누나는 매달 7000원씩, 동생은 매달 2000원씩 예금할 때, 누나의 예금액이 동생의 예금액의 2배가 되는 것은 몇 개월 후인가?
(단, 이자는 생각하지 않는다.)

① 23개월 후   ② 24개월 후   ③ 25개월 후
④ 26개월 후   ⑤ 27개월 후

5 도형에 대한 문제

504 ⑤

오른쪽 그림과 같이 한 변의 길이가 10 cm인 정사각형에서 가로의 길이를 $(3x-2)$ cm 만큼, 세로의 길이를 3 cm만 큼 줄였더니 넓이가 42 cm² 인 직사각형이 되었다. 이때 x의 값은?

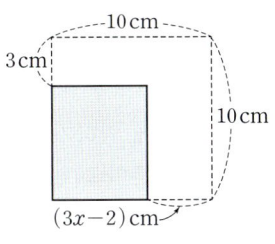

① $\dfrac{2}{3}$ ② 1   ③ $\dfrac{4}{3}$

④ $\dfrac{5}{3}$ ⑤ 2

505 ⑤

가로의 길이가 4 cm, 세로의 길이가 5 cm인 직육면체의 겉넓이가 130 cm²일 때, 이 직육면체의 높이를 구하시오.

506 ⑤

어떤 정사각형의 가로의 길이를 5 cm만큼 늘이고 세로의 길이를 2배로 늘였더니 둘레의 길이가 52 cm인 직사각형 이 되었다. 이때 처음 정사각형의 한 변의 길이를 구하시오.

507 ⑤

오른쪽 그림과 같이 윗변의 길이가 아랫변의 길이보다 4 cm 더 짧고 높 이가 6 cm인 사다리꼴이 있다. 이 사 다리꼴의 넓이가 45 cm²일 때, 아랫 변의 길이는?

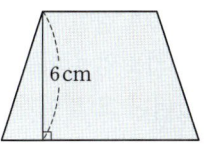

① $\dfrac{15}{2}$ cm   ② 8 cm   ③ $\dfrac{17}{2}$ cm

④ 9 cm   ⑤ $\dfrac{19}{2}$ cm

508 ⑤

다음 그림과 같이 가로의 길이가 $2x+5$, 세로의 길이가 9인 직사각형 모양의 종이에서 밑변의 길이가 x, 높이가 7인 삼각형 2개를 잘라 내었다. 잘라 내고 남은 종이의 넓이가 111일 때, x의 값은?

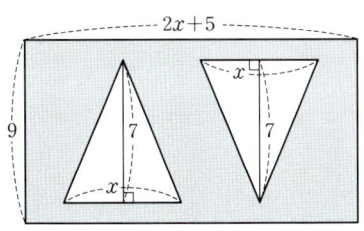

① 5   ② $\dfrac{11}{2}$ ③ 6

④ $\dfrac{13}{2}$ ⑤ 7

509 중

가로의 길이가 3 cm, 세로의 길이가 6 cm인 직사각형에서 가로의 길이를 2 cm만큼, 세로의 길이를 x cm만큼 늘였더니 그 넓이가 처음 직사각형의 넓이의 3배가 되었다. 이때 x의 값을 구하시오.

510 중

길이가 128 cm인 철사를 구부려 가로의 길이와 세로의 길이의 비가 3 : 1인 직사각형을 만들려고 할 때, 이 직사각형의 가로의 길이를 구하시오.

(단, 철사는 겹치는 부분이 없도록 모두 사용한다.)

511 상

둘레의 길이가 30 cm인 직사각형 4개를 이어 붙여 오른쪽 그림과 같은 정사각형을 만들었을 때, 이 정사각형의 넓이는?

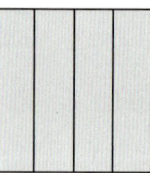

① 81 cm²   ② 100 cm²   ③ 121 cm²
④ 144 cm²   ⑤ 169 cm²

---

6 비율에 대한 문제

512 중

혜정이네 가족은 며칠 동안 여행을 다녀왔는데 총 여행 일수의 $\frac{1}{2}$은 부산에 있었고, $\frac{1}{3}$은 경주에 있었고, 나머지 2일은 포항에 있다가 집으로 돌아왔을 때, 혜정이네 가족은 총 며칠 동안 여행을 다녀왔는가?

① 6일   ② 12일   ③ 18일
④ 24일   ⑤ 30일

★빈출
513 중 | 서술형 |

어느 동호회에서 식사하러 음식점에 갔다. 전체 회원의 $\frac{1}{2}$은 비빔밥을, $\frac{1}{9}$은 된장찌개를, $\frac{1}{6}$은 순두부찌개를 주문했다. 남은 회원 4명은 제육볶음을 주문했을 때, 된장찌개를 주문한 회원 수를 구하시오.

514 (상)

해나는 소설책을 읽고 있다. 다음 글을 읽고 해나가 읽고 있는 소설책은 전체 몇 쪽인지 구하시오.

> 어제는 전체의 $\frac{3}{11}$을 읽었고, 오늘은 남은 양의 $\frac{2}{3}$를 읽었다. 내일 20쪽을 읽고 나면 전체의 $\frac{1}{6}$이 남는다.

515 (상)

지호가 두 통장 A, B에 용돈을 입금하는데 먼저 통장 A에 20000원을 입금하고 남은 용돈의 $\frac{5}{8}$를 더 입금한 후 나머지는 모두 통장 B에 입금하였다. 통장 A에 입금한 용돈이 통장 B에 입금한 용돈의 3배일 때, 전체 용돈은 얼마인가?

① 44000원 　② 48000원 　③ 52000원
④ 56000원 　⑤ 60000원

7 거리, 속력, 시간에 대한 문제

516 (중)

두 도시 A, B 사이를 자동차로 왕복하는데 갈 때는 시속 90 km로, 올 때는 같은 길을 시속 45 km로 달려서 총 4시간 30분이 걸렸다. 이때 두 도시 A, B 사이의 거리를 구하시오.

517 (중) | 서술형 |

두 지점 A, B 사이의 거리는 340 km이다. 자동차로 A 지점에서 출발하여 시속 80 km로 가다가 교통량이 증가하여 시속 50 km로 속력을 줄여 B 지점에 도착하였더니 총 5시간이 걸렸다. 이때 시속 80 km로 간 거리를 구하시오.

★빈출 518 (중)

도현이가 집에서 출발하여 도서관에 다녀오는데 갈 때는 시속 6 km로 걸어가고 도서관에서 20분 동안 책을 빌린 후 올 때는 같은 길을 시속 4 km로 걸어서 총 2시간이 걸렸다. 이때 도현이네 집에서 도서관까지의 거리는?

① 3 km 　② $\frac{10}{3}$ km 　③ $\frac{11}{3}$ km
④ 4 km 　⑤ $\frac{13}{3}$ km

519 중

윤아가 등산을 하는데 올라갈 때는 시속 2 km로 걷고, 내려올 때는 올라갈 때보다 3 km가 더 긴 다른 등산로를 시속 3 km로 걸어서 총 5시간 10분이 걸렸다. 이때 내려온 거리는?

① 5 km ② 6 km ③ 7 km
④ 8 km ⑤ 9 km

520 중

두 지점 A, B 사이를 자동차로 왕복하는데 갈 때는 시속 45 km로, 올 때는 같은 길을 시속 60 km로 달렸더니 갈 때는 올 때보다 1시간이 더 걸렸다. 이때 두 지점 A, B 사이의 거리를 구하시오.

521 중

우진이가 집에서 학교까지 가는데 시속 12 km로 자전거를 타고 가면 시속 4 km로 걸어가는 것보다 45분 일찍 도착한다고 한다. 이때 집과 학교 사이의 거리는?

① $\frac{5}{2}$ km ② 3 km ③ $\frac{7}{2}$ km

④ 4 km ⑤ $\frac{9}{2}$ km

522 중

| 서술형 |

지안이가 학교에서 출발한 지 6분 후에 정호가 지안이를 따라나섰다. 지안이는 분속 60 m로 걷고, 정호는 분속 80 m로 걸을 때, 정호가 학교에서 출발한 지 몇 분 후에 지안이를 만나는지 구하시오.

★빈출
523 중

연우는 오전 7시 50분에 집에서 출발하여 학교를 향해 분속 50 m로 걸어갔다. 언니가 오전 8시 10분에 집에서 출발하여 자전거를 타고 분속 150 m로 연우를 따라갈 때, 언니와 연우가 만나는 시각을 구하시오.

(단, 언니와 연우는 학교에 도착하기 전에 만난다.)

524 중

민준이네와 채은이네가 같은 지점에서 출발하여 자동차를 타고 캠핑장에 가기로 했는데 민준이네가 채은이네보다 12분 늦게 출발했다. 민준이네는 시속 70 km로, 채은이네는 시속 50 km로 달려서 두 가족이 캠핑장에 동시에 도착했을 때, 출발 지점에서 캠핑장까지의 거리는?

① 33 km ② 34 km ③ 35 km
④ 36 km ⑤ 37 km

525 (중)

수아네와 지훈이네 집 사이의 거리는 5 km이다. 오후 1시에 수아는 시속 2 km로, 지훈이는 시속 4 km로 각자의 집에서 출발하여 서로 상대방의 집을 향하여 걸어갔다. 이때 두 사람이 만나는 시각은?

① 오후 1시 30분   ② 오후 1시 35분
③ 오후 1시 40분   ④ 오후 1시 45분
⑤ 오후 1시 50분

★빈출
526 (중)

둘레의 길이가 1.2 km인 원 모양의 연못의 둘레를 주원이와 서진이가 같은 지점에서 동시에 출발하여 서로 반대 방향으로 걸어갔다. 주원이는 분속 70 m로, 서진이는 분속 80 m로 걸을 때, 두 사람은 출발한 지 몇 분 후에 처음으로 다시 만나는지 구하시오.

527 (중)

둘레의 길이가 400 m인 트랙의 둘레를 아린이와 현우가 같은 지점에서 동시에 출발하여 같은 방향으로 걸어갔다. 아린이는 분속 30 m로, 현우는 분속 55 m로 걸을 때, 두 사람은 출발한 지 몇 분 후에 처음으로 다시 만나는가?

① 13분 후   ② 14분 후   ③ 15분 후
④ 16분 후   ⑤ 17분 후

528 (중)

초속 25 m로 달리는 기차가 길이가 900 m인 다리를 완전히 통과하는 데 38초가 걸린다고 할 때, 이 기차의 길이는?

① 42 m   ② 44 m   ③ 46 m
④ 48 m   ⑤ 50 m

529 (중) | 서술형 |

길이가 200 m인 기차 A와 길이가 120 m인 기차 B가 어떤 터널을 완전히 통과하는 데 기차 A는 24초, 기차 B는 18초가 걸렸다. 두 기차 A, B의 속력이 같을 때, 터널의 길이를 구하시오.

530 (중)

일정한 속력으로 달리는 기차가 길이가 500 m인 철교를 완전히 통과하는 데 3분이 걸리고, 길이가 900 m인 철교를 완전히 통과하는 데 5분이 걸린다고 할 때, 이 기차의 길이는?

① 80 m   ② 90 m   ③ 100 m
④ 110 m   ⑤ 120 m

531 상

효정이가 집에서 영화관까지 가는데 시속 5 km로 걸어서 가면 영화 상영 시각보다 10분 늦고, 시속 6 km로 뛰어서 가면 영화 상영 시각보다 5분 일찍 도착한다고 한다. 이때 집에서 영화관까지의 거리는?

① 7 km   ② $\dfrac{15}{2}$ km   ③ 8 km

④ $\dfrac{17}{2}$ km   ⑤ 9 km

532 상

둘레의 길이가 33 km인 성의 둘레를 시후와 유나가 같은 지점에서 출발하여 서로 반대 방향으로 자전거를 타고 가려고 한다. 시후가 시속 15 km로 출발한 지 20분 후에 유나가 시속 9 km로 출발하였다면 두 사람은 시후가 출발한 지 몇 분 후에 처음으로 다시 만나는지 구하시오.

533 상

일정한 속력으로 달리는 기차가 길이가 1080 m인 터널을 완전히 통과하는 데 32초가 걸리고, 길이가 504 m인 다리를 완전히 통과하는 데 16초가 걸린다고 할 때, 이 기차의 속력은?

① 초속 32 m   ② 초속 33 m   ③ 초속 34 m
④ 초속 35 m   ⑤ 초속 36 m

534 상

일정한 속력으로 달리는 전철이 길이가 340 m인 철교를 완전히 통과하는 데 24초가 걸렸고, 길이가 1484 m인 터널을 통과할 때는 72초 동안 보이지 않았다. 이때 전철의 길이는?

① 110 m   ② 112 m   ③ 114 m
④ 116 m   ⑤ 118 m

8 증가, 감소에 대한 문제

535 ❸

어느 중학교의 작년 1학년 전체 학생은 539명이었다. 올해 1학년 남학생 수는 작년에 비해 4 % 감소하여 작년 1학년 여학생 수와 같아졌다. 이때 올해 1학년 남학생 수는?

① 242   ② 253   ③ 264
④ 275   ⑤ 286

536 ❸

주호의 3월부터 5월까지 3개월간의 휴대 전화 데이터 사용량이 다음과 같다. 3개월간의 총 데이터 사용량이 14.9 GB일 때, 4월의 데이터 사용량은?

- 4월의 데이터 사용량은 3월의 데이터 사용량보다 10 % 감소하였다.
- 5월의 데이터 사용량은 4월의 데이터 사용량보다 20 % 증가하였다.

① $\dfrac{7}{2}$ GB   ② 4 GB   ③ $\dfrac{9}{2}$ GB

④ 5 GB   ⑤ $\dfrac{11}{2}$ GB

537 ❸ | 서술형 |

A 중학교의 작년 전체 학생은 1900명이었다. 올해에는 작년에 비해 남학생 수가 2 % 증가하고, 여학생 수가 3 % 감소하여 전체 학생이 7명 감소했다. 이때 올해 여학생 수를 구하시오.

538 ❸

어느 봉사 단체의 작년 전체 회원은 420명이었다. 올해에는 작년에 비해 남자 회원이 2명 감소하고 여자 회원 수가 10 % 증가하여 전체 회원 수가 5 % 증가하였다. 이때 올해 남자 회원 수와 여자 회원 수를 차례로 구하시오.

539 ❸

한 달 전 아버지의 몸무게는 아들의 몸무게보다 30 kg이 더 나갔다. 현재는 한 달 전에 비해 아버지의 몸무게는 5 % 줄고, 아들의 몸무게는 4 % 늘어서 두 사람의 몸무게의 합이 128 kg이다. 이때 한 달 전 아들의 몸무게는?

① 48 kg   ② 50 kg   ③ 52 kg
④ 54 kg   ⑤ 56 kg

540 중
| 서술형 |

어떤 바지의 원가에 30 %의 이익을 붙여서 정가를 정한 후에 정가에서 2000원을 할인하여 팔았더니 1벌을 팔 때마다 1600원의 이익을 얻었다. 다음 물음에 답하시오.

(1) 바지의 원가를 구하시오.
(2) 바지의 판매 가격을 구하시오.

541 중

도매 시장에서 가방 30개를 구입하여 전체의 $\frac{4}{5}$는 40 %의 이익을 붙여서 팔고, 나머지는 20 %의 이익을 붙여서 팔았더니 86400원의 이익을 얻었다. 처음 도매 시장에서 구입한 가방 1개의 가격은?

① 8000원   ② 8500원   ③ 9000원
④ 9500원   ⑤ 10000원

542 중

전자 제품 가게에서 어떤 키보드의 원가에 25 %의 이익을 붙여서 정가를 정했는데 실제로 팔 때는 정가에서 2700원을 할인하여 팔았더니 키보드 1개당 원가의 10 %의 이익을 얻었다. 이때 키보드의 원가를 구하시오.

543 상

쿠키 가게에서 쿠키의 원가에 60 %의 이익을 붙여서 정가를 정했다가 잘 팔리지 않아 정가에서 20 %를 할인하여 팔았더니 1개를 팔 때마다 560원의 이익을 얻었다. 이때 쿠키의 원가는?

① 1500원   ② 2000원   ③ 2500원
④ 3000원   ⑤ 3500원

544 상

두 쇼핑몰 A, B에서 다음 표와 같이 모든 상품의 정가를 할인하여 판매하는 행사를 하고 있다. 두 쇼핑몰 A, B에서 똑같은 상품 1개를 각각 파는데 그 판매 가격의 차가 6000원이었을 때, 이 상품의 정가를 구하시오.

쇼핑몰 A	쇼핑몰 B
정기 세일로 40 %를 할인하는데 추가로 20 %를 더 할인한다.	창립 5주년 기념으로 55 %를 할인한다.

10 과부족에 대한 문제

545 중

과학 교실에 참가한 학생들에게 공책을 나누어 주려고 한다. 공책을 3권씩 나누어 주면 7권이 남고, 5권씩 나누어 주면 15권이 모자란다고 할 때, 과학 교실에 참가한 학생 수는?

① 11 ② 12 ③ 13
④ 14 ⑤ 15

546 중

선생님이 학생들에게 사탕을 나누어 주려고 한다. 4개씩 나누어 주면 10개가 남고, 7개씩 나누어 주면 14개가 부족하다고 할 때, 6개씩 나누어 주면 몇 개가 부족한지 구하시오.

★빈출
547 중

강당에 있는 긴 의자에 학생들이 앉는데 한 의자에 4명씩 앉았더니 5명이 앉지 못했다. 자리를 좁혀서 한 의자에 5명씩 앉았더니 남는 의자는 없었고, 마지막 의자에는 3명이 앉았다. 이때 강당에 있는 의자의 개수는?

① 3 ② 4 ③ 5
④ 6 ⑤ 7

548 중

나은이가 친구들에게 스티커를 나누어 주려고 한다. 9개씩 나누어 주면 15개가 남고, 11개씩 나누어 주면 마지막 친구는 2개만 줄 수 있다고 할 때, 나은이가 처음에 가지고 있던 스티커의 개수는?

① 117 ② 119 ③ 121
④ 123 ⑤ 125

549 상

음악실에 있는 긴 의자에 학생들이 앉는데 한 의자에 5명씩 앉으면 6명이 앉지 못하고, 한 의자에 6명씩 앉으면 마지막 의자에는 4명이 앉고 완전히 빈 의자 2개가 남는다. 이때 음악실에 있는 학생 수는?

① 102 ② 104 ③ 106
④ 108 ⑤ 110

II. 문자와 식

550 중

대청소를 하는 데 형은 6시간, 동생은 9시간이 걸린다고 한다. 오전 10시에 형과 동생이 함께 대청소를 시작했다면 대청소가 끝나는 시각은?

① 오후 12시 36분   ② 오후 1시 16분
③ 오후 1시 36분   ④ 오후 2시 16분
⑤ 오후 2시 36분

★빈출
551 중

일정한 넓이의 벽을 전부 칠하는 작업을 하는 데 예서는 12시간, 현준이는 8시간이 걸린다고 한다. 처음에 예서가 혼자 2시간 동안 작업한 후에 둘이 함께 작업하여 벽을 전부 칠했다면 둘이 함께 몇 시간 동안 작업했는지 구하시오.

552 중

어떤 문서를 모두 입력하는 데 지민이는 15일, 서연이는 10일이 걸린다고 한다. 이 문서를 처음에 지민이가 입력하다가 나머지를 서연이가 넘겨받아 모두 입력하였다. 서연이가 지민이보다 5일 더 작업했다고 할 때, 서연이가 작업한 기간은?

① 5일   ② 6일   ③ 7일
④ 8일   ⑤ 9일

553 중 | 서술형 |

어떤 일을 완성하는 데 지유는 4시간, 규영이는 5시간이 걸리고, 두 사람이 함께 일을 하면 혼자 일할 때의 $\frac{2}{3}$만큼만 할 수 있다고 한다. 처음에 두 사람이 함께 2시간 동안 일한 후에 나머지를 규영이 혼자 일하여 완성하였다면 규영이 혼자 일한 시간을 구하시오.

554 상

어떤 물통에 두 호스 A, B로 물을 가득 채우는 데 각각 4시간, 8시간이 걸리고, 가득 찬 물을 호스 C로 전부 내보내는 데 6시간이 걸린다고 한다. 이때 세 호스 A, B, C를 동시에 사용하여 물통에 물을 가득 채우는 데 걸리는 시간은? (단, 두 호스 A, B는 물을 채우는 데만, 호스 C는 물을 내보내는 데만 사용한다.)

① 4시간 12분   ② 4시간 24분
③ 4시간 36분   ④ 4시간 48분
⑤ 5시간

555 상

어느 빵집에서 빵 반죽 90개를 만드는 데 사장님은 1시간이 걸리고 수제자는 1시간 40분이 걸린다고 한다. 이때 사장님과 수제자가 함께 빵 반죽 600개를 만드는 데 걸리는 시간은 몇 분인지 구하시오.

12 규칙에 대한 문제

⭐빈출
556 ㉧

오른쪽 그림은 어느 달의 달력이다. 이 달력에서 ✚ 모양을 그려 그 안에 들어가는 5개의 수의 합이 100이 되도록 할 때, 5개의 수 중 가운데에 있는 수를 구하시오.

일	월	화	수	목	금	토
				1	2	3
4	5	6	7	8	9	10
11	12	13	14	15	16	17
18	19	20	21	22	23	24
25	26	27	28	29	30	31

557 ㉧

다음 그림과 같이 바둑돌을 사용하여 정사각형을 만들 때, 120개의 바둑돌을 모두 사용하면 몇 단계의 정사각형을 만들 수 있는가?

[1단계] [2단계] [3단계] …

① 29단계 ② 30단계 ③ 31단계
④ 32단계 ⑤ 33단계

558 ㉧

다음 그림과 같이 성냥개비를 사용하여 일정한 규칙으로 정삼각형 모양이 이어진 도형을 만들려고 한다. 이때 55개의 성냥개비를 모두 사용하여 만들 수 있는 정삼각형의 개수는?

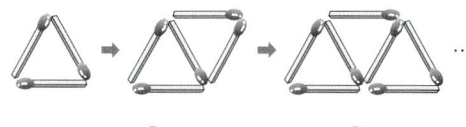

① 25 ② 26 ③ 27
④ 28 ⑤ 29

559 ㉧

다음 그림과 같이 성냥개비를 사용하여 일정한 규칙으로 정사각형 모양이 이어진 도형을 만들려고 한다. 이때 82개의 성냥개비를 모두 사용하면 몇 단계의 도형을 만들 수 있는지 구하시오.

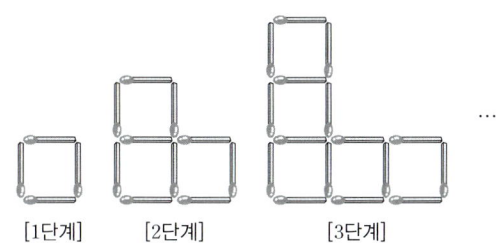

[1단계] [2단계] [3단계] …

560

어느 자격증 시험에 응시한 100명의 학생 중에서 60명의 학생이 합격하였다. 합격자의 평균은 최저 합격 점수보다 15점이 높고, 불합격자의 평균은 최저 합격 점수보다 30점이 낮다. 전체 평균이 78점일 때, 최저 합격 점수는?

① 81점   ② 82점   ③ 83점
④ 84점   ⑤ 85점

562

A, B 두 트럭에 실린 짐의 무게의 비는 5 : 3이다. A 트럭에서 B 트럭으로 900 kg의 짐을 옮긴 후 B 트럭에 실린 짐의 $\frac{1}{3}$을 A 트럭으로 옮겼더니 A 트럭에 실린 짐의 무게는 B 트럭에 실린 짐의 무게의 2배가 되었다. 이때 처음 A 트럭에 실린 짐의 무게는?

① 4000 kg   ② 4500 kg   ③ 5000 kg
④ 5500 kg   ⑤ 6000 kg

561

오른쪽 그림과 같이 가로의 길이가 70 cm, 세로의 길이가 40 cm인 직사각형 ABCD가 있다. 점 P는 꼭짓점 A에서

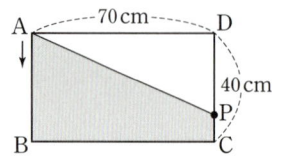

출발하여 매초 2 cm의 속력으로 직사각형의 변을 따라 시계 반대 방향으로 움직일 때, 점 P가 변 CD 위에 있으면서 사다리꼴 ABCP의 넓이가 처음으로 1820 cm²가 되는 것은 꼭짓점 A를 출발한 지 몇 초 후인지 구하시오.

563

흐르는 강물 위의 두 지점 A, B 사이를 시속 8 km인 배를 타고 왕복했더니 4시간이 걸렸다고 한다. 강물은 A 지점에서 B 지점을 향하여 시속 2 km로 흐른다고 할 때, 두 지점 A, B 사이의 거리는?

① 11 km   ② 12 km   ③ 13 km
④ 14 km   ⑤ 15 km

564

승우는 종이학 3개를 만드는 데 10분이 걸리고 나은이는 종이학 4개를 만드는 데 8분이 걸린다고 한다. 승우와 나은이가 각자 집에서 30분 동안 종이학을 만들고 학교에서 만나 함께 종이학을 만들기 시작할 때, 두 사람이 만든 종이학의 개수의 총합이 40이 되는 것은 두 사람이 함께 만들기 시작한 지 몇 분 후인가?

① 10분 후   ② 20분 후   ③ 30분 후
④ 40분 후   ⑤ 50분 후

565

어느 자선 단체의 작년의 자원봉사자는 430명이었다. 올해와 내년의 자원봉사자 수의 변화는 다음 표와 같고, 내년의 자원봉사자 수는 작년에 비해 64명 증가한다고 할 때, 내년의 여자 자원봉사자 수를 구하시오.

	올해	내년
남자	작년보다 10 % 증가	올해와 같음
여자	작년보다 5 % 감소	올해보다 25 % 증가

566

한 변의 길이가 8인 정사각형 모양의 색종이를 다음 그림과 같이 이어 붙이려고 한다. 이웃하는 색종이끼리 겹쳐지는 부분이 한 변의 길이가 4인 정사각형 모양일 때, 색종이 몇 장을 이어 붙이면 둘레의 길이가 320이 되는지 구하시오.

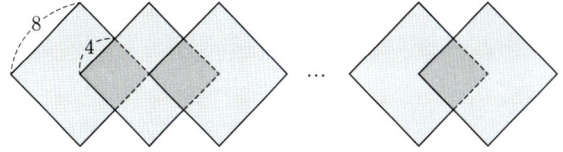

567

윤서가 친구들과 수영장에 가려고 집을 나설 때 시계를 보니 8시와 9시 사이에 시계의 시침과 분침이 일치하고 있었다. 이때 윤서가 수영장에 가려고 나간 시각은?

① 8시 $\dfrac{450}{11}$ 분   ② 8시 $\dfrac{460}{11}$ 분

③ 8시 $\dfrac{470}{11}$ 분   ④ 8시 $\dfrac{480}{11}$ 분

⑤ 8시 $\dfrac{490}{11}$ 분

08 좌표와 그래프

1 순서쌍과 좌표

☑ 필수 기출 1

(1) 수직선 위의 점의 좌표

수직선 위의 한 점에 대응하는 수를 그 점의 ❶ [ ]라 하고, 점 P의 좌표가 a일 때, 기호로 P(a)와 같이 나타낸다.

참고 원점은 기호로 O(0)과 같이 나타낸다.

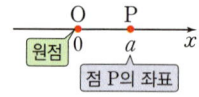

(2) 좌표평면

두 수직선을 점 O에서 서로 수직으로 만나도록 그릴 때

① x축: 가로의 수직선 ⎤
　y축: 세로의 수직선 ⎦ ➡ 좌표축

② 원점: 두 좌표축이 만나는 점 O

③ ❷ [ ]: 좌표축이 정해져 있는 평면

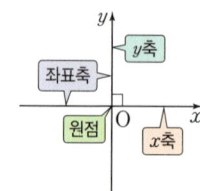

(3) 좌표평면 위의 점의 좌표

① ❸ [ ]: 순서를 정하여 두 수를 짝 지어 나타낸 것

② 좌표평면 위의 한 점 P에서 x축, y축에 각각 수선을 긋고 이 수선이 x축, y축과 만나는 점에 대응하는 수를 각각 a, b라 할 때, 순서쌍 (a, b)를 점 P의 좌표라 하고, 기호로 P(a, b)와 같이 나타낸다.

이때 a를 점 P의 x좌표, b를 점 P의 y좌표라 한다.

참고 • x축 위의 점의 좌표 ➡ (x좌표, 0)
　　 • y축 위의 점의 좌표 ➡ (0, y좌표)

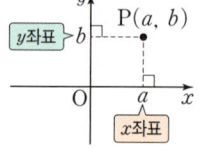

2 사분면

☑ 필수 기출 2

(1) 사분면

좌표평면은 좌표축에 의하여 네 부분으로 나누어지는데, 그 네 부분을 각각 제1사분면, 제2사분면, 제3사분면, 제4사분면이라 한다.

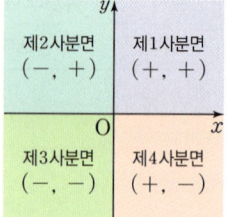

(2) 사분면 위의 점의 좌표의 부호

① 제1사분면 ➡ (+ , +)

② 제2사분면 ➡ ❹ [ ]

③ 제3사분면 ➡ (− , −)

④ 제4사분면 ➡ (+ , −)

참고 좌표축 위의 점은 어느 사분면에도 속하지 않는다.

답: ❶ 좌표　❷ 좌표평면　❸ 순서쌍　❹ (− , +)

(3) 대칭인 점의 좌표

점 $P(a, b)$와

① x축에 대하여 대칭인 점 ➡ $Q(a, -b)$

        └➤ y좌표의 부호만 반대로

② y축에 대하여 대칭인 점 ➡ $R(-a, b)$

        └➤ x좌표의 부호만 반대로

③ 원점에 대하여 대칭인 점 ➡ $S(-a, -b)$

        └➤ x좌표, y좌표의 부호 모두 반대로

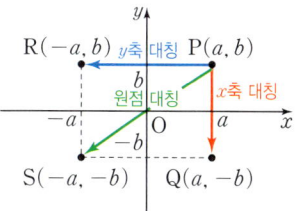

📎 기출 PICK

사분면의 판단

좌표평면 위의 점 (a, b)에 대하여

(1) $ab > 0$이면 a와 b의 부호는 같다.
    ① $a+b > 0$이면 $a > 0$, $b > 0$ ➡ 점 (a, b)는 제1사분면 위의 점
    ② $a+b < 0$이면 $a < 0$, $b < 0$ ➡ 점 (a, b)는 제3사분면 위의 점

(2) $ab < 0$이면 a와 b의 부호는 다르다.
    ① $a-b > 0$이면 $a > 0$, $b < 0$ ➡ 점 (a, b)는 제4사분면 위의 점
    ② $a-b < 0$이면 $a < 0$, $b > 0$ ➡ 점 (a, b)는 제2사분면 위의 점

---

3 그래프와 그 해석

☑ 필수 기출 3, 4

(1) 변수

x, y와 같이 여러 가지로 변하는 값을 나타내는 문자

참고 변수와는 달리 일정한 값을 나타내는 수나 문자를 상수라 한다.

(2) ⑤

두 변수 x, y의 순서쌍 (x, y)를 좌표로 하는 점 전체를 좌표평면 위에 나타낸 것

참고 그래프는 점, 직선, 꺾은선, 곡선 등으로 나타낼 수 있다.

(3) 그래프의 이해

그래프를 통해 두 변수 사이의 증가와 감소, 두 변수 사이의 변화의 빠르기 등을 파악할 수 있다.

📎 기출 PICK

용기의 모양과 그래프

어떤 용기에 일정한 속력으로 물을 계속 넣을 때
① 용기의 폭이 일정하면 ➡ 물의 높이는 일정하게 증가한다.
② 용기의 폭이 위로 갈수록 넓어지면 ➡ 물의 높이는 점점 느리게 증가한다.
③ 용기의 폭이 위로 갈수록 좁아지면 ➡ 물의 높이는 점점 빠르게 증가한다.

답: ⑤ 그래프

1 순서쌍과 점의 좌표

568 하

두 수 a, b에 대하여 $|a|=2$, $|b|=9$일 때, 순서쌍 (a, b)를 모두 구하시오.

569 하

두 순서쌍 $(2+a, 3)$, $(5, 2b-7)$이 서로 같을 때, $a+b$ 의 값은?

① -8 ② -4 ③ 0
④ 4 ⑤ 8

빈출 570 하

다음 중 오른쪽 좌표평면 위의 5개의 점 A, B, C, D, E의 좌표를 나타낸 것으로 옳은 것은?

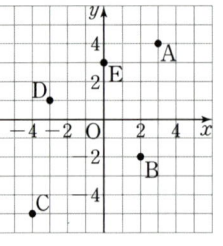

① A$(4, 3)$
② B$(-2, 2)$
③ C$(-4, -5)$
④ D$(-3, 2)$
⑤ E$(3, 0)$

571 하

다음 중 x축 위에 있고, x좌표가 -4인 점은?

① $(0, 4)$ ② $(4, 0)$ ③ $(0, -4)$
④ $(-4, 0)$ ⑤ $(-4, -4)$

572 중

두 주사위 A, B를 던져서 나오는 눈의 수를 각각 a, b라 할 때, 두 눈의 수의 합이 8이 되는 순서쌍 (a, b)를 모두 구하시오.

빈출 573 중

두 순서쌍 $(3a-1, a+1)$, $(a+9, 4-2b)$가 서로 같을 때, $a-b$의 값을 구하시오.

574 중

네 점 A$(1, -1)$, B$(4, -4)$, C$(7, -1)$, D를 꼭짓점으로 하는 사각형 ABCD가 정사각형일 때, 꼭짓점 D의 좌표를 구하시오.

575 ㉖

점 $(2a-1, 2a+6)$이 y축 위의 점일 때, 이 점의 y좌표는?

① -7　　② -3　　③ 0
④ 3　　⑤ 7

★빈출 576 ㉖

점 $(a+3, a-2)$가 x축 위의 점이고 점 $(9-3b, b+4)$가 y축 위의 점일 때, $a+b$의 값을 구하시오.

577 ㉖ | 서술형 |

두 점 $A(a-7, 2b+4)$, $B(3a-12, b+1)$이 각각 x축, y축 위의 점일 때, 점 A와 x좌표가 같고 점 B와 y좌표가 같은 점의 좌표를 구하시오.

★빈출 578 ㉖

세 점 $A(5, 3)$, $B(-3, -2)$, $C(5, -2)$를 꼭짓점으로 하는 삼각형 ABC의 넓이는?

① 14　　② 16　　③ 18
④ 20　　⑤ 22

579 ㉖

네 점 $A(-6, 1)$, $B(-6, -4)$, $C(2, -4)$, $D(2, 1)$을 꼭짓점으로 하는 사각형 ABCD의 넓이를 구하시오.

580 ㉖ | 서술형 |

세 점 $A(-1, 2)$, $B(3, -1)$, $C(a, 2)$를 꼭짓점으로 하는 삼각형 ABC의 넓이가 12일 때, 양수 a의 값을 구하시오.

581 ㉖

네 점 $A(b-1, a)$, $B(b-a, 1-b)$, $C(a, ab-3)$, $D(2b+1, a-2b)$를 꼭짓점으로 하는 사각형 ABCD의 넓이는? (단, 두 점 B, D는 x축 위의 점이다.)

① 6　　② 7　　③ 8
④ 9　　⑤ 10

☆빈출
582 ⓗ

다음 중 제4사분면 위의 점은?

① $(-2, -8)$ ② $(-1, 5)$ ③ $(3, 0)$

④ $\left(\dfrac{1}{2}, \dfrac{3}{2}\right)$ ⑤ $(7, -4)$

583 ⓗ

다음 중 점의 좌표와 그 점이 속하는 사분면이 바르게 짝 지어진 것은?

① $(6, 1)$ − 제3사분면
② $(-2, 7)$ − 제4사분면
③ $(-3, -1)$ − 제3사분면
④ $(0, 10)$ − 제1사분면
⑤ $(4, -5)$ − 제2사분면

☆빈출
584 ⓒ

다음 중 좌표평면에 대한 설명으로 옳은 것을 모두 고르면? (정답 2개)

① y축 위에 있는 점의 y좌표는 0이다.
② 점 $(2, 3)$은 제1사분면 위에 있다.
③ 점 $(0, 0)$은 모든 사분면에 속한다.
④ 두 점 $(1, -5)$, $(-5, 1)$은 같은 사분면 위에 있다.
⑤ 제2사분면 위의 점의 x좌표는 음수이다.

585 ⓒ

점 $(a+1, 4-b)$가 x축 위의 점이고 점 $(2a-6, a+b)$가 y축 위의 점일 때, 점 (a, b)는 제몇 사분면 위의 점인지 구하시오.

586 ⓒ

$a>0$, $b>0$일 때, 점 $(a+b, -ab)$는 제몇 사분면 위의 점인가?

① 제1사분면   ② 제2사분면
③ 제3사분면   ④ 제4사분면
⑤ 어느 사분면에도 속하지 않는다.

587 ⓒ
| 서술형 |

점 (a, b)가 제2사분면 위의 점일 때, 점 $(-b, a)$는 제몇 사분면 위의 점인지 구하시오.

588 ⓒ

점 $(-a, b)$가 제4사분면 위의 점일 때, 점 $\left(a, \dfrac{a}{b}\right)$는 제몇 사분면 위의 점인가?

① 제1사분면   ② 제2사분면
③ 제3사분면   ④ 제4사분면
⑤ 어느 사분면에도 속하지 않는다.

589  중

점 (a, b)가 제3사분면 위의 점일 때, 다음 중 제2사분면 위의 점을 모두 고르면? (정답 2개)

① $(a, -b)$ ② $(-b, -a)$ ③ $(b, a+b)$
④ (ab, a) ⑤ $(a+b, -a-b)$

590 중

점 $(a, -b)$가 제1사분면 위의 점일 때, 다음 보기 중 항상 옳은 것을 모두 고른 것은?

> 보기
> ㄱ. $a+b>0$ ㄴ. $ab<0$
> ㄷ. $\dfrac{a}{b}>0$ ㄹ. $b-a<0$

① ㄱ   ② ㄴ, ㄹ   ③ ㄷ, ㄹ
④ ㄱ, ㄴ, ㄷ   ⑤ ㄴ, ㄷ, ㄹ

591 중

점 $P(a, b)$가 제4사분면 위의 점일 때, 다음 보기 중 옳은 것을 모두 고른 것은?

> 보기
> ㄱ. $ab<0$
> ㄴ. 점 $(a-b, a)$는 제2사분면 위에 있다.
> ㄷ. 점 P와 y축에 대하여 대칭인 점은 제3사분면 위에 있다.

① ㄱ   ② ㄴ   ③ ㄱ, ㄷ
④ ㄴ, ㄷ   ⑤ ㄱ, ㄴ, ㄷ

592 중 | 서술형 |

점 $A(4, -3)$과 x축에 대하여 대칭인 점을 $B(a, b)$, 점 A와 원점에 대하여 대칭인 점을 $C(c, d)$라 할 때, $ab-cd$의 값을 구하시오.

593 중

두 점 $A(2a, 7-2b)$, $B(a+3, b-2)$가 y축에 대하여 대칭일 때, $a+b$의 값은?

① 1   ② 2   ③ 3
④ 4   ⑤ 5

594 중

$b-a<0$, $ab<0$일 때, 점 (a, b)는 제몇 사분면 위의 점인가?

① 제1사분면   ② 제2사분면
③ 제3사분면   ④ 제4사분면
⑤ 어느 사분면에도 속하지 않는다.

Ⅲ. 좌표평면과 그래프

595 ㉛

$a<b$, $\dfrac{a}{b}<0$일 때, 다음 중 점 $(a-b, -b)$와 같은 사분면 위의 점은?

① $(3, 6)$ ② $(-1, 4)$ ③ $(0, -5)$
④ $(-2, -1)$ ⑤ $(8, -3)$

596 ㉛

| 서술형 |

점 $(-ab, 2a)$가 제2사분면 위의 점일 때, 점 $\left(\dfrac{a}{b}, -a-b\right)$는 제몇 사분면 위의 점인지 구하시오.

597 ㉛

점 $\left(a-b, \dfrac{2a}{b}\right)$가 제3사분면 위의 점일 때, 다음 보기 중 점 $(5, 1)$과 같은 사분면 위의 점의 개수를 구하시오.

| 보기 |

ㄱ. (a, b) ㄴ. (b, a)
ㄷ. (a^2, b) ㄹ. $\left(-b, \dfrac{ab}{2}\right)$
ㅁ. $(b-a, a^2b)$ ㅂ. $(-ab, a+ab)$

598 ㉛

세 점 $A(-3, 5)$, $B(a, 5)$, $C(-3, b)$가 다음 조건을 모두 만족시킬 때, ab의 값은?

| 조건 |

㉮ 점 B는 제1사분면, 점 C는 제3사분면 위의 점이다.
㉯ 선분 AB의 길이는 5이다.
㉰ 선분 AC의 길이는 11이다.

① -18 ② -12 ③ -6
④ 6 ⑤ 12

599 ㉛

다음을 만족시키는 세 점 A, B, C를 꼭짓점으로 하는 삼각형 ABC의 넓이를 구하시오.

- 점 A의 좌표는 $(-2, 3)$이다.
- 점 B는 제3사분면 위에 있고, x좌표와 y좌표의 절댓값이 각각 2이다.
- 점 C는 x좌표가 4인 x축 위의 점이다.

600 ㉛

네 점 $A(-1, -1)$, $B(2, -3)$, $C(5, -1)$, D를 꼭짓점으로 하는 평행사변형을 모두 구할 때, 점 D가 속하지 않는 사분면은?

① 제1사분면   ② 제2사분면
③ 제3사분면   ④ 제4사분면
⑤ 모든 사분면에 속한다.

601 상

$a<0$, $b>0$이고 $|a|>|b|$일 때, 점 $(b-a, a+b)$는 제 몇 사분면 위의 점인가?

① 제1사분면   ② 제2사분면
③ 제3사분면   ④ 제4사분면
⑤ 어느 사분면에도 속하지 않는다.

602 상

점 (a, b)가 제2사분면 위의 점이고 점 (c, d)가 제4사분면 위의 점일 때, 다음 중 점이 속하는 사분면이 나머지 넷과 다른 하나는?

① (ab, cd) ② $(ac, d-b)$
③ $(a-c, -bd)$ ④ $(ac+bd, a)$
⑤ $(a+d, ab+cd)$

603 상

점 (a, ab)가 제3사분면 위의 점이고 점 $(-cd, d)$가 제4사분면 위의 점일 때, 다음 중 제2사분면 위의 점은?

① $(b, c-a)$ ② (ad, c)
③ $(b+c, a+d)$ ④ $\left(\dfrac{a}{c}, d-b\right)$
⑤ $(bd, b-a)$

---

3   그래프의 해석

604 하

다음 그래프는 민규가 집에서 $1\,\mathrm{km}$ 떨어져 있는 공원에 다녀올 때, 집으로부터 떨어진 거리를 시간에 따라 나타낸 것이다. 공원에 도착한 시간은 집에서 출발한 지 a분 후이고, 공원에 머무른 시간은 b분일 때, $a-b$의 값을 구하시오.

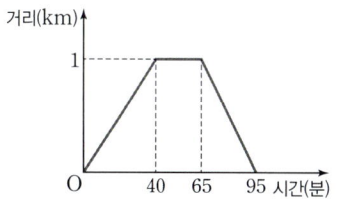

빈출
605 중

택시가 일정한 속력으로 가다가 손님을 태우기 위해 잠시 동안 멈춘 후 다시 출발하여 이전과 같은 속력으로 움직였을 때, 다음 중 이 상황을 가장 잘 나타낸 그래프로 알맞은 것은?

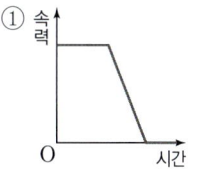 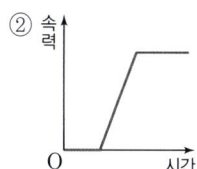
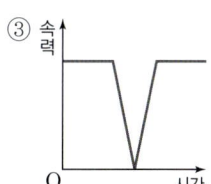 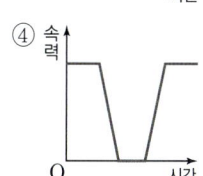
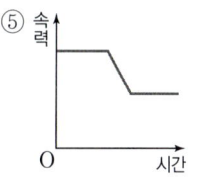

606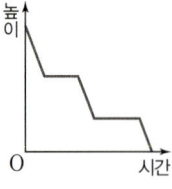

오른쪽 그래프는 승한이가 컵에 있는 주스를 마시는 동안 컵에 담긴 주스의 높이를 시간에 따라 나타낸 것이다. 다음 보기 중 이 그래프에 대한 설명으로 옳은 것을 모두 고르시오.

┤ 보기 ├

ㄱ. 쉬지 않고 한 번에 마셨다.

ㄴ. 세 번에 나누어 마셨다.

ㄷ. 남아 있는 주스가 없다.

ㄹ. 다 마시지 않고 일부가 남아 있다.

607 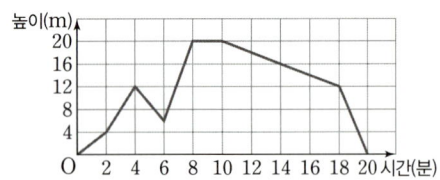 중

아래 그래프는 지석이가 드론을 날렸을 때, 지면으로부터 드론의 높이를 시간에 따라 나타낸 것이다. 다음 중 이 그래프에 대한 설명으로 옳은 것을 모두 고르면? (정답 2개)

① 드론이 가장 높이 올라갔을 때의 지면으로부터의 높이는 12 m이다.

② 드론이 지면에 다시 내려올 때까지 걸린 시간은 20분이다.

③ 드론의 지면으로부터의 높이가 8 m가 되는 경우는 총 3번이다.

④ 드론의 높이가 낮아지다가 다시 높아지는 것은 드론을 날린 지 4분 후이다.

⑤ 드론을 날린 지 4분 후와 18분 후의 지면으로부터의 높이는 같다.

608 중

아래 그래프는 지윤이가 집에서 출발하여 영화관에 도착할 때까지 집으로부터 떨어진 거리를 시간에 따라 나타낸 것이다. 도중에 지갑을 놓고 와서 집으로 되돌아갔다가 다시 영화관으로 이동했다고 할 때, 다음 중 이 그래프에 대한 설명으로 옳지 않은 것은?

(단, 집에서 영화관까지의 거리는 직선이다.)

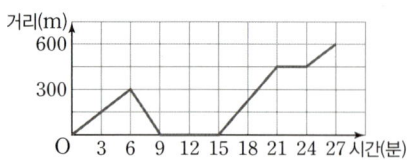

① 처음 6분 동안 집으로부터 300 m 떨어진 지점까지 갔다.

② 집에서 머무른 시간은 6분이다.

③ 처음 집에서 출발하여 영화관에 도착할 때까지 걸린 시간은 27분이다.

④ 걸어간 거리의 총합은 1.2 km이다.

⑤ 영화관으로부터 450 m 떨어진 지점에서 3분간 머물렀다.

609 중

아래 그래프는 수빈이가 대관람차에 탑승한 지 x분 후에 수빈이가 탑승한 칸의 지면으로부터의 높이를 y m라 할 때, x와 y 사이의 관계를 나타낸 것이다. 다음 물음에 답하시오.

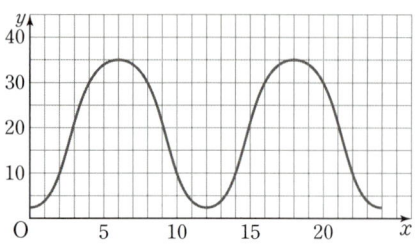

(1) 수빈이가 탑승한 칸이 지면으로부터 가장 높은 곳에 있을 때의 높이를 구하시오.

(2) 대관람차가 한 바퀴 도는 데 걸리는 시간을 구하시오.

610 중

현범이와 세진이가 식물원 입구에서 분수대까지 같은 직선 도로로 이동할 때, 현범이는 걸어서 가고 세진이는 뛰어서 간다고 한다. 오른쪽 그래프는 현범이와 세진이가 분수대에 도착할 때까지 식물원 입구로부터 떨어진 거리를 각각 시간에 따라 나타낸 것이다. 다음 중 이 그래프에 대한 설명으로 옳지 <u>않은</u> 것은?

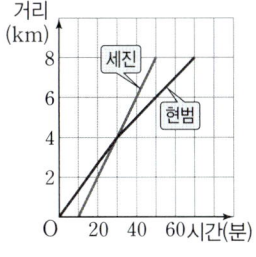

① 세진이는 현범이보다 10분 늦게 출발했다.
② 현범이는 분수대까지 가는 데 70분이 걸렸다.
③ 세진이는 출발한 지 30분 후에 현범이와 만났다.
④ 세진이는 현범이보다 20분 일찍 분수대에 도착했다.
⑤ 현범이가 출발한 지 50분 후에 세진이와의 거리는 2 km이다.

611 중

오른쪽 그림은 4 km 단축 마라톤 대회에 참가한 정후, 시현, 세영이가 달린 거리를 시간에 따라 나타낸 것이다. 다음 물음에 답하시오.

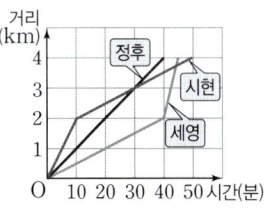

(1) 달리기 시작한 지 10분 후에 가장 선두에 달린 사람을 말하시오.
(2) 도착점에 먼저 도착한 사람을 순서대로 말하시오.
(3) 정후와 시현이는 달리기 시작한 지 몇 분 후에 다시 만나는지 구하시오.

612 상

로봇 청소기의 배터리 성능을 알아보기 위해 로봇 청소기가 두 지점 사이를 일정한 속력으로 왕복하여 이동하고 있다. 다음 그래프는 로봇 청소기가 출발한 지 x초 후에 출발점으로부터 떨어진 거리를 y m라 할 때, x와 y 사이의 관계를 나타낸 것이다. 로봇 청소기가 40분 동안 쉬지 않고 두 지점 사이를 모두 몇 번 왕복할 수 있는가?
(단, 두 지점 사이의 거리는 직선이다.)

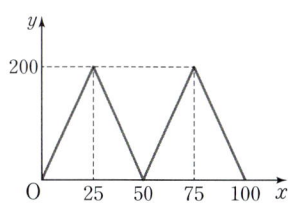

① 44번   ② 48번   ③ 52번
④ 56번   ⑤ 60번

4   용기의 모양과 그래프

613 중

오른쪽 그림과 같이 원기둥 모양의 세 용기 A, B, C에 일정한 속력으로 물을 계속 넣을 때, 물을 넣는 시간 x에 따른 물의 높이를 y라 하자. 각 용기에 해당하는 그래프를 다음 보기에서 골라 바르게 짝 지으시오.

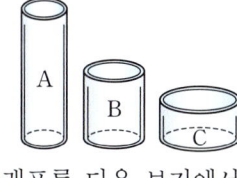

보기

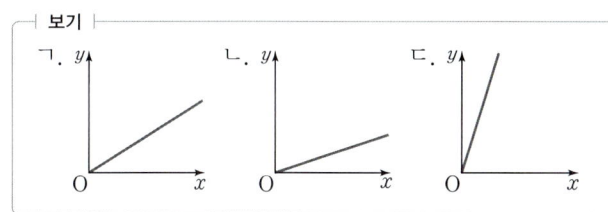

614 ⊕

오른쪽 그림과 같은 물통에 일정한 속력으로 물을 계속 넣을 때, 다음 중 물의 높이를 시간에 따라 나타낸 그래프로 알맞은 것은?

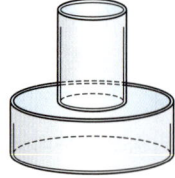

①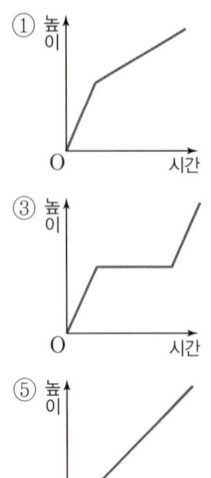

③ ⑤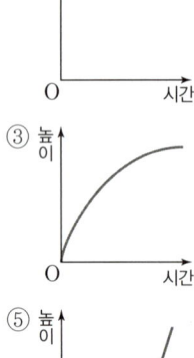

615 ⊕

오른쪽 그림과 같은 물통에 일정한 속력으로 물을 계속 넣을 때, 다음 중 물의 높이를 시간에 따라 나타낸 그래프로 알맞은 것은?

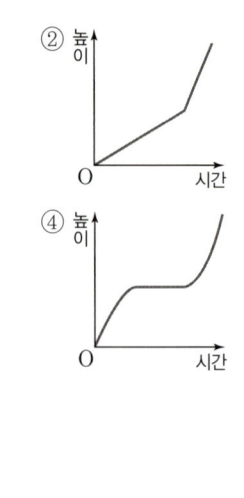

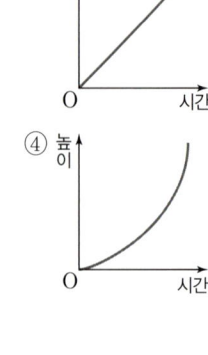

616 ⊕

오른쪽 그래프는 어떤 그릇에 일정한 속력으로 물을 계속 넣을 때, 물의 높이를 시간에 따라 나타낸 것이다. 다음 중 이 그릇의 모양으로 가장 알맞은 것은?

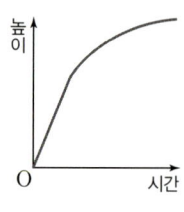

① 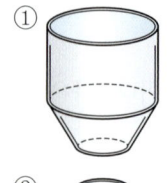 ②

③ 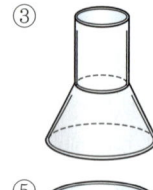 ④

⑤

617 ⊕

오른쪽 그림과 같은 물병에 일정한 속력으로 물을 계속 넣을 때, 다음 보기 중 물의 높이를 시간에 따라 나타낸 그래프로 알맞은 것을 고르시오.

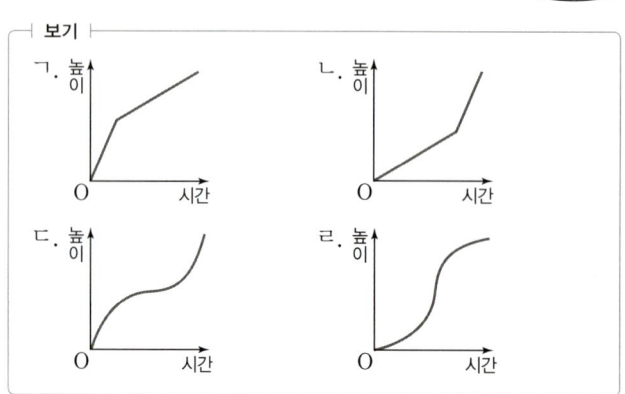

최고수준 ★★★★ 도전 기출

618

세 점 A$(5, 4)$, B$(-4, -1)$, C$(3, -2)$를 꼭짓점으로 하는 삼각형 ABC의 넓이는?

① 20   ② $\dfrac{41}{2}$ ③ 21

④ $\dfrac{43}{2}$ ⑤ 22

619

점 $(a+b, ab)$가 제2사분면 위의 점이고 $|a| < |b|$일 때, 다음 중 제3사분면 위의 점은?

① $\left(-a, \dfrac{a}{b}\right)$ ② $(b, -a-b)$

③ $(-b, a+b)$ ④ $(b-a, a)$

⑤ $(ab, a-b)$

620

점 $P_1(-3, 5)$와 x축에 대하여 대칭인 점을 P_2, 점 P_2와 y축에 대하여 대칭인 점을 P_3, 점 P_3과 원점에 대하여 대칭인 점을 P_4, 점 P_4와 x축에 대하여 대칭인 점을 P_5, … 라 하자. 위의 과정을 반복하여 점 P_{2025}의 좌표를 (a, b)라 할 때, $a-b$의 값을 구하시오.

621

오른쪽 그림과 같은 정사각형 ABCD에서 점 P는 꼭짓점 A에서 출발하여 정사각형의 변을 따라 두 꼭짓점 B, C를 거쳐 꼭짓점 D까지 일정한 속력으로 움직인다. 점 P가 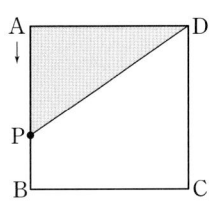 출발한 지 x초 후의 삼각형 APD의 넓이를 y라 할 때, 다음 중 x와 y 사이의 관계를 나타내는 그래프로 알맞은 것은?

① 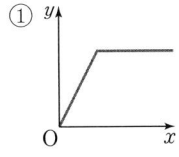   ②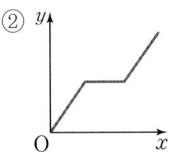

③ 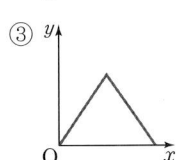   ④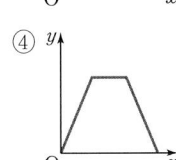

⑤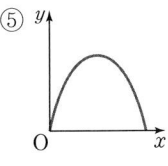

Ⅲ. 좌표평면과 그래프

09 정비례와 반비례

1 정비례

☑ 필수 기출 1~3

(1) 정비례 관계

① 두 변수 x, y에 대하여 x의 값이 2배, 3배, 4배, …로 변함에 따라 y의 값도 2배, 3배, 4배, …로 변하는 관계가 있을 때, y는 x에 ❶ 　　　　　한다고 한다.

② y가 x에 정비례하면 x와 y 사이의 관계식은 $y=ax\,(a\neq0)$로 나타낼 수 있다.

또 x와 y 사이에 $y=ax\,(a\neq0)$인 관계가 있으면 y는 x에 정비례한다.

참고 y가 x에 정비례할 때, $\dfrac{y}{x}\,(x\neq0)$의 값은 항상 일정하다.

➡ $y=ax\,(a\neq0)$에서 $\dfrac{y}{x}=a$ (일정)

(2) 정비례 관계 $y=ax\,(a\neq0)$의 그래프의 성질

x의 값의 범위가 수 전체일 때, 정비례 관계 $y=ax\,(a\neq0)$의 그래프는 원점을 지나는 직선이다.

	$a>0$일 때	$a<0$일 때
그래프	(그래프: 원점을 지나 오른쪽 위로 향하는 직선, 점 $(1,\,a)$)	(그래프: 원점을 지나 오른쪽 아래로 향하는 직선, 점 $(1,\,a)$)
그래프의 모양	오른쪽 위로 향하는 직선	오른쪽 아래로 향하는 직선
지나는 사분면	제1사분면, ❷	제2사분면, 제4사분면
증가, 감소 상태	x의 값이 증가하면 y의 값도 증가	x의 값이 증가하면 y의 값은 ❸

📎 **기출 PICK**

정비례 관계 $y=ax\,(a\neq0)$의 그래프는
① a의 절댓값이 클수록 y축에 가깝다. ➡ x축에서 멀다.
② a의 절댓값이 작을수록 x축에 가깝다. ➡ y축에서 멀다.

2 반비례

☑ 필수 기출 5~7

(1) 반비례 관계

① 두 변수 x, y에 대하여 x의 값이 2배, 3배, 4배, …로 변함에 따라 y의 값은 $\dfrac{1}{2}$배, $\dfrac{1}{3}$배, $\dfrac{1}{4}$배, …로 변하는 관계가 있을 때, y는 x에 ❹ 　　　　　한다고 한다.

② y가 x에 반비례하면 x와 y 사이의 관계식은 $y=\dfrac{a}{x}\,(a\neq0)$로 나타낼 수 있다.

또 x와 y 사이에 $y=\dfrac{a}{x}\,(a\neq0)$인 관계가 있으면 y는 x에 반비례한다.

참고 y가 x에 반비례할 때, xy의 값은 항상 일정하다.

➡ $y=\dfrac{a}{x}\,(a\neq0)$에서 $xy=a$ (일정)

답: ❶ 정비례 ❷ 제3사분면 ❸ 감소 ❹ 반비례

(2) 반비례 관계 $y=\dfrac{a}{x}\,(a\neq0)$의 그래프의 성질

x의 값의 범위가 0이 아닌 수 전체일 때, 반비례 관계 $y=\dfrac{a}{x}\,(a\neq0)$의 그래프는 좌표축에 가까워지면서 한없이 뻗어 나가는 한 쌍의 매끄러운 곡선이다.

	$a>0$일 때	$a<0$일 때
그래프		
지나는 사분면	제1사분면, 제3사분면	⑤ [ ], 제4사분면
증가, 감소 상태	$x>0$ 또는 $x<0$일 때, x의 값이 증가하면 y의 값은 감소	$x>0$ 또는 $x<0$일 때, x의 값이 ⑥ [ ]하면 y의 값도 증가

📎 기출 PICK

반비례 관계 $y=\dfrac{a}{x}\,(a\neq0)$의 그래프는

① a의 절댓값이 클수록 원점에서 멀다. ➡ 좌표축에서 멀다.

② a의 절댓값이 작을수록 원점에 가깝다. ➡ 좌표축에 가깝다.

---

3 **정비례 관계와 반비례 관계의 활용**

☑ 필수 기출 4, 8

정비례 관계와 반비례 관계의 활용 문제는 다음과 같은 순서로 해결한다.

❶ 변화하는 두 양을 x와 y로 놓는다.

❷ 두 변수 x와 y 사이의 관계식을 구한다.

➡ y가 x에 ┌ 정비례하면 $y=ax$ 꼴
            └ 반비례하면 $y=\dfrac{a}{x}$ 꼴

❸ 주어진 조건($x=m$ 또는 $y=n$)을 대입하여 필요한 값을 구한다.

📎 기출 PICK

(1) y가 x에 정비례하는 경우

　① x의 값이 2배, 3배, 4배, …로 변함에 따라 y의 값도 2배, 3배, 4배, …로 변할 때

　② $y=ax\,(a\neq0)$ 꼴로 나타날 때

　③ $\dfrac{y}{x}$의 값이 일정하게 나타날 때

(2) y가 x에 반비례하는 경우

　① x의 값이 2배, 3배, 4배, …로 변함에 따라 y의 값은 $\dfrac{1}{2}$배, $\dfrac{1}{3}$배, $\dfrac{1}{4}$배, …로 변할 때

　② $y=\dfrac{a}{x}\,(a\neq0)$ 꼴로 나타날 때

　③ xy의 값이 일정하게 나타날 때

답: ⑤ 제2사분면　⑥ 증가

1 정비례 관계

622 하

다음 중 y가 x에 정비례하는 것을 모두 고르면?

(정답 2개)

① $y=3x$　　　② $y=-x+1$　　③ $y=\dfrac{5}{x}$

④ $xy=4$　　　⑤ $\dfrac{y}{x}=-2$

623 하

x의 값이 2배, 3배, 4배, …가 될 때 y의 값도 2배, 3배, 4배, …가 되고, $x=2$일 때 $y=3$이다. 이때 x와 y 사이의 관계식을 구하시오.

624 중

다음 보기 중 $y=\dfrac{x}{3}$에 대한 설명으로 옳은 것을 모두 고르시오.

┌ 보기 ┐
ㄱ. y는 x에 정비례한다.
ㄴ. x의 값이 3배가 되면 y의 값은 $\dfrac{1}{3}$배가 된다.
ㄷ. xy의 값이 일정하다.
ㄹ. y의 값이 -2일 때, x의 값은 -6이다.

625 중 ★빈출

다음 중 y가 x에 정비례하는 것은?

① 넓이가 $24\,\mathrm{cm^2}$인 직사각형의 가로의 길이가 $x\,\mathrm{cm}$일 때, 세로의 길이 $y\,\mathrm{cm}$

② 한 개에 300원인 지우개 x개의 가격 y원

③ 길이가 $15\,\mathrm{m}$인 끈을 $x\,\mathrm{m}$ 사용하고 남은 길이 $y\,\mathrm{m}$

④ 정가가 10000원인 물건을 $x\,\%$ 할인하여 판매한 가격 y원

⑤ 시속 $x\,\mathrm{km}$로 $200\,\mathrm{km}$를 가는 데 걸리는 시간 y시간

626 중 ★빈출

y가 x에 정비례하고, $x=-3$일 때 $y=9$이다. $y=-15$일 때, x의 값을 구하시오.

627 중 　|서술형|

다음 표에서 y가 x에 정비례할 때, $p+q$의 값을 구하시오.

x	-5	p	3	4
y	-20	-8	12	q

628 상

다음 표에서 y가 x에 정비례할 때, $p-q$의 값을 구하시오.

x	$4p-8$	$p-2$	9
y	16	q	$3q$

2 정비례 관계의 그래프

629 하

다음 중 정비례 관계 $y=\dfrac{3}{4}x$의 그래프는?

①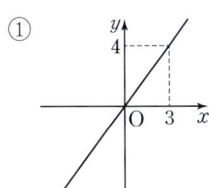

②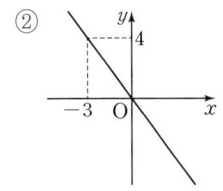

③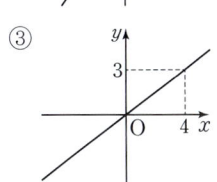

④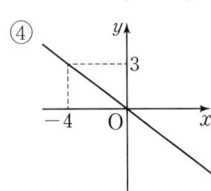

⑤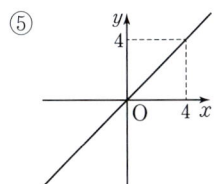

630 하

다음 중 정비례 관계 $y=-\dfrac{5}{2}x$의 그래프 위의 점이 <u>아닌</u> 것은?

① $(-2, 5)$
② $\left(-\dfrac{1}{5}, \dfrac{1}{2}\right)$
③ $\left(1, -\dfrac{5}{2}\right)$
④ $\left(\dfrac{6}{5}, -4\right)$
⑤ $(4, -10)$

631 하

정비례 관계 $y=ax$의 그래프가 점 $(-2, 4)$를 지날 때, 상수 a의 값은?

① -4
② -2
③ $-\dfrac{1}{2}$
④ $\dfrac{1}{2}$
⑤ 2

★빈출
632 중

다음 중 정비례 관계 $y=-5x$의 그래프에 대한 설명으로 옳지 <u>않은</u> 것은?

① 원점을 지나는 직선이다.
② 점 $\left(\dfrac{1}{10}, -\dfrac{1}{2}\right)$을 지난다.
③ 제2사분면과 제4사분면을 지난다.
④ 오른쪽 아래로 향하는 직선이다.
⑤ x의 값이 증가하면 y의 값도 증가한다.

633 중

다음 정비례 관계 중 그 그래프가 제1사분면과 제3사분면을 지나는 것을 모두 고르면? (정답 2개)

① $y=2x$ ② $y=-3x$ ③ $y=-8x$

④ $y=\dfrac{x}{7}$ ⑤ $y=-\dfrac{x}{4}$

634 중 | 서술형 |

정비례 관계 $y=\dfrac{3}{2}x$의 그래프가 두 점 $(a, -2)$, $(10, b)$를 지날 때, ab의 값을 구하시오.

635 중

정비례 관계 $y=ax$의 그래프가 오른쪽 그림과 같을 때, $a+b$의 값을 구하시오. (단, a는 상수)

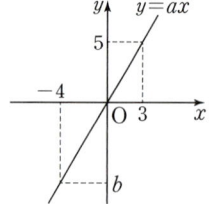

636 중

정비례 관계 $y=ax$의 그래프가 오른쪽 그림의 어두운 부분만을 지난다고 할 때, 다음 중 상수 a의 값이 될 수 있는 것은?

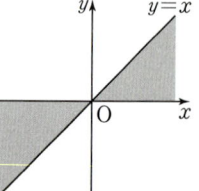

① -2 ② -1

③ $-\dfrac{1}{2}$ ④ $\dfrac{1}{2}$

⑤ 2

637 중

다음 정비례 관계 중 그 그래프가 y축에 가장 가까운 것은?

① $y=-4x$ ② $y=-x$ ③ $y=\dfrac{1}{3}x$

④ $y=\dfrac{3}{2}x$ ⑤ $y=3x$

638 중

세 정비례 관계 $y=ax$, $y=bx$, $y=cx$의 그래프가 오른쪽 그림과 같을 때, 상수 a, b, c의 대소 관계로 옳은 것은?

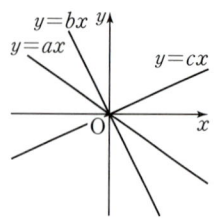

① $a<b<c$ ② $a<c<b$

③ $b<a<c$ ④ $b<c<a$

⑤ $c<b<a$

639 중

오른쪽 그림과 같은 그래프가 나
타내는 x와 y 사이의 관계식은?

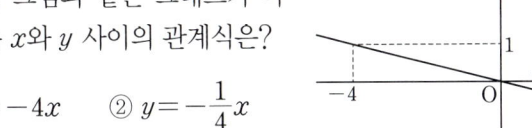

① $y = -4x$ ② $y = -\dfrac{1}{4}x$

③ $y = -\dfrac{1}{8}x$ ④ $y = \dfrac{1}{4}x$

⑤ $y = 4x$

★빈출
640 중

| 서술형 |

오른쪽 그림과 같은 그래프가 점
$(k, 2)$를 지날 때, k의 값을 구하시오.

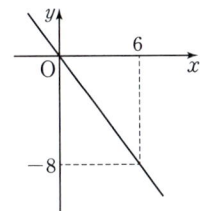

641 중

다음 중 오른쪽 그림과 같은 그래프
위의 점이 <u>아닌</u> 것은?

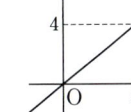

① $(20, 16)$

② $\left(\dfrac{15}{4}, 5\right)$

③ $\left(\dfrac{1}{8}, \dfrac{1}{10}\right)$

④ $\left(-\dfrac{5}{2}, -2\right)$

⑤ $(-15, -12)$

642 중

다음 중 정비례 관계 $y = ax\,(a \neq 0)$의 그래프에 대한 설
명으로 옳은 것을 모두 고르면? (정답 2개)

① a의 값에 관계없이 항상 원점을 지난다.

② a의 값에 관계없이 x의 값이 증가하면 y의 값도 증가
한다.

③ $a > 0$일 때, 제2사분면과 제4사분면을 지난다.

④ $a < 0$일 때, 오른쪽 위로 향하는 직선이다.

⑤ a의 절댓값이 클수록 y축에 가깝다.

3 정비례 관계의 그래프와 도형

643 중

오른쪽 그림과 같이 정비례 관계
$y = \dfrac{5}{4}x$의 그래프 위의 한 점 A에서
x축에 수직인 직선을 그었을 때, x
축과 만나는 점을 B라 하자. 점 B의
좌표가 $(8, 0)$일 때, 삼각형 AOB
의 넓이를 구하시오. (단, O는 원점)

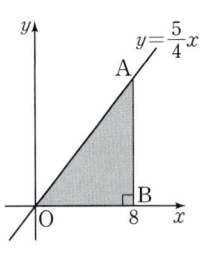

★빈출
644 중

오른쪽 그림과 같이 정비례 관계 $y=3x$의 그래프 위의 점 A와 정비례 관계 $y=\frac{1}{2}x$의 그래프 위의 점 B의 y좌표가 모두 3일 때, 삼각형 AOB의 넓이는? (단, O는 원점)

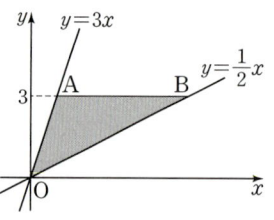

① $\frac{13}{2}$ ② 7   ③ $\frac{15}{2}$

④ 8   ⑤ $\frac{17}{2}$

645 중

| 서술형 |

오른쪽 그림과 같이 정비례 관계 $y=\frac{5}{2}x$의 그래프 위의 점 A와 정비례 관계 $y=-x$의 그래프 위의 점 B의 x좌표가 모두 6일 때, 삼각형 AOB의 넓이를 구하시오.

(단, O는 원점)

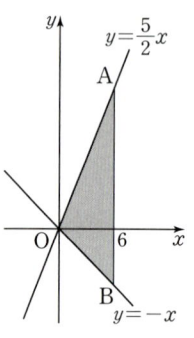

646 중

오른쪽 그림과 같이 정비례 관계 $y=3x$의 그래프 위의 점 A와 정비례 관계 $y=ax$의 그래프 위의 점 B의 x좌표가 모두 4이고 삼각형 AOB의 넓이가 14일 때, 상수 a의 값은? (단, $0<a<3$, O는 원점)

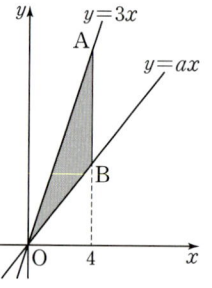

① $\frac{5}{4}$ ② $\frac{3}{2}$

③ $\frac{7}{4}$ ④ 2

⑤ $\frac{9}{4}$

647 상

다음 그림과 같이 정사각형 ABCD의 꼭짓점 D가 정비례 관계 $y=ax$의 그래프 위에 있다. 점 A의 좌표가 $(3, 7)$일 때, 상수 a의 값을 구하시오.

(단, 두 점 B, C는 x축 위에 있다.)

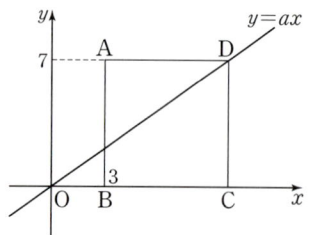

648 ⊕

다음 그림과 같이 직사각형 ABCD의 꼭짓점 A가 정비례 관계 $y=-\dfrac{2}{3}x$의 그래프 위에 있고, 꼭짓점 D가 정비례 관계 $y=2x$의 그래프 위에 있다. 선분 AD의 길이가 8일 때, 점 A의 x좌표를 구하시오.

(단, 두 점 B, C는 x축 위에 있다.)

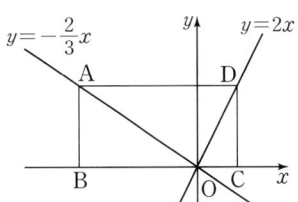

649 ⊕

| 서술형 |

오른쪽 그림과 같이 정비례 관계 $y=\dfrac{3}{2}x$의 그래프 위의 점 A에서 x축에 수직인 직선을 그었을 때, x축과 만나는 점을 P, 정비례 관계 $y=ax$의 그래프와 만나는 점을 B라 하자. 선분 AP의 길이와 선분 BP의 길이의 비가 $3:2$이고 점 A의 y좌표가 6일 때, 상수 a의 값을 구하시오. (단, 점 B는 제4사분면 위의 점이다.)

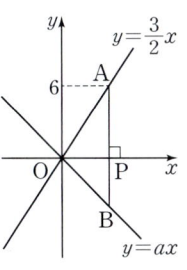

650 ⊕

다음 그림과 같이 정비례 관계 $y=\dfrac{1}{4}ax$의 그래프 위의 두 점 A, B에서 x축에 수직인 직선을 그었을 때, 정비례 관계 $y=-\dfrac{1}{4}ax$의 그래프와 만나는 점을 각각 C, D라 하자. 두 점 A, B의 x좌표가 각각 3, 7이고 사각형 ACDB의 넓이가 30일 때, 두 점 C, D의 y좌표의 합은?

(단, $a>0$)

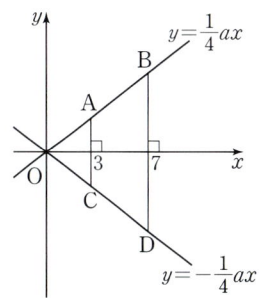

① -8 ② $-\dfrac{15}{2}$ ③ -7

④ $-\dfrac{13}{2}$ ⑤ -6

☆빈출
651 ⊕

오른쪽 그림과 같이 정비례 관계 $y=2x$의 그래프 위의 점 A에서 x축에 수직인 직선을 그었을 때, 정비례 관계 $y=-\dfrac{4}{3}x$의 그래프와 만나는 점을 B라 하자. 점 A의 x좌표가 3이고 정비례 관계 $y=ax$의 그래프가 삼각형 AOB의 넓이를 이등분할 때, 상수 a의 값을 구하시오. (단, O는 원점)

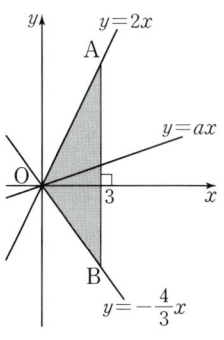

652 상

오른쪽 그림과 같이 정비례 관계 $y = ax$의 그래프가 직사각형 ABCD의 넓이를 이등분할 때, 상수 a의 값은?

① $\dfrac{1}{5}$ ② $\dfrac{2}{5}$

③ $\dfrac{3}{5}$ ④ $\dfrac{4}{5}$

⑤ 1

---

4 정비례 관계의 활용

653 중

오른쪽 그래프는 어느 댐에서 수문을 x 시간 동안 열었을 때 방류하는 물의 양 y만 톤 사이의 관계를 나타낸 것이다. 다음 물음에 답하시오.

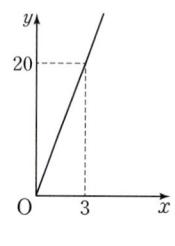

(1) 수문을 6시간 동안 열었을 때 방류하는 물의 양을 구하시오.

(2) 100만 톤의 물을 방류하는 데 걸리는 시간을 구하시오.

654 중

3 L의 연료로 54 km를 달릴 수 있는 자동차가 있다. 이 자동차가 x L의 연료로 달릴 수 있는 거리를 y km라 할 때, 다음 물음에 답하시오.

(1) x와 y 사이의 관계식을 구하시오.

(2) 288 km를 달리는 데 필요한 연료의 양을 구하시오.

655 중

어떤 용수철에 추를 매달았을 때, 늘어난 용수철의 길이 y cm는 추의 무게 x g에 정비례한다. 이 용수철에 20 g의 추를 매달았더니 용수철의 길이가 5 cm 늘어났다고 한다. 늘어난 용수철의 길이가 12 cm가 되게 하려면 몇 g의 추를 매달아야 하는가?

① 32 g   ② 36 g   ③ 40 g

④ 44 g   ⑤ 48 g

656 중

어떤 건물에서 백열등 대신 엘이디(LED) 등을 사용하면 1시간에 26 Wh를 절약할 수 있다고 한다. 이 건물에서 백열등 대신 엘이디 등을 9시간 동안 사용할 때, 절약할 수 있는 전력량은?

① 222 Wh   ② 226 Wh   ③ 230 Wh

④ 234 Wh   ⑤ 238 Wh

657 중

톱니가 각각 50개, 30개인 두 톱니바퀴 A, B가 서로 맞물려 돌아가고 있다. 톱니바퀴 A가 x번 회전하는 동안 톱니바퀴 B는 y번 회전한다고 할 때, x와 y 사이의 관계식은?

① $y = \dfrac{3}{5}x$ ② $y = \dfrac{2}{3}x$ ③ $y = \dfrac{6}{5}x$

④ $y = \dfrac{3}{2}x$ ⑤ $y = \dfrac{5}{3}x$

658 중

오른쪽 그림과 같은 직사각형 ABCD에서 점 P는 변 BC를 따라 꼭짓점 B에서 꼭짓점 C까지 움직인다. 선분 BP의 길이를 x cm, 삼각형 ABP의 넓이를 y cm^{2}라 할 때, 다음 물음에 답하시오.

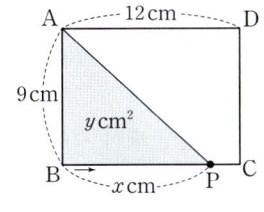

(1) x와 y 사이의 관계식을 구하시오.
(2) 삼각형 ABP의 넓이가 45 cm^{2}일 때, 선분 BP의 길이를 구하시오.

659 중

어느 중학교 1반, 2반 학생들이 두 대의 버스에 나누어 타고 학교에서 56 km 떨어진 체험 학습 장소로 가려고 한다. 오른쪽 그래프는 두 대의 버스가 동시에 출발하여 x분 동안 y km를 갈 때, x와 y 사이의 관계를 각각 나타낸 것이다. 2반 버스는 1반 버스가 체험 학습 장소에 도착한 지 몇 분 후에 도착하는가?

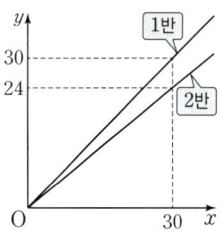

① 11분 후   ② 12분 후   ③ 13분 후
④ 14분 후   ⑤ 15분 후

660 중

역에서 2.4 km 떨어진 도서관까지 도영이는 자전거를 타고 가고, 지율이는 걸어가서 먼저 도착한 사람이 늦게 도착하는 사람을 기다리기로 했다. 오른쪽 그래프는 두 사람이 동시에 출발하여 x분 동안 간 거리를 y m라 할 때, x와 y 사이의 관계를 각각 나타낸 것이다. 다음 보기 중 옳은 것을 모두 고르시오.

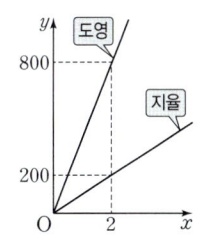

| 보기 |

ㄱ. 도영이의 속력은 분속 400 m이다.
ㄴ. 지율이의 속력은 분속 200 m이다.
ㄷ. 도영이는 출발한 지 8분 후에 도서관에 도착한다.
ㄹ. 지율이는 도영이보다 18분 늦게 도서관에 도착한다.

661 ⓗ

다음 중 y가 x에 반비례하는 것을 모두 고르면?

(정답 2개)

① $y = -2x$　　② $y = \dfrac{3}{x}$　　③ $y = \dfrac{x}{4}$

④ $xy = -6$　　⑤ $\dfrac{y}{x} = 10$

662 ⓗ

x의 값이 2배, 3배, 4배, ...가 될 때 y의 값은 $\dfrac{1}{2}$배, $\dfrac{1}{3}$배, $\dfrac{1}{4}$배, ...가 되고, $x=2$일 때 $y=4$이다. 이때 x와 y 사이의 관계식을 구하시오.

663 ⓒ

다음 보기 중 $y = -\dfrac{2}{x}$에 대한 설명으로 옳은 것을 모두 고르시오.

| 보기 |

ㄱ. y는 x에 반비례한다.

ㄴ. xy의 값이 일정하다.

ㄷ. x의 값이 4배가 되면 y의 값은 $\dfrac{1}{2}$배가 된다.

ㄹ. x의 값이 -8일 때, y의 값은 $\dfrac{1}{4}$이다.

★빈출 664 ⓒ

다음 중 y가 x에 반비례하는 것은?

① 한 변의 길이가 x cm인 정삼각형의 둘레의 길이 y cm

② 가로의 길이가 x cm, 세로의 길이가 5 cm인 직사각형의 넓이 y cm²

③ 우유 2 L를 x개의 컵에 똑같이 나누어 담을 때, 한 컵에 들어 있는 우유의 양 y L

④ 시속 x km로 8시간 동안 이동한 거리 y km

⑤ 길이 1 m당 무게가 13 g인 철사 x m의 무게 y g

665 ⓒ

다음 보기 중 y가 x에 정비례하는 것의 개수를 a, 반비례하는 것의 개수를 b라 할 때, $a-b$의 값을 구하시오.

| 보기 |

ㄱ. 하루 중 낮의 길이가 x시간일 때, 밤의 길이 y시간

ㄴ. 1분에 16장씩 인쇄하는 프린터가 x분 동안 인쇄하는 종이 y장

ㄷ. x분 동안 열량 350 kcal가 소모되는 운동의 1분당 소모되는 평균 열량 y kcal

ㄹ. 넓이가 20 cm²인 삼각형의 밑변의 길이 x cm, 높이 y cm

ㅁ. 분당 맥박 수가 70인 사람의 x분 동안의 맥박 수 y

ㅂ. 비어있는 물통에 매분 3 L씩 물을 넣을 때, x분 후에 물통에 들어 있는 물의 양 y L

ㅅ. 두 대각선의 길이가 각각 x cm, 8 cm인 마름모의 넓이 y cm²

★빈출 666 ⓒ

| 서술형 |

y가 x에 반비례하고, $x=10$일 때 $y=-2$이다. $y=5$일 때, x의 값을 구하시오.

667 ⑧

다음 표에서 y가 x에 반비례할 때, $p-q+r$의 값을 구하시오.

x	p	-3	1	6
y	2	6	q	r

6 반비례 관계의 그래프

668 ⑨

다음 중 반비례 관계 $y=-\dfrac{3}{x}$의 그래프는?

①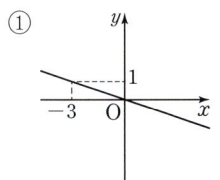

②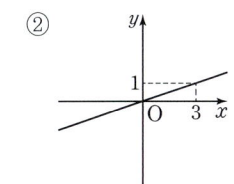

③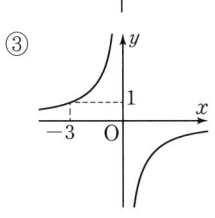

④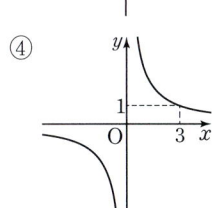

⑤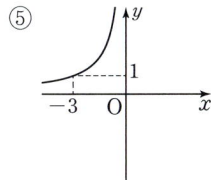

669 ⑨

다음 중 반비례 관계 $y=\dfrac{12}{x}$의 그래프 위의 점이 아닌 것은?

① $\left(-10,\ -\dfrac{5}{6}\right)$　② $(-4,\ -3)$　③ $(3,\ 4)$

④ $\left(8,\ \dfrac{3}{2}\right)$　　⑤ $(12,\ 1)$

★빈출
670 ⑧

다음 중 반비례 관계 $y=\dfrac{4}{x}$의 그래프에 대한 설명으로 옳은 것을 모두 고르면? (정답 2개)

① 원점을 지난다.

② 점 $\left(2,\ \dfrac{1}{2}\right)$을 지난다.

③ 한 쌍의 매끄러운 곡선이다.

④ 제2사분면과 제4사분면을 지난다.

⑤ $x>0$일 때, x의 값이 증가하면 y의 값은 감소한다.

671 ⑧

다음 보기 중 x와 y 사이의 관계를 나타내는 그래프가 제2사분면과 제4사분면을 지나는 것을 모두 고르시오.

보기

ㄱ. $y=-2x$　　　ㄴ. $y=\dfrac{4}{x}$　　　ㄷ. $y=\dfrac{x}{5}$

ㄹ. $y=-\dfrac{3}{8}x$　　ㅁ. $y=\dfrac{7}{2}x$　　ㅂ. $y=-\dfrac{10}{x}$

Ⅲ. 좌표평면과 그래프

672 중

다음 중 x와 y 사이의 관계를 나타내는 그래프가 지나는 사분면이 나머지 넷과 다른 하나는?

① $y=-6x$ ② $y=-\dfrac{4}{x}$ ③ $y=3x$

④ $y=-\dfrac{2}{x}$ ⑤ $y=-\dfrac{2}{3}x$

★빈출
673 중

반비례 관계 $y=-\dfrac{16}{x}$의 그래프가 오른쪽 그림과 같을 때, $a+b$의 값은?

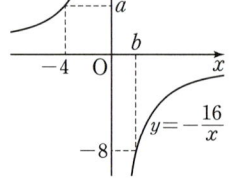

① 4 ② 6
③ 8 ④ 10
⑤ 12

★빈출
674 중

반비례 관계 $y=\dfrac{a}{x}$의 그래프가 세 점 $(-8, b)$, $(2, -6)$, $(c, -4)$를 지날 때, $ab+c$의 값을 구하시오.
(단, a는 상수)

675 중

정비례 관계 $y=ax$의 그래프가 점 $(-2, 12)$를 지나고 반비례 관계 $y=\dfrac{b}{x}$의 그래프가 점 $(5, 2)$를 지날 때, 상수 a, b에 대하여 $b-a$의 값을 구하시오.

676 중

정비례 관계 $y=ax$의 그래프와 반비례 관계 $y=\dfrac{b}{x}$의 그래프가 점 $(2, -6)$에서 만날 때, 상수 a, b에 대하여 ab의 값은?

① 12 ② 18 ③ 24
④ 30 ⑤ 36

677 중

다음 보기 중 반비례 관계의 그래프가 원점에 가장 가까운 것과 원점에서 가장 먼 것을 차례로 나열하시오.

┌ 보기 ┐

ㄱ. $y=-\dfrac{5}{x}$ ㄴ. $y=-\dfrac{1}{x}$ ㄷ. $y=\dfrac{2}{x}$

ㄹ. $y=\dfrac{7}{x}$ ㅁ. $y=-\dfrac{12}{x}$ ㅂ. $y=\dfrac{3}{x}$

678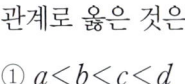

두 반비례 관계 $y=\dfrac{a}{x}$, $y=\dfrac{3}{x}$의 그래프가 오른쪽 그림과 같을 때, 다음 중 상수 a의 값이 될 수 있는 것은?

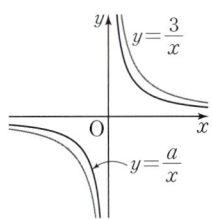

① -3 　　　② -1
③ 2 　　　④ 4
⑤ 5

679

두 정비례 관계 $y=ax$, $y=bx$의 그래프와 두 반비례 관계 $y=\dfrac{c}{x}$,

$y=\dfrac{d}{x}$의 그래프가 오른쪽 그림과 같을 때, 상수 a, b, c, d의 대소 관계로 옳은 것은?

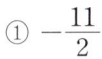

① $a<b<c<d$ 　　　② $c<d<a<b$
③ $c<d<b<a$ 　　　④ $d<c<a<b$
⑤ $d<c<b<a$

680

오른쪽 그림과 같은 그래프가 나타내는 x와 y 사이의 관계식을 구하시오.

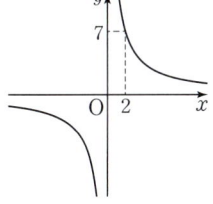

681 ⭐빈출

오른쪽 그림과 같은 그래프가 점 $\left(\dfrac{5}{2},\, k\right)$를 지날 때, k의 값은?

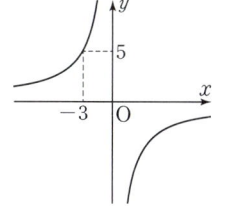

① $-\dfrac{11}{2}$ 　　　② -6

③ $-\dfrac{13}{2}$ 　　　④ -7

⑤ $-\dfrac{15}{2}$

682

다음 보기 중 오른쪽 그림의 ㈎~㈒의 그래프가 나타내는 x와 y 사이의 관계식이 옳은 것을 모두 고르시오.

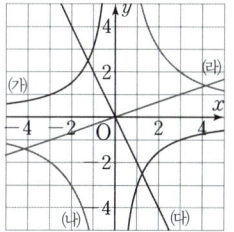

┤ 보기 ├
ㄱ. ㈎ $y=-\dfrac{3}{x}$
ㄴ. ㈏ $y=\dfrac{2}{x}$
ㄷ. ㈐ $y=-4x$
ㄹ. ㈑ $y=\dfrac{1}{3}x$

683 | 서술형 |

오른쪽 그림과 같이 반비례 관계 $y=\dfrac{a}{x}$의 그래프 위의 두 점 P, Q의 x좌표의 차가 -4일 때, 상수 a의 값을 구하시오.

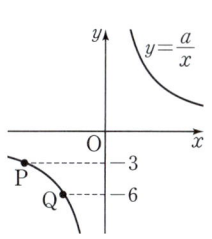

Ⅲ. 좌표평면과 그래프

684 중

오른쪽 그림과 같이 정비례 관계 $y=\dfrac{2}{3}x$의 그래프와 반비례 관계 $y=\dfrac{a}{x}\ (x>0)$의 그래프가 만나는 점 P의 x좌표가 6일 때, 상수 a의 값을 구하시오.

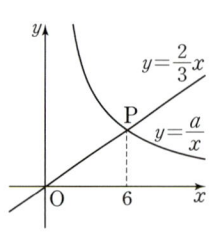

685 중

오른쪽 그림과 같이 정비례 관계 $y=ax$의 그래프와 반비례 관계 $y=-\dfrac{18}{x}$의 그래프가 점 $(b, 6)$에서 만날 때, $a+b$의 값은? (단, a는 상수)

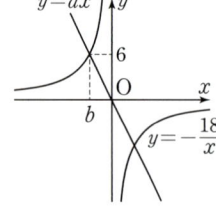

① -5 ② -6 ③ -7
④ -8 ⑤ -9

686 중

다음 중 반비례 관계 $y=\dfrac{a}{x}\ (a\neq0)$의 그래프에 대한 설명으로 옳지 <u>않은</u> 것을 모두 고르면? (정답 2개)

① 원점을 지나지 않는 한 쌍의 매끄러운 곡선이다.

② 점 $\left(1, \dfrac{1}{a}\right)$을 지난다.

③ $a>0$일 때, 제1사분면과 제3사분면을 지난다.

④ $a<0$일 때, $x>0$인 범위에서 x의 값이 증가하면 y의 값도 증가한다.

⑤ a의 절댓값이 클수록 원점에 가깝다.

687 상

반비례 관계 $y=\dfrac{18}{x}$의 그래프 위의 점 중에서 x좌표와 y좌표가 모두 정수인 점의 개수를 구하시오.

---

7 **반비례 관계의 그래프와 도형**

688 중

오른쪽 그림은 반비례 관계 $y=\dfrac{16}{x}$의 그래프이고 점 B는 이 그래프 위의 점이다. 이때 직사각형 AOCB의 넓이를 구하시오. (단, O는 원점)

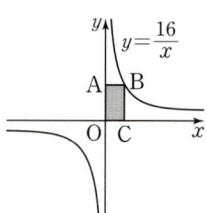

689 중

오른쪽 그림은 반비례 관계 $y=\dfrac{a}{x}\ (x>0)$의 그래프이고 두 점 P, Q는 이 그래프 위의 점이다. 이때 네 변이 좌표축에 각각 평행한 직사각형 PAQB의 넓이는? (단, a는 상수)

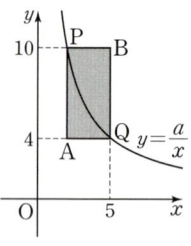

① 15   ② 16   ③ 17
④ 18   ⑤ 19

690 중

오른쪽 그림은 두 반비례 관계
$y=\dfrac{24}{x}\,(x>0)$, $y=\dfrac{a}{x}\,(x>0)$의
그래프이고 두 점 C, E는 각각
$y=\dfrac{24}{x}$, $y=\dfrac{a}{x}$의 그래프 위의 점이

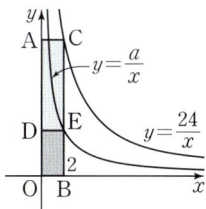

다. 직사각형 AOBC의 넓이는 직사각형 DOBE의 넓이
의 3배일 때, 상수 a의 값을 구하시오. (단, O는 원점)

☆빈출
691 상

오른쪽 그림은 반비례 관계 $y=\dfrac{a}{x}$
의 그래프이고 두 점 A, C는 이 그
래프 위의 점이다. 네 변이 좌표축
에 각각 평행한 직사각형 ABCD의
넓이가 32일 때, 상수 a의 값을 구
하시오.

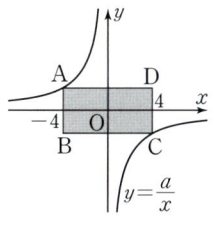

692 상

| 서술형 |

오른쪽 그림은 반비례 관계
$y=\dfrac{a}{x}\,(x>0)$의 그래프이고 두 점
A, C는 이 그래프 위의 점이다. 네
변이 좌표축에 각각 평행한 직사각
형 ABCD의 넓이가 15일 때, 상수
a의 값을 구하시오.

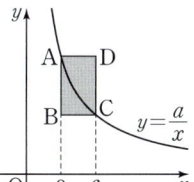

693 상

오른쪽 그림과 같이 정사각형
ABCD의 꼭짓점 A는 정비례 관계
$y=4x$의 그래프 위에 있고, 꼭짓점
D는 반비례 관계 $y=\dfrac{a}{x}\,(x>0)$의 그
래프 위에 있다. 이때 상수 a의 값은?
(단, 두 점 B, C는 x축 위에 있다.)

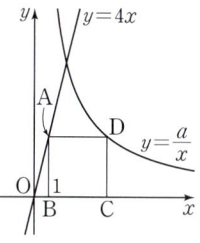

① 14   ② 16   ③ 18
④ 20   ⑤ 22

8   반비례 관계의 활용

694 중

아래 표는 주스 $3300\,\text{mL}$를 x명이 똑같이 나누어 마실
때, 한 사람이 마시는 양 $y\,\text{mL}$ 사이의 관계를 나타낸 것
이다. 다음 중 옳지 <u>않은</u> 것은?

x	1	2	3	4	$\cdots$
y	3300	㉠	㉡	㉢	$\cdots$

① ㉠에 알맞은 수는 1650이다.
② ㉡에 알맞은 수는 1100이다.
③ ㉢에 알맞은 수는 825이다.
④ x의 값이 15일 때, y의 값은 230이다.
⑤ x와 y 사이의 관계식은 $y=\dfrac{3300}{x}$이다.

695 중

온도가 일정할 때, 기체의 부피 $y \, cm^3$는 압력 x기압에 반비례한다. 어떤 기체의 부피가 $50 \, cm^3$일 때, 압력은 3기압이었다. 이때 x와 y 사이의 관계식을 구하고, 같은 온도에서 압력이 5기압일 때, 이 기체의 부피를 구하시오.

696 중

매분 $20 \, L$씩 물을 넣으면 36분 만에 가득 차는 물탱크가 있다. 이 물탱크에 매분 $x \, L$씩 물을 넣으면 y분 만에 가득 찬다고 할 때, x와 y 사이의 관계식은?

① $y = \dfrac{480}{x}$ ② $y = \dfrac{600}{x}$ ③ $y = \dfrac{720}{x}$

④ $y = \dfrac{840}{x}$ ⑤ $y = \dfrac{960}{x}$

 697 중

두 톱니바퀴 A, B가 서로 맞물려 돌아가는데 톱니가 30개인 톱니바퀴 A가 매분 4번 회전할 때, 톱니가 x개인 톱니바퀴 B는 매분 y번 회전한다고 한다. 톱니바퀴 B의 톱니가 20개일 때, 톱니바퀴 B는 매분 몇 번 회전하는가?

① 5번 ② $\dfrac{11}{2}$번 ③ 6번

④ $\dfrac{13}{2}$번 ⑤ 7번

698 중

| 서술형 |

태현이가 집에서 $280 \, km$ 떨어져 있는 국립 공원에 가려고 한다. 자동차를 타고 시속 $x \, km$로 이동할 때 걸리는 시간을 y시간이라 하자. 다음 물음에 답하시오.

⑴ x와 y 사이의 관계식을 구하시오.
⑵ 태현이가 자동차를 타고 시속 $80 \, km$로 이동하면 국립 공원까지 가는 데 몇 분이 걸리는지 구하시오.

699 중

속력이 일정한 음파의 파장은 진동수에 반비례한다. 오른쪽 그래프는 어떤 음파의 진동수와 파장 사이의 관계를 나타낸 것이다. 사람이 귀로 들을 수 있는 음파의 진동수의 범위가 $20 \, Hz$ 이상

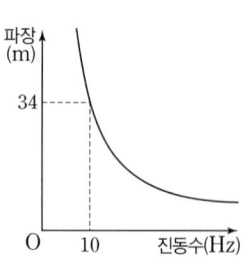

$20000 \, Hz$ 이하일 때, 사람이 귀로 들을 수 있는 음파의 파장의 범위를 구하시오.

★★★★ 최고수준 도전 기출

700

오른쪽 그림과 같이 한 변의 길이가 4인 정사각형 ABCD의 꼭짓점 A가 정비례 관계 $y=\dfrac{5}{3}x$의 그래프 위에 있고 꼭짓점 C가 정비례 관계 $y=\dfrac{3}{5}x$의 그래프 위에 있을 때, 점 D의 좌표를 구하시오.

(단, 두 점 A, B의 x좌표는 같다.)

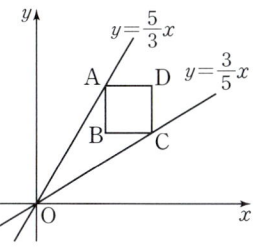

701

다음 그림과 같이 세 정사각형의 한 꼭짓점이 정비례 관계 $y=\dfrac{1}{2}x$의 그래프 위에 있다. 세 정사각형의 넓이를 각각 S_1, S_2, S_3이라 할 때, $S_1+S_2+S_3$의 값은?

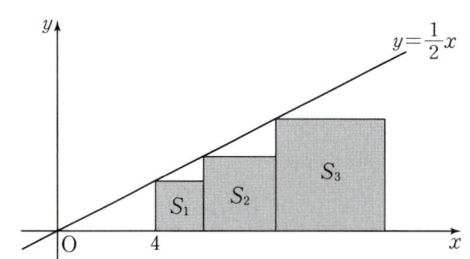

① $\dfrac{131}{4}$ ② 33 ③ $\dfrac{133}{4}$

④ $\dfrac{67}{2}$ ⑤ $\dfrac{135}{4}$

702

오른쪽 그림과 같이 세 점 O(0, 0), A(0, 9), B(6, 0)을 꼭짓점으로 하는 삼각형 AOB의 넓이를 정비례 관계 $y=ax$의 그래프가 이등분할 때, 상수 a의 값을 구하시오.

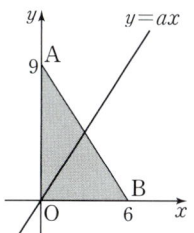

703

정비례 관계 $y=ax$의 그래프와 반비례 관계 $y=\dfrac{b}{x}$의 그래프가 점 $(-4, c)$에서 만난다고 할 때, 점 $\left(\dfrac{a}{b}, bc\right)$는 제몇 사분면 위의 점인가? (단, a, b는 상수)

① 제1사분면   ② 제2사분면
③ 제3사분면   ④ 제4사분면
⑤ 어느 사분면에도 속하지 않는다.

704

오른쪽 그림과 같이 반비례 관계 $y=\dfrac{12}{x}(x>0)$의 그래프는 두 점 A$(2, 6)$, B$(k, 3)$을 지난다. 정비례 관계 $y=ax$의 그래프가 선분 AB와 만나기 위한 상수 a의 값의 범위를 구하시오.

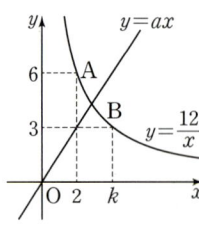

705

오른쪽 그림은 반비례 관계 $y=\dfrac{a}{x}(x>0)$의 그래프이고 두 점 P, Q는 이 그래프 위의 점이다. 직사각형 ABCP의 넓이는 20, 직사각형 BODC의 넓이는 8일 때, 직사각형 CDEQ의 넓이는? (단, a는 상수, O는 원점)

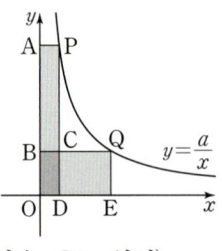

① 12 ② 14 ③ 16
④ 18 ⑤ 20

706

다음 그림과 같이 자연수 n에 대하여 반비례 관계 $y=\dfrac{2}{x}(x>0)$의 그래프 위의 점 A$_n$에서 x축에 수직인 직선을 그었을 때, x축과 만나는 점을 B$_n$이라 하면 $n\geq2$인 경우 삼각형 A$_n$B$_{n-1}$B$_n$의 넓이는 $\dfrac{1}{n}$이다. 선분 A$_1$B$_1$의 길이가 2일 때, 사각형 A$_1$B$_1$B$_{24}$A$_{24}$의 넓이를 $\dfrac{p}{q}$라 하자. 이때 $p+q$의 값은? (단, p, q는 서로소인 자연수)

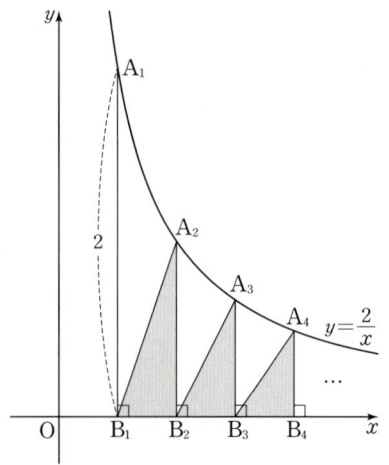

① 575 ② 581 ③ 587
④ 593 ⑤ 599

01 소인수분해

6~16쪽 난이도별 **필수 기출**

001 ④ 002 ② 003 2 004 ③ 005 6 006 ⑤ 007 ④
008 ⑤ 009 3가지 010 ④ 011 ④ 012 ④
013 129 014 ② 015 ③ 016 ⑤ 017 ② 018 ③
019 ㄴ, ㄷ, ㅁ 020 ① 021 ② 022 ③ 023 ① 024 ④
025 6 026 2 027 ⑤ 028 10 029 22 030 ④ 031 ②
032 35 033 ④ 034 14 035 45 036 ⑤ 037 ④ 038 56
039 75 040 174 041 45 042 ⑤ 043 ③ 044 ④
045 1, 2, 4, 8, 13, 26, 52, 104 046 12 047 ②
048 ③, ⑤ 049 ④ 050 30 051 ⑤ 052 ④ 053 ②
054 1 055 4 056 5 057 ② 058 ② 059 4 060 4
061 ① 062 ④ 063 15 064 ② 065 30 066 25, 36, 49

17쪽 최고수준 **도전 기출**

067 32 068 ⑤ 069 15 070 ③

02 최대공약수와 최소공배수

20~30쪽 난이도별 **필수 기출**

071 ② 072 ④ 073 1, 2, 4, 8, 16, 32 074 ④ 075 ⑤
076 18 077 ⑤ 078 ㄴ, ㄷ, ㅂ 079 ② 080 12 081 ③
082 ⑤ 083 ①, ③ 084 ④ 085 11 086 20 087 ②
088 825 089 260 090 ③ 091 ⑤ 092 ④ 093 ③ 094 ②
095 ⑤ 096 198 097 ② 098 4 099 ② 100 ③ 101 63
102 ③ 103 3 104 ④ 105 ② 106 8 107 ③, ⑤
108 6 109 ④ 110 ③ 111 5, 840 112 ② 113 ③
114 24 115 ③ 116 ③ 117 70 118 81 119 ② 120 ⑤
121 ① 122 12 123 ④ 124 16 125 ③ 126 975 127 ②
128 ⑤ 129 174 130 ④ 131 ② 132 71 133 11 134 ③
135 28 136 $\frac{45}{4}$ 137 ①

31쪽 최고수준 **도전 기출**

138 ② 139 5 140 ③ 141 555

03 정수와 유리수

34~44쪽 난이도별 **필수 기출**

142 ③ 143 ② 144 ③ 145 3 146 ④ 147 ②, ⑤
148 ② 149 5 150 ④ 151 ③, ④ 152 ㄱ, ㄷ, ㅁ
153 15 154 8 155 ④ 156 −2, 4 157 −3
158 ②, ③ 159 $a=-2, b=3$ 160 −2
161 $a=-7, b=1$ 162 −5 163 $x=-4, y=8$
164 ③ 165 +8, −8 166 $a=\frac{4}{3}, b=-2.8$ 167 6
168 ②, ③ 169 ② 170 12 171 ④ 172 −5, 5
173 ② 174 −2.2 175 −2.7, −0.2 176 ④
177 ②, ⑤ 178 ④ 179 ②, ④ 180 11 181 ④
182 −2, −1, 0, 1, 2 183 −10, 2 184 ① 185 12
186 ⑤ 187 ⑤ 188 ④ 189 ③ 190 ④ 191 C
192 $-\frac{3}{5}, \frac{5}{4}$ 193 ③ 194 −2, −1, 0, 1, 2, 3 195 ③
196 7 197 5 198 −3 199 −4 200 $d<a<b<c$
201 $b<a<c$ 202 $\frac{11}{8}$ 203 ② 204 ④
205 $d<b<a<c$

45쪽 최고수준 **도전 기출**

206 $(-12, 6), (12, -6)$ 207 $a=-5, b=-4, c=4$
208 ④ 209 a, c, b, d

568 $(-2, -9), (-2, 9), (2, -9), (2, 9)$ **569** ⑤ **570** ③

571 ④ **572** $(2, 6), (3, 5), (4, 4), (5, 3), (6, 2)$ **573** 6

574 $(4, 2)$ **575** ⑤ **576** 5 **577** $(-3, -1)$ **578** ④

579 40 **580** 7 **581** ① **582** ⑤ **583** ③ **584** ②, ⑤

585 제1사분면 **586** ④ **587** 제3사분면 **588** ②

589 ①, ⑤ **590** ② **591** ③ **592** 24 **593** ② **594** ④

595 ④ **596** 제4사분면 **597** 2 **598** ② **599** 15 **600** ②

601 ④ **602** ③ **603** ⑤ **604** 15 **605** ④ **606** ㄴ, ㄷ

607 ②, ⑤ **608** ⑤ **609** (1) 35 m (2) 12분 **610** ③

611 (1) 시현 (2) 정후, 세영, 시현 (3) 30분 후 **612** ②

613 A－ㄷ, B－ㄱ, C－ㄴ **614** ② **615** ④ **616** ④ **617** ㄹ

618 ⑤ **619** ④ **620** 8 **621** ④

622 ①, ⑤ **623** $y=\dfrac{3}{2}x$ **624** ㄱ, ㄹ **625** ②

626 5 **627** 14 **628** 1 **629** ③ **630** ④ **631** ② **632** ⑤

633 ①, ④ **634** -20 **635** -5 **636** ④ **637** ①

638 ③ **639** ② **640** $-\dfrac{3}{2}$ **641** ② **642** ①, ⑤

643 40 **644** ③ **645** 63 **646** ① **647** $\dfrac{7}{10}$ **648** -6

649 -1 **650** ② **651** $\dfrac{1}{3}$ **652** ④

653 (1) 40만 톤 (2) 15시간 **654** (1) $y=18x$ (2) 16 L **655** ⑤

656 ④ **657** ⑤ **658** (1) $y=\dfrac{9}{2}x$ (2) 10 cm **659** ④

660 ㄱ, ㄹ **661** ②, ④ **662** $y=\dfrac{8}{x}$

663 ㄱ, ㄴ, ㄹ **664** ③ **665** 2 **666** -4 **667** 6 **668** ③

669 ① **670** ③, ⑤ **671** ㄱ, ㄹ, ㅂ **672** ③ **673** ②

674 -15 **675** 16 **676** ⑤ **677** ㄴ, ㅁ **678** ③

679 ⑤ **680** $y=\dfrac{14}{x}$ **681** ② **682** ㄱ, ㄹ **683** 24

684 24 **685** ① **686** ②, ⑤ **687** 12 **688** 16 **689** ④

690 8 **691** -8 **692** 30 **693** ④ **694** ④

695 $y=\dfrac{150}{x}$, 30 cm³ **696** ③ **697** ③

698 (1) $y=\dfrac{280}{x}$ (2) 210분 **699** $\dfrac{17}{1000}$ m 이상 17 m 이하

700 $(10, 10)$ **701** ③ **702** $\dfrac{3}{2}$ **703** ④ **704** $\dfrac{3}{4}\le a\le 3$

705 ⑤ **706** ⑤

06 일차방정식

88~98쪽 난이도별 **필수 기출**

410 ②, ⑤　411 ②　412 ③　413 ④　414 ①　415 ⑤

416 ㄴ, ㄷ　417 $8x+4=36$　418 ③　419 $x=1$

420 ④　421 27　422 $-2x-3$　423 ②, ④　424 ⑤

425 7　426 ⑤　427 ⑤　428 ①, ③　429 ④　430 12

431 -6　432 ㉠　433 ㈎ ㄱ ㈏ ㄹ　434 ④　435 ②　436 $\dfrac{5}{4}$

437 ④　438 ④　439 $x=3$　440 ②　441 $x=-3$

442 ④　443 ③　444 $a\neq-5$　445 ④　446 ⑤　447 ⑤

448 ①　449 -10　450 ⑤　451 ②　452 ④　453 ④

454 ④　455 1　456 ⑤　457 368　458 3　459 ①　460 1

461 ②　462 3　463 ④　464 ③　465 ④　466 19　467 24

468 ⑤　469 ②　470 -5　471 ①　472 3　473 ③　474 ③

475 -1

99쪽 최고수준 **도전 기출**

476 -3　477 -2　478 10　479 ⑤　480 ③

07 일차방정식의 활용

101~115쪽 난이도별 **필수 기출**

481 ②　482 54　483 ⑤　484 16　485 ②　486 15, 17, 19

487 ④　488 ⑤　489 52　490 694　491 ②　492 4

493 5장　494 ④　495 13세　496 ③　497 ③　498 ④

499 49세　500 48세　501 3000

502 5일 후　503 ③　504 ⑤　505 5 cm

506 7 cm　507 ⑤　508 ③　509 $\dfrac{24}{5}$　510 48 cm

511 ④　512 ②　513 2　514 264쪽　515 ⑤

516 135 km　517 240 km　518 ④　519 ④

520 180 km　521 ⑤　522 18분 후

523 오전 8시 20분　524 ③　525 ⑤　526 8분 후

527 ④　528 ⑤　529 120 m　530 ③　531 ②

532 90분　533 ⑤　534 ④　535 ③　536 ③

537 873　538 188, 253　539 ②

540 ⑴ 12000원　⑵ 13600원　541 ①　542 18000원

543 ②　544 200000원　545 ①　546 6개　547 ⑤　548 ④

549 ③　550 ③　551 4시간　552 ④　553 2시간

554 ④　555 250분　556 20　557 ②　558 ③

559 14단계

116~117쪽 최고수준 **도전 기출**

560 ①　561 61초 후　562 ②　563 ⑤　564 ②

565 285　566 19장　567 ④

04 정수와 유리수의 계산

48~65쪽 난이도별 필수 기출

210 ④ 211 ③ 212 ④ 213 ① 214 $-\dfrac{3}{4}$ 215 ④

216 ㉠ 교환법칙 ㉡ 결합법칙 217 ① 218 -5

219 $-\dfrac{5}{12}$ 220 ⑤ 221 -9 222 ③ 223 $\dfrac{4}{5}$ 224 ⑤

225 -50 226 -14 227 $\dfrac{15}{8}$ 228 ② 229 $\dfrac{7}{10}$

230 $\dfrac{5}{2}$ 231 ② 232 ① 233 $-\dfrac{23}{2}$ 234 7

235 (1) $-\dfrac{7}{20}$ (2) $\dfrac{1}{10}$ 236 ② 237 ④ 238 16

239 $-\dfrac{7}{15}$ 240 ① 241 ② 242 $-\dfrac{50}{21}, \dfrac{20}{21}$ 243 A

244 ③ 245 16 246 ④ 247 $-\dfrac{13}{12}$ 248 1805 mL

249 ③ 250 ⑤ 251 -25 252 ③ 253 ④ 254 19

255 ③, ④ 256 $\dfrac{1}{16}$ 257 ② 258 ②

259 (가) 교환 (나) 결합 (다) $-\dfrac{1}{3}$ (라) 1.1 260 $-\dfrac{7}{3}$

261 ③ 262 ② 263 ④ 264 ④ 265 ④

266 (1) $A=70$, $B=-560$ (2) -490 267 8 268 $\dfrac{1}{15}$

269 $\dfrac{2}{5}$ 270 $\dfrac{18}{5}$ 271 ① 272 $\dfrac{29}{14}$ 273 ④ 274 ② 275 ③

276 48 277 -3 278 $\dfrac{2}{3}$ 279 ③ 280 0 281 ⑤ 282 ①

283 $-\dfrac{1}{6}$ 284 ① 285 ② 286 $-\dfrac{5}{2}$

287 $-\dfrac{4}{3}, \dfrac{4}{5}$ 288 ② 289 ② 290 $-\dfrac{39}{2}$ 291 ①

292 ④ 293 $-\dfrac{9}{50}$ 294 -19 295 $\dfrac{20}{3}$ 296 $\dfrac{9}{2}$

297 $\dfrac{55}{12}, -\dfrac{33}{2}$ 298 ⑤ 299 ② 300 ③ 301 ① 302 2

303 ③ 304 ① 305 ⑤ 306 (1) ㉣, ㉤, ㉢, ㉡, ㉠ (2) $\dfrac{16}{3}$

307 $\dfrac{13}{4}$ 308 ④ 309 $\dfrac{5}{8}$ 310 ④ 311 29점 312 12

313 ⑤ 314 $-\dfrac{13}{3}$ 315 ③

66~67쪽 최고수준 도전 기출

316 ② 317 ⑤ 318 50 319 ①

320 $a=-\dfrac{18}{5}$, $b=6$, $c=-\dfrac{5}{3}$ 321 ② 322 ①

05 문자의 사용과 식

70~84쪽 난이도별 필수 기출

323 ② 324 ③, ④ 325 ③ 326 ④ 327 $(4a+5b)$점

328 $\dfrac{(a+b)h}{2}$ cm² 329 ③ 330 ②, ④ 331 ③

332 ③ 333 $\dfrac{15x+13y}{28}$ 초 334 ④ 335 ③ 336 ②

337 ③ 338 $(220-60x)$ km 339 ④

340 $\dfrac{ab}{100}$, $a-\dfrac{ab}{100}$ 341 ④ 342 ⑤ 343 40 344 ②

345 25℃ 346 ① 347 6 348 11 349 ⑤ 350 ②

351 1730 m 352 (1) $96-4x$ (2) 80

353 (1) $(18-6h)$℃ (2) -12℃

354 (1) $(3x+y)$점 (2) 14점

355 73, 불쾌감을 느끼기 시작함

356 (1) $10ab$원 (2) 81000원 357 4 358 ②, ④

359 ④ 360 2 361 ② 362 22 363 ③ 364 ㄴ, ㄷ

365 ② 366 24 367 ② 368 ④ 369 ④ 370 -150

371 ③, ④ 372 ③ 373 29 374 ④ 375 $\dfrac{3}{2}x+\dfrac{1}{6}$

376 ⑤ 377 ④ 378 ④ 379 -10 380 8

381 $11x-30$ 382 ④ 383 ③ 384 ④ 385 ③ 386 ④

387 $-3x+2$ 388 $8x-10$ 389 54 390 ②

391 $7a-7$ 392 ④ 393 ① 394 $5x+13$

395 $\dfrac{1}{6}x-5$ 396 ③ 397 $(30x-7)$ cm²

398 $(-8x+26)$ cm 399 ⑤ 400 $22x+30$

401 $-12x+33$ 402 ④ 403 37 404 (1) $24x+20$ (2) 92

405 ③

85쪽 최고수준 도전 기출

406 B 쇼핑몰 407 $(12n+20)$ cm 408 ⑤ 409 ⑤

완자

기출 PICK

정답과 해설

중학 수학

1·1

 책 속의 가접 별책 (특허 제 0557442호)

'정답과 해설'은 본책에서 쉽게 분리할 수 있도록 제작되었으므로
유통 과정에서 분리될 수 있으나 파본이 아닌 정상제품입니다.

visang

정답과 해설

중학 수학

1·1

01 소인수분해

난이도별 **필수 기출**   6~16쪽

001 답 ④

④ 15의 약수는 1, 3, 5, 15이므로 15는 소수가 아니다.

002 답 ②

소수는 2, 5, 31의 3개이다.

003 답 2

소수는 11, 23, 59의 3개이므로 $a=3$ ······ ⓘ
합성수는 4, 21, 36, 52, 63의 5개이므로 $b=5$ ······ ⓘ
∴ $b-a=5-3=2$ ······ ⓘ

채점 기준	
ⓘ a의 값 구하기	40 %
ⓘ b의 값 구하기	40 %
ⓘ $b-a$의 값 구하기	20 %

004 답 ③

30 이하의 자연수 중에서 소수는 2, 3, 5, 7, 11, 13, 17, 19, 23, 29의 10개이다.

005 답 6

(나)에서 약수가 2개인 수는 소수이므로 (가)에서 15보다 크고 40보다 작은 자연수 중에서 소수는 17, 19, 23, 29, 31, 37의 6개이다.

006 답 ⑤

25보다 작은 자연수 중에서 가장 큰 소수는 23, 가장 작은 합성수는 4이므로 구하는 합은
$23+4=27$

007 답 ④

① 2는 짝수이지만 합성수가 아니다.
② 1의 약수는 1개이다.
③ $2\times3=6$에서 두 소수 2, 3의 곱 6은 짝수이다.
④ 한 자리의 자연수 중에서 소수는 2, 3, 5, 7의 4개이다.
⑤ 자연수는 1, 소수, 합성수로 이루어져 있다.
따라서 옳은 것은 ④이다.

008 답 ⑤

ㄱ. 가장 작은 소수는 2이다.
ㄴ. 2는 소수이지만 짝수이다.
따라서 옳은 것은 ㄷ, ㄹ이다.

009 답 3가지

$24=5+19=7+17=11+13$이므로 3가지이다.

010 답 ④

9로 나누었을 때 나머지가 소수인 경우는
2, 3, 5, 7   └→ 0, 1, 2, …, 8
30 이하의 자연수를 9로 나누었을 때 몫이 소수인 경우는
2, 3   └→ 0, 1, 2, 3
따라서 주어진 조건을 모두 만족시키는 자연수는
$9\times2+2=20$, $9\times2+3=21$, $9\times2+5=23$,
$9\times2+7=25$, $9\times3+2=29$, $9\times3+3=30$
이때 가장 큰 수는 30, 세 번째로 큰 수는 25이므로 구하는 차는
$30-25=5$

011 답 ④

① $7\times7\times7=7^3$
② $5+5+5+5=5\times4$
③ $2\times2\times2\times3\times3=2^3\times3^2$
⑤ $\dfrac{1}{3\times3\times3\times7\times7}=\dfrac{1}{3^3\times7^2}=\dfrac{1}{3^3}\times\dfrac{1}{7^2}$
따라서 옳은 것은 ④이다.

012 답 ④

$3\times3\times5\times7\times3\times7\times5=3\times3\times3\times5\times5\times7\times7$
$\qquad\qquad\qquad\qquad\qquad =3^3\times5^2\times7^2$
따라서 $a=3$, $b=5$, $c=2$이므로
$a+b-c=3+5-2=6$

013 답 129

$16=2^4$이므로 $a=4$ ······ ⓘ
$5^3=125$이므로 $b=125$ ······ ⓘ
∴ $a+b=4+125=129$ ······ ⓘ

채점 기준	
ⓘ a의 값 구하기	40 %
ⓘ b의 값 구하기	40 %
ⓘ $a+b$의 값 구하기	20 %

014 답 ②

꿀을 접을 때마다 그 가닥의 수는 이전의 2배가 되므로
1번 접은 경우: 2가닥
2번 접은 경우: $2\times2=2^2$(가닥)
3번 접은 경우: $2\times2\times2=2^3$(가닥)
       ⋮
15번 접은 경우: $\underbrace{2\times2\times2\times\cdots\times2}_{15개}=2^{15}$(가닥)

015 답 ③

```
2) 280
2) 140
2)  70
5)  35
    7      ∴ 280=2³×5×7
```

016 답 ⑤

$420=2^2\times3\times5\times7$이므로 420의 소인수는 2, 3, 5, 7이다.
따라서 420의 소인수가 아닌 것은 ⑤이다.

017 답 ②

$90=2\times3^2\times5$이므로 소인수는 2, 3, 5이다.

018 답 ③

③ $80=2^4\times5$

019 답 ㄴ, ㄷ, ㅁ

ㄱ. $30=2\times3\times5$
ㄹ. $144=2^4\times3^2$
ㅂ. $396=2^2\times3^2\times11$
따라서 소인수분해를 바르게 한 것은 ㄴ, ㄷ, ㅁ이다.

020 답 ①

$600=2^3\times3\times5^2$이므로 $a=3$, $b=3$, $c=5$
$\therefore a-b+c=3-3+5=5$

021 답 ②

① $14=2\times7$이므로 소인수는 2, 7
② $42=2\times3\times7$이므로 소인수는 2, 3, 7
③ $56=2^3\times7$이므로 소인수는 2, 7
④ $98=2\times7^2$이므로 소인수는 2, 7
⑤ $196=2^2\times7^2$이므로 소인수는 2, 7
따라서 소인수가 나머지 넷과 다른 하나는 ②이다.

022 답 ③

$312=2^3\times3\times13$이므로 소인수의 합은
$2+3+13=18$

023 답 ①

$225=3^2\times5^2$이므로 소인수 3, 5의 지수는 각각 2, 2이다.
따라서 구하는 곱은
$2\times2=4$

024 답 ④

① $88=2^3\times11$이므로 소인수의 합은
　$2+11=13$
② $126=2\times3^2\times7$이므로 소인수의 합은
　$2+3+7=12$
③ $135=3^3\times5$이므로 소인수의 합은
　$3+5=8$
④ $140=2^2\times5\times7$이므로 소인수의 합은
　$2+5+7=14$
⑤ $147=3\times7^2$이므로 소인수의 합은
　$3+7=10$
따라서 소인수의 합이 가장 큰 것은 ④이다.

025 답 6

$30=2\times3\times5$, $75=3\times5^2$이므로
$30\times75=(2\times3\times5)\times(3\times5^2)$
　　　　$=2\times3^2\times5^3$ ······ ⓘ
따라서 $a=1$, $b=2$, $c=3$이므로 ······ ⓘⓘ
$a+b+c=1+2+3=6$ ······ ⓘⓘⓘ

채점 기준		
ⓘ 30×75를 소인수분해 하기	60 %	
ⓘⓘ a, b, c의 값 구하기	20 %	
ⓘⓘⓘ $a+b+c$의 값 구하기	20 %	

026 답 2

$1\times2\times3\times4\times5\times6\times7\times8\times9\times10$
$=1\times2\times3\times2^2\times5\times(2\times3)\times7\times2^3\times3^2\times(2\times5)$
$=2^8\times3^4\times5^2\times7$
따라서 $a=8$, $b=4$, $c=2$이므로
$a-b-c=8-4-2=2$

027 답 ⑤

$2\times3\times4\times\cdots\times15$를 소인수분해 했을 때, 소인수 3의 지수를 구하기 위하여 3의 배수만 생각하면
$3\times6\times9\times12\times15=3\times(2\times3)\times3^2\times(2^2\times3)\times(3\times5)$
　　　　　　　　　$=2^3\times3^6\times5$
따라서 소인수 3의 지수는 6이다.

028 답 10

5^n으로 나누어떨어지므로 5^n은 $1\times2\times3\times\cdots\times45$의 약수이다.
즉, 자연수 n 중에서 가장 큰 수는 $1\times2\times3\times\cdots\times45$를 소인수분해 했을 때 소인수 5의 지수와 같다.
$1\times2\times3\times\cdots\times45$에서 5의 배수만 생각하면
$5\times10\times15\times20\times25\times30\times35\times40\times45$
$=5\times(2\times5)\times(3\times5)\times(2^2\times5)\times5^2\times(2\times3\times5)\times(5\times7)$
　$\times(2^3\times5)\times(3^2\times5)$
$=2^7\times3^4\times5^{10}\times7$
따라서 구하는 수는 10이다.

029 답 22

㈎에서 20보다 크고 26보다 작은 자연수는
21, 22, 23, 24, 25
$21=3\times7$이므로 소인수는 3, 7의 2개이고, 두 소인수의 합은
$3+7=10$
$22=2\times11$이므로 소인수는 2, 11의 2개이고, 두 소인수의 합은
$2+11=13$
23은 소수이므로 소인수는 23의 1개이다.
$24=2^3\times3$이므로 소인수는 2, 3의 2개이고, 두 소인수의 합은
$2+3=5$
$25=5^2$이므로 소인수는 5의 1개이다.
따라서 조건을 모두 만족시키는 자연수는 22이다.

030 답 ④

① $63=3^2\times7$이므로 소인수는 3, 7
   $\therefore \langle63\rangle=3+7=10$
② $150=2\times3\times5^2$이므로 소인수는 2, 3, 5
   $\therefore \langle150\rangle=2+3+5=10$
③ $189=3^3\times7$이므로 소인수는 3, 7
   $\therefore \langle189\rangle=3+7=10$
④ $210=2\times3\times5\times7$이므로 소인수는 2, 3, 5, 7
   $\therefore \langle210\rangle=2+3+5+7=17$
⑤ $270=2\times3^3\times5$이므로 소인수는 2, 3, 5
   $\therefore \langle270\rangle=2+3+5=10$
따라서 $\langle n\rangle=10$을 만족시키는 n의 값이 될 수 없는 것은 ④이다.

031 답 ②

(내)에서 $198=2\times3^2\times11$이므로 소인수의 합은
$2+3+11=16$
이때 (개)에서 13의 배수는 13을 소인수로 가지므로 소인수의 합이 16이 되려면 $16=13+3$에서 3을 소인수로 가져야 한다.
즉, 조건을 만족시키는 수는
$13\times3=39$, $13\times3^2=117$, $13\times3^3=351$, $13^2\times3=507$,
$13\times3^4=1053$, ...
따라서 구하는 세 자리의 자연수는 117, 351, 507의 3개이다.

032 답 35

$2^2\times5\times7^3\times a$에서 모든 소인수의 지수가 짝수가 되어야 하므로
$a=5\times7=35$

033 답 ④

$40=2^3\times5$에 자연수를 곱하였을 때 모든 소인수의 지수가 짝수가 되어야 하므로 곱할 수 있는 가장 작은 자연수는
$2\times5=10$

034 답 14

$126=2\times3^2\times7$을 자연수로 나누었을 때 모든 소인수의 지수가 짝수가 되어야 하므로 나눌 수 있는 가장 작은 자연수는
$2\times7=14$

035 답 45

$240=2^4\times3\times5$이므로 $2^4\times3\times5\times a=b^2$이려면 $2^4\times3\times5\times a$의 모든 소인수의 지수가 짝수가 되어야 한다.
$\therefore a=3\times5=15$ ...... ❶
따라서 $b^2=2^4\times3\times5\times(3\times5)=3600=60^2$이므로
$b=60$ ...... ❷
$\therefore b-a=60-15=45$ ...... ❸

채점 기준	
❶ a의 값 구하기	40 %
❷ b의 값 구하기	40 %
❸ $b-a$의 값 구하기	20 %

036 답 ⑤

$112=2^4\times7$이므로 $\dfrac{2^4\times7}{a}=b^2$이려면 $\dfrac{2^4\times7}{a}$의 모든 소인수의 지수가 짝수가 되어야 한다.
$\therefore a=7$
따라서 $b^2=\dfrac{2^4\times7}{7}=2^4=16=4^2$이므로 $b=4$
$\therefore a\times b=7\times4=28$

037 답 ③

$180\times a=2^2\times3^2\times5\times a$에서 모든 소인수의 지수가 짝수가 되어야 하므로 a는 $5\times(\text{자연수})^2$ 꼴이어야 한다.
① $20=5\times2^2$　　② $45=5\times3^2$　　③ $60=5\times2^2\times3$
④ $80=5\times4^2$　　⑤ $125=5\times5^2$
따라서 a의 값이 될 수 없는 것은 ③이다.

038 답 56

$504=2^3\times3^2\times7$에 자연수를 곱하였을 때 모든 소인수의 지수가 짝수가 되어야 하므로 곱할 수 있는 수는 $2\times7\times(\text{자연수})^2$ 꼴이어야 한다. ...... ❶
따라서 곱할 수 있는 수는
$2\times7\times1^2$, $2\times7\times2^2$, $2\times7\times3^2$, ... ❷
이때 두 번째로 작은 수는
$2\times7\times2^2=56$ ...... ❸

채점 기준	
❶ 곱할 수 있는 수의 꼴 파악하기	40 %
❷ 곱할 수 있는 수 구하기	40 %
❸ 두 번째로 작은 수 구하기	20 %

039 답 75

$108\times\square=2^2\times3^3\times\square$에서 모든 소인수의 지수가 짝수가 되어야 하므로 $\square$ 안에 들어갈 수 있는 수는 $3\times(\text{자연수})^2$ 꼴이어야 한다.
$\therefore \square=3\times1^2$, 3×2^2, 3×3^2, 3×4^2, 3×5^2, 3×6^2, ...
즉, $\square=3$, 12, 27, 48, 75, 108, ...이므로 $\square$ 안에 들어갈 수 있는 가장 큰 두 자리의 자연수는 75이다.

040 답 174

$150=2\times3\times5^2$에 자연수를 곱하였을 때 모든 소인수의 지수가 짝수가 되어야 하므로 곱할 수 있는 수는 $2\times3\times(\text{자연수})^2$ 꼴이어야 한다.
따라서 곱할 수 있는 수는
$2\times3\times1^2$, $2\times3\times2^2$, $2\times3\times3^2$, $2\times3\times4^2$, $2\times3\times5^2$, ...
즉, 6, 24, 54, 96, 150, ...이므로 구하는 두 자리의 자연수의 합은
$24+54+96=174$

041 답 45

$80\times x=2^4\times5\times x$가 3의 배수이려면 $2^4\times5\times x$는 반드시 3을 소인수로 가져야 한다.
또 $2^4\times5\times x$가 어떤 자연수의 제곱이려면 모든 소인수의 지수가 짝수가 되어야 하므로 x는 $3^2\times5\times(\text{자연수})^2$ 꼴이어야 한다.

따라서 가장 작은 자연수 x의 값은
$3^2 \times 5 \times 1^2 = 45$

042 답 ⑤

$\dfrac{300}{x} = \dfrac{2^2 \times 3 \times 5^2}{x}$에서 모든 소인수의 지수가 짝수가 되어야 하므로 x는 $3 \times$(자연수)^2 꼴이면서 300의 약수이어야 한다.

∴ $x = 3 \times 1^2$, 3×2^2, 3×5^2, 3×10^2

즉, $x = 3$, 12, 75, 300이므로 구하는 합은

$3 + 12 + 75 + 300 = 390$

043 답 ③

$2^3 \times 7^2 \times 11$의 약수는 $(2^3$의 약수$) \times (7^2$의 약수$) \times (11$의 약수$)$ 꼴이다.

③ $7^3 \times 11$에서 7^3이 7^2의 약수가 아니므로 $7^3 \times 11$은 $2^3 \times 7^2 \times 11$의 약수가 아니다.

044 답 ④

$72 = 2^3 \times 3^2$이므로 72의 약수는 $(2^3$의 약수$) \times (3^2$의 약수$)$ 꼴이다.

④ $2^2 \times 3^3$에서 3^3이 3^2의 약수가 아니므로 $2^2 \times 3^3$은 72의 약수가 아니다.

045 답 1, 2, 4, 8, 13, 26, 52, 104

$104 = 2^3 \times 13$이므로 오른쪽 표에서 104의 약수는

1, 2, 4, 8, 13, 26, 52, 104

×	1	13
1	1	13
2	2	26
2^2	4	52
2^3	8	104

046 답 12

$200 = 2^3 \times 5^2$이므로 약수의 개수는

$(3+1) \times (2+1) = 12$

047 답 ②

$5^a \times 11^3$의 약수가 24개이므로

$(a+1) \times (3+1) = 24$

$(a+1) \times 4 = 24$

$a+1 = 6$ ∴ $a = 5$

048 답 ③, ⑤

① 675를 소인수분해 하면 $3^3 \times 5^2$이다.

② ㈎에 알맞은 수는 5^2이다.

④ ㈐에 알맞은 수는 $3^2 \times 5 = 45$이다.

⑤ 675의 약수는 $(3^3$의 약수$) \times (5^2$의 약수$)$ 꼴이므로 $3^2 \times 5^2$은 675의 약수이다.

따라서 옳은 것은 ③, ⑤이다.

049 답 ④

③ $40 = 2^3 \times 5$이므로 소인수는 2, 5이다.

④ $56 = 2^3 \times 7$이므로 56의 약수는 $(2^3$의 약수$) \times (7$의 약수$)$ 꼴이다.

⑤ $500 = 2^2 \times 5^3$이므로 약수의 개수는

$(2+1) \times (3+1) = 12$

따라서 옳지 않은 것은 ④이다.

050 답 30

$264 = 2^3 \times 3 \times 11$이므로

$a = 3$, $b = 11$

약수의 개수는 $(3+1) \times (1+1) \times (1+1) = 16$이므로

$c = 16$

∴ $a + b + c = 3 + 11 + 16 = 30$

051 답 ⑤

① $2^2 \times 13$의 약수의 개수는

$(2+1) \times (1+1) = 6$

② $2 \times 3^3 \times 7^2$의 약수의 개수는

$(1+1) \times (3+1) \times (2+1) = 24$

③ $27 = 3^3$이므로 약수의 개수는

$3+1 = 4$

④ $66 = 2 \times 3 \times 11$이므로 약수의 개수는

$(1+1) \times (1+1) \times (1+1) = 8$

⑤ $136 = 2^3 \times 17$이므로 약수의 개수는

$(3+1) \times (1+1) = 8$

따라서 옳은 것은 ⑤이다.

052 답 ④

① $2^2 \times 3^2$의 약수의 개수는

$(2+1) \times (2+1) = 9$

② $2 \times 5 \times 13$의 약수의 개수는

$(1+1) \times (1+1) \times (1+1) = 8$

③ $64 = 2^6$이므로 약수의 개수는

$6+1 = 7$

④ $84 = 2^2 \times 3 \times 7$이므로 약수의 개수는

$(2+1) \times (1+1) \times (1+1) = 12$

⑤ $98 = 2 \times 7^2$이므로 약수의 개수는

$(1+1) \times (2+1) = 6$

따라서 약수의 개수가 가장 많은 것은 ④이다.

053 답 ③

① $3^3 \times 5^3$의 약수의 개수는

$(3+1) \times (3+1) = 16$

② $2^7 \times 7$의 약수의 개수는

$(7+1) \times (1+1) = 16$

③ $96 = 2^5 \times 3$이므로 약수의 개수는

$(5+1) \times (1+1) = 12$

④ $168 = 2^3 \times 3 \times 7$이므로 약수의 개수는

$(3+1) \times (1+1) \times (1+1) = 16$

⑤ $270 = 2 \times 3^3 \times 5$이므로 약수의 개수는

$(1+1) \times (3+1) \times (1+1) = 16$

따라서 약수의 개수가 나머지 넷과 다른 하나는 ③이다.

054 답 1

$3^5 \times 7^3$의 약수는 (3^5의 약수)$\times$(7^3의 약수) 꼴이므로 $3^5 \times 7^3$의 약수 중에서 가장 큰 수는 $3^5 \times 7^3$이고, 두 번째로 큰 수는 $3^4 \times 7^3$이다.
따라서 $a=4$, $b=3$이므로
$a-b=4-3=1$

055 답 4

$360=2^3 \times 3^2 \times 5$이므로 360의 약수는
(2^3의 약수)$\times$(3^2의 약수)$\times$(5의 약수) 꼴이다.
따라서 어떤 자연수의 제곱이 되는 수는 1^2, 2^2, 3^2, $2^2 \times 3^2$의 4개이다.

056 답 5

$504=2^3 \times 3^2 \times 7$이므로 약수의 개수는
$(3+1)\times(2+1)\times(1+1)=24$ ...... ❶
$3^a \times 5 \times 7$의 약수의 개수는 504의 약수의 개수와 같으므로
$(a+1)\times(1+1)\times(1+1)=24$ ...... ❷
$4\times(a+1)=24$
$a+1=6$ ∴ $a=5$ ...... ❸

채점 기준

❶ 504의 약수의 개수 구하기	40 %
❷ $3^a \times 5 \times 7$의 약수의 개수에 대한 식 세우기	40 %
❸ a의 값 구하기	20 %

057 답 ②

① $27\times6=2\times3^4$의 약수의 개수는
  $(1+1)\times(4+1)=10$
② $27\times9=3^5$의 약수의 개수는
  $5+1=6$
③ $27\times15=3^4\times5$의 약수의 개수는
  $(4+1)\times(1+1)=10$
④ $27\times21=3^4\times7$의 약수의 개수는
  $(4+1)\times(1+1)=10$
⑤ $27\times33=3^4\times11$의 약수의 개수는
  $(4+1)\times(1+1)=10$
따라서 □ 안에 들어갈 수 없는 것은 ②이다.

058 답 ②

$A=3^5$일 때, $4\times3^5=2^2\times3^5$의 약수의 개수는
$(2+1)\times(5+1)=18$
$A=5^2\times7^2$일 때, $4\times5^2\times7^2=2^2\times5^2\times7^2$의 약수의 개수는
$(2+1)\times(2+1)\times(2+1)=27$
$A=45$일 때, $4\times45=2^2\times3^2\times5$의 약수의 개수는
$(2+1)\times(2+1)\times(1+1)=18$
$A=64$일 때, $4\times64=2^8$의 약수의 개수는
$8+1=9$
$A=105$일 때, $4\times105=2^2\times3\times5\times7$의 약수의 개수는
$(2+1)\times(1+1)\times(1+1)\times(1+1)=24$

$A=175$일 때, $4\times175=2^2\times5^2\times7$의 약수의 개수는
$(2+1)\times(2+1)\times(1+1)=18$
따라서 A의 값이 될 수 있는 것은 3^5, 45, 175의 3개이다.

059 답 4

약수가 3개인 자연수는 (소수)^2 꼴이다. ...... ❶
따라서 100 이하의 자연수 중에서 약수가 3개인 자연수는
2^2, 3^2, 5^2, 7^2의 4개이다. ...... ❷

채점 기준

❶ 약수가 3개인 자연수 파악하기	60 %
❷ 100 이하의 자연수 중에서 약수가 3개인 자연수의 개수 구하기	40 %

참고 ① 약수가 2개인 자연수 ➡ 소수
② 약수가 3개인 자연수 ➡ (소수)^2
③ 약수가 4개인 자연수
  ➡ (소수)^3 또는 서로 다른 두 소수의 곱

060 답 4

$15=14+1$ 또는 $15=5\times3$
(ⅰ) $15=14+1$인 경우
  $3^4\times$□가 3^{14}이어야 하므로
  □$=3^{10}$
(ⅱ) $15=5\times3=(4+1)\times(2+1)$인 경우
  $3^4\times$□가 $3^4\times$(3을 제외한 소수)^2 꼴이어야 하므로
  □$=2^2$, 5^2, 7^2, …
(ⅰ), (ⅱ)에서 □ 안에 들어갈 수 있는 가장 작은 자연수는
$2^2=4$

061 답 ①

$2^a\times7^b\times9=2^a\times7^b\times3^2$의 약수가 12개이므로
$(a+1)\times(b+1)\times(2+1)=12$
$3\times(a+1)\times(b+1)=12$
$(a+1)\times(b+1)=4$
이때 a, b가 자연수이므로
$a+1=2$, $b+1=2$ ∴ $a=1$, $b=1$
∴ $a+b=1+1=2$

062 답 ④

$630=2\times3^2\times5\times7$이고, 7의 배수는 반드시 7을 소인수로 갖는다.
따라서 $2\times3^2\times5\times7$의 약수 중에서 7의 배수의 개수는 $2\times3^2\times5$의 약수의 개수와 같으므로
$(1+1)\times(2+1)\times(1+1)=12$

063 답 15

$\dfrac{144}{n}$가 자연수가 되도록 하는 자연수 n은 144의 약수이다.
$144=2^4\times3^2$이고, n의 개수는 144의 약수의 개수와 같으므로
$(4+1)\times(2+1)=15$

064 답 ②

$4=3+1$ 또는 $4=2\times2$

(i) $4=3+1$인 경우

a^3(a는 소수) 꼴이어야 하므로 20 이하인 수는

2^3

(ii) $4=2\times2=(1+1)\times(1+1)$인 경우

$a\times b$(a, b는 서로 다른 소수) 꼴이어야 하므로 20 이하인 수는

2×3, 2×5, 2×7, 3×5

(i), (ii)에서 구하는 합은

$2^3+(2\times3)+(2\times5)+(2\times7)+(3\times5)=8+6+10+14+15$
$\qquad\qquad\qquad\qquad\qquad\qquad\qquad =53$

065 답 30

$8=7+1$ 또는 $8=4\times2$ 또는 $8=2\times2\times2$

(i) $8=7+1$인 경우

a^7(a는 소수) 꼴이어야 하므로

2^7, 3^7, 5^7, $\ldots$

(ii) $8=4\times2=(3+1)\times(1+1)$인 경우

$a^3\times b$(a, b는 서로 다른 소수) 꼴이어야 하므로

$2^3\times3$, $2^3\times5$, $3^3\times2$, $\ldots$

(iii) $8=2\times2\times2=(1+1)\times(1+1)\times(1+1)$인 경우

$a\times b\times c$(a, b, c는 서로 다른 소수) 꼴이어야 하므로

$2\times3\times5$, $2\times3\times7$, $2\times3\times11$, $\ldots$

(i), (ii), (iii)에서 크기가 작은 순으로 나열하면

$2^3\times3=24$, $2\times3\times5=30$, $2^3\times5=40$, $\ldots$

따라서 두 번째로 작은 수는 30이다.

066 답 25, 36, 49

약수의 개수가 홀수이려면 소인수분해 했을 때 모든 소인수의 지수가 짝수이어야 한다.

즉, (자연수)^2 꼴로 나타낼 수 있어야 하므로 ㈎를 만족시키는 자연수는

1^2, 2^2, 3^2, 4^2, $\ldots$

이 중에서 ㈏를 만족시키는 자연수는

5^2, 6^2, 7^2

따라서 구하는 수는 25, 36, 49이다.

최고수준 도전 기출 · 17쪽

067 답 32

㈎에서 두 자연수를 곱한 수의 약수가 2개이려면 약수가 1과 자기 자신뿐이어야 하므로 두 자연수 중 하나는 1이어야 한다.

이때 ㈏에서 두 자연수의 차가 30이므로 두 자연수는 1과 31이다.

따라서 구하는 두 자연수의 합은

$1+31=32$

068 답 ⑤

13^1의 일의 자리의 숫자는 3

13^2의 일의 자리의 숫자는 $3\times3=9$에서 9

13^3의 일의 자리의 숫자는 $9\times3=27$에서 7

13^4의 일의 자리의 숫자는 $7\times3=21$에서 1

13^5의 일의 자리의 숫자는 $1\times3=3$에서 3

$\qquad\qquad\vdots$

따라서 13^1, 13^2, 13^3, 13^4, $\ldots$에서 일의 자리의 숫자는 3, 9, 7, 1이 이 순서대로 반복된다.

이때 $1234=4\times308+2$이므로 13^{1234}의 일의 자리의 숫자는 13^2의 일의 자리의 숫자와 같은 9이다.

참고 자연수 a에 대하여 a, a^2, a^3, $\ldots$의 일의 자리의 숫자를 구할 때, 일의 자리의 숫자끼리만 계산하여 규칙을 찾을 수 있다.

069 답 15

전략 약수가 18개임을 이용하여 주어진 수의 꼴을 파악하고 □ 안에 들어갈 수 있는 수를 구한다.

$18=17+1$ 또는 $18=9\times2$ 또는 $18=6\times3$ 또는 $18=3\times3\times2$

(i) $18=17+1$인 경우

a^{17}(a는 소수) 꼴이어야 하므로 □ 안에 들어갈 수 있는 자연수는 없다.

(ii) $18=9\times2=(8+1)\times(1+1)$인 경우

$a^8\times b$(a, b는 서로 다른 소수) 꼴이어야 하므로 □ 안에 들어갈 수 있는 자연수는

2^6

(iii) $18=6\times3=(5+1)\times(2+1)$인 경우

$a^5\times b^2$(a, b는 서로 다른 소수) 꼴이어야 하므로 □ 안에 들어갈 수 있는 자연수는

$2^3\times3$, 3^4

(iv) $18=3\times3\times2=(2+1)\times(2+1)\times(1+1)$인 경우

$a^2\times b^2\times c$(a, b, c는 서로 다른 소수) 꼴이어야 하므로 □ 안에 들어갈 수 있는 자연수는

3×5, 3×7, 5^2, $\ldots$

(i)~(iv)에서 □ 안에 들어갈 수 있는 자연수 중 가장 작은 수는

$3\times5=15$

070 답 ③

㈎에서 A의 소인수가 3, 5이므로 A는 $3^a\times5^b$(a, b는 자연수) 꼴이다.

㈏에서 A의 약수가 12개이므로

$(a+1)\times(b+1)=12$

(i) $12=2\times6=(1+1)\times(5+1)$인 경우

$a=1$, $b=5$ 또는 $a=5$, $b=1$

$\therefore A=3\times5^5$, $3^5\times5$

(ii) $12=3\times4=(2+1)\times(3+1)$인 경우

$a=2$, $b=3$ 또는 $a=3$, $b=2$

$\therefore A=3^2\times5^3$, $3^3\times5^2$

(i), (ii)에서 자연수 A의 개수는 4이다.

071 답 ②

$$\begin{array}{r} 2^3 \times 3 \times 7 \\ 2^2 \times 3^3 \\ \hline (\text{최대공약수}) = 2^2 \times 3 \end{array}$$

072 답 ④

A, B의 공약수는 두 수의 최대공약수인 45의 약수이므로
1, 3, 5, 9, 15, 45
따라서 공약수가 아닌 것은 ④이다.

073 답 **1, 2, 4, 8, 16, 32**

두 수의 공약수는 두 수의 최대공약수인 32의 약수이므로
1, 2, 4, 8, 16, 32

074 답 ④

63과 주어진 수의 최대공약수를 각각 구하면 다음과 같다.
① 7   ② 3   ③ 9   ④ 1   ⑤ 7
따라서 63과 서로소인 것은 ④이다.

075 답 ⑤

$$\begin{array}{r} 3^2 \times 5^3 \times 7 \\ 3^3 \quad\quad \times 7^2 \\ 3^2 \times 5^2 \times 7 \\ \hline (\text{최대공약수}) = 3^2 \quad\quad \times 7 \end{array}$$

따라서 $a=2$, $b=7$이므로 $b-a=7-2=5$

076 답 **18**

$$\begin{array}{r} 54 = 2 \times 3^3 \\ 72 = 2^3 \times 3^2 \\ 126 = 2 \times 3^2 \times 7 \\ \hline (\text{최대공약수}) = 2 \times 3^2 \quad\quad = 18 \end{array}$$

077 답 ⑤

$$\begin{array}{r} 2^2 \times 3^3 \\ 2 \times 3^2 \times 5^3 \\ \hline (\text{최대공약수}) = 2 \times 3^2 \end{array}$$

두 수의 공약수는 두 수의 최대공약수인 2×3^2의 약수이다.
⑤ $2^2 \times 3$은 2×3^2의 약수가 아니므로 주어진 두 수의 공약수가 아니다.

078 답 ㄴ, ㄷ, ㅂ

$$\begin{array}{r} 2 \times 3^3 \times 5^2 \times 7 \\ 2^2 \quad\quad \times 5^3 \times 7^2 \\ \hline (\text{최대공약수}) = 2 \quad\quad \times 5^2 \times 7 \end{array}$$

두 수의 공약수는 두 수의 최대공약수인 $2 \times 5^2 \times 7$의 약수이다.
따라서 두 수의 공약수인 것은 ㄴ, ㄷ, ㅂ이다.

079 답 ②

$168 = 2^3 \times 3 \times 7$, $189 = 3^3 \times 7$이므로 세 수의 최대공약수는
$3 \times 7 = 21$
세 수의 공약수는 세 수의 최대공약수인 21의 약수이므로
1, 3, 7, 21
따라서 구하는 합은
$1 + 3 + 7 + 21 = 32$

080 답 **12**

$216 = 2^3 \times 3^3$, $504 = 2^3 \times 3^2 \times 7$, $720 = 2^4 \times 3^2 \times 5$이므로 세 수의 최대공약수는
$2^3 \times 3^2$ …… ❶
세 수의 공약수의 개수는 세 수의 최대공약수인 $2^3 \times 3^2$의 약수의 개수와 같으므로
$(3+1) \times (2+1) = 12$ …… ❷

채점 기준

❶ 세 수의 최대공약수 구하기		60 %
❷ 세 수의 공약수의 개수 구하기		40 %

081 답 ③

주어진 두 수의 최대공약수를 각각 구하면 다음과 같다.
① 7   ② 11   ③ 1   ④ 6   ⑤ 3
따라서 두 수가 서로소인 것은 ③이다.

082 답 ⑤

두 수의 공약수가 1개이면 두 수는 서로소이다.
39와 주어진 수의 최대공약수를 각각 구하면 다음과 같다.
① 1   ② 1   ③ 1   ④ 1   ⑤ 13
따라서 A의 값이 될 수 없는 것은 ⑤이다.

083 답 ①, ③

② 3과 9는 홀수이지만 최대공약수가 3이므로 서로소가 아니다.
④ 두 수가 서로소이면 두 수의 공약수는 1이다.
⑤ 3과 4의 최대공약수는 1이지만 4는 소수가 아니다.
따라서 옳은 것은 ①, ③이다.

084 답 ④

② $76 = 2^2 \times 19$이므로 소인수는 2, 19의 2개이다.
④ $54 = 2 \times 3^3$, $90 = 2 \times 3^2 \times 5$이므로 54와 90의 최대공약수는
$2 \times 3^2 = 18$이다.
⑤ $105 = 3 \times 5 \times 7$, $225 = 3^2 \times 5^2$이므로 105와 225의 최대공약수는
$3 \times 5 = 15$이다.
이때 두 수의 공약수는 두 수의 최대공약수인 15의 약수이므로
1, 3, 5, 15의 4개이다.
따라서 옳지 않은 것은 ④이다.

085 답 11

$99=3^2\times11$에서 99와 서로소인 수는 3의 배수도 아니고 11의 배수도 아닌 수이다.

이때 10보다 크고 30보다 작은 자연수 중에서

3의 배수는 12, 15, 18, 21, 24, 27의 6개

11의 배수는 11, 22의 2개

따라서 99와 서로소인 수의 개수는

$19-6-2=11$

└→ 11, 12, 13, ..., 29의 19개

086 답 20

$35\bigcirc N=1$, 즉 35와 N의 최대공약수가 1이므로 35와 N은 서로소이다.

$35=5\times7$에서 자연수 N은 5의 배수도 아니고 7의 배수도 아닌 수이다. ······ ⓘ

이때 30 이하의 자연수 중에서

5의 배수는 5, 10, 15, 20, 25, 30의 6개

7의 배수는 7, 14, 21, 28의 4개

따라서 자연수 N의 개수는

$30-6-4=20$ ······ ⓘⓘ

채점 기준	
ⓘ 자연수 N의 조건 파악하기	40 %
ⓘⓘ 자연수 N의 개수 구하기	60 %

087 답 ②

㈎, ㈐에서 약수가 2개인 수, 즉 소수이면서 20보다 작은 수는

2, 3, 5, 7, 11, 13, 17, 19

$26=2\times13$이므로 ㈏에서 26과 서로소인 수는 2의 배수도 아니고 13의 배수도 아닌 수이다.

따라서 조건을 만족시키는 자연수는

3, 5, 7, 11, 17, 19의 6개

088 답 825

두 수의 공약수는 두 수의 최대공약수인 $3^2\times5^2\times11$의 약수이다.

따라서 공약수 중 두 번째로 큰 수는

$3\times5^2\times11=825$

089 답 260

$450=2\times3^2\times5^2$, $675=3^3\times5^2$이므로 두 수의 최대공약수는

$3^2\times5^2$

두 수의 공약수는 두 수의 최대공약수인 $3^2\times5^2$의 약수이므로

$3^2\times5^2$의 약수 중에서 어떤 자연수의 제곱이 되는 수는

1^2, 3^2, 5^2, $3^2\times5^2$

따라서 구하는 합은

$1+9+25+225=260$

090 답 ③

$\dfrac{1}{98}$, $\dfrac{2}{98}$, $\dfrac{3}{98}$, ···· $\dfrac{97}{98}$, $\dfrac{98}{98}$ 중에서 분모가 98인 기약분수는 분자가 98과 서로소이어야 한다.

이때 $98=2\times7^2$이므로 98과 서로소인 수는 2의 배수도 아니고 7의 배수도 아닌 수이다.

98 이하의 자연수 중에서

2의 배수는 $98\div2=49$(개)

7의 배수는 $98\div7=14$(개)

2와 7의 공배수, 즉 14의 배수는

$98\div14=7$(개)

따라서 구하는 기약분수의 개수는

$98-49-14+7=42$

091 답 ⑤

$$\begin{array}{r} 3^2\times5\times7 \\ 84=2^2\times3\quad\times7 \\ \hline (\text{최소공배수})=2^2\times3^2\times5\times7 \end{array}$$

092 답 ④

A, B의 공배수는 A, B의 최소공배수인 16의 배수이므로

16, 32, 48, 64, 80, 96, 112, ...

따라서 공배수가 아닌 것은 ④이다.

093 답 ③

$$\begin{array}{r} 2^2\times3\times5^2 \\ 2^3\times3^2\times5^2 \\ 2^2\quad\times5 \\ \hline (\text{최대공약수})=2^2\quad\times5 \\ (\text{최소공배수})=2^3\times3^2\times5^2 \end{array}$$

094 답 ②

① $30=2\times3\times5$, $42=2\times3\times7$이므로

(최대공약수)$=2\times3=6$,

(최소공배수)$=2\times3\times5\times7=210$

∴ (최소공배수)$-$(최대공약수)$=210-6=204$

② $44=2^2\times11$, $60=2^2\times3\times5$이므로

(최대공약수)$=2^2=4$,

(최소공배수)$=2^2\times3\times5\times11=660$

∴ (최소공배수)$-$(최대공약수)$=660-4=656$

③ $45=3^2\times5$, $75=3\times5^2$이므로

(최대공약수)$=3\times5=15$,

(최소공배수)$=3^2\times5^2=225$

∴ (최소공배수)$-$(최대공약수)$=225-15=210$

④ $54=2\times3^3$, $72=2^3\times3^2$이므로

(최대공약수)$=2\times3^2=18$,

(최소공배수)$=2^3\times3^3=216$

∴ (최소공배수)$-$(최대공약수)$=216-18=198$

⑤ $90=2\times3^2\times5$, $120=2^3\times3\times5$이므로

(최대공약수)$=2\times3\times5=30$,

(최소공배수)$=2^3\times3^2\times5=360$

∴ (최소공배수)$-$(최대공약수)$=360-30=330$

따라서 최대공약수와 최소공배수의 차가 가장 큰 것은 ②이다.

095 답 ⑤

$$
\begin{array}{r}
150=2\ \times 3\ \times 5^2 \\
168=2^3\times 3\ \ \ \ \ \ \ \times 7 \\
315=\ \ \ \ \ \ \ 3^2\times 5\ \times 7 \\
\hline
(최소공배수)=2^3\times 3^2\times 5^2\times 7
\end{array}
$$

096 답 **198**

두 자연수의 공배수는 두 자연수의 최소공배수인 18의 배수이므로
18, 36, 54, …, 180, 198, 216, …
따라서 200에 가장 가까운 수는 198이다.

097 답 ②

$$
\begin{array}{r}
2\times 7^2 \\
2\times 7\ \times 11^2 \\
\hline
(최소공배수)=2\times 7^2\times 11^2
\end{array}
$$

두 수의 공배수는 두 수의 최소공배수인 $2\times 7^2\times 11^2$의 배수이다.
② $2^2\times 7\times 11^3$은 $2\times 7^2\times 11^2$의 배수가 아니므로 주어진 두 수의 공배수가 아니다.

098 답 **4**

$8=2^3$, $12=2^2\times 3$이므로 두 수의 최소공배수는
$2^3\times 3=24$ ⋯⋯ ❶
두 수의 공배수는 두 수의 최소공배수인 24의 배수이므로
24, 48, 72, 96, 120, … ⋯⋯ ❷
따라서 두 수의 공배수 중에서 두 자리의 자연수는 24, 48, 72, 96의 4개이다. ⋯⋯ ❸

채점 기준	
❶ 두 수의 최소공배수 구하기	40 %
❷ 두 수의 공배수 구하기	30 %
❸ 두 수의 공배수 중에서 두 자리의 자연수의 개수 구하기	30 %

099 답 ②

$18=2\times 3^2$, $30=2\times 3\times 5$, $36=2^2\times 3^2$이므로 세 수의 최소공배수는
$2^2\times 3^2\times 5=180$
세 수의 공배수는 세 수의 최소공배수인 180의 배수이므로
180, 360, 540, 720, 900, 1080, …
따라서 세 수의 공배수 중에서 1000 이하인 수는 180, 360, 540, 720, 900의 5개이다.

100 답 ③

ㄱ. 두 수의 최대공약수는
$2^2\times 3=12$
ㄴ. $45=3^2\times 5$, $189=3^3\times 7$이므로 두 수의 최대공약수는
$3^2=9$
두 수의 공약수는 두 수의 최대공약수인 9의 약수이므로 1, 3, 9의 3개이다.
ㄷ. $16=2^4$, $32=2^5$, $36=2^2\times 3^2$이므로 세 수의 최소공배수는
$2^5\times 3^2=288$

ㄹ. 세 수의 공배수는 세 수의 최소공배수의 배수이므로 개수를 구할 수 없다.
따라서 옳은 것은 ㄴ, ㄷ이다.

101 답 **63**

㈎에서 3과 7의 최소공배수는 21이므로 x는 21의 배수이다.
㈏에서 $126=2\times 3^2\times 7$, $315=3^2\times 5\times 7$의 최대공약수는
$3^2\times 7=63$이므로 x는 63의 약수이다.
따라서 x는 21의 배수이면서 63의 약수이므로
$x=21$ 또는 $x=63$
$21=3\times 7$에서 약수의 개수는 $(1+1)\times(1+1)=4$
$63=3^2\times 7$에서 약수의 개수는 $(2+1)\times(1+1)=6$
이때 ㈐를 만족시켜야 하므로 $x=63$

> 참고 21의 배수는 21, 42, 63, …
> 63의 약수는 1, 3, 7, 9, 21, 63

102 답 ③

최대공약수에서 소인수 3의 지수 a, 3 중 작은 것이 2이므로 $a=2$
최대공약수에서 소인수 7의 지수 4, b 중 작은 것이 3이므로 $b=3$
∴ $a+b=2+3=5$

103 답 **3**

$1800=2^3\times 3^2\times 5^2$ ⋯⋯ ❶
최소공배수에서 소인수 2의 지수 2, b, 2 중 큰 것이 3이므로 $b=3$
최소공배수에서 소인수 3의 지수 a, 1 중 큰 것이 2이므로 $a=2$
최소공배수에서 소인수 5의 지수 1, c 중 큰 것이 2이므로 $c=2$ ⋯⋯ ❷
∴ $a+b-c=2+3-2=3$ ⋯⋯ ❸

채점 기준	
❶ 1800을 소인수분해 하기	30 %
❷ a, b, c의 값 구하기	60 %
❸ $a+b-c$의 값 구하기	10 %

104 답 ④

최대공약수에서 소인수 3의 지수 a, 4 중 작은 것이 3이므로 $a=3$
최소공배수에서 소인수 2의 지수가 2이므로 $c=2$
최소공배수에서 소인수 5의 지수 b, 2 중 큰 것이 3이므로 $b=3$
∴ $a+b+c=3+3+2=8$

105 답 ②

$30=2\times 3\times 5$, $600=2^3\times 3\times 5^2$
최대공약수에서 소인수 5의 지수 b, 2 중 작은 것이 1이므로 $b=1$
최소공배수에서 소인수 2의 지수 a, 1 중 큰 것이 3이므로 $a=3$
최소공배수에서 소인수 3의 지수가 1이므로 $c=1$
∴ $a\times b\times c=3\times 1\times 1=3$

106 답 **8**

$84=2^2\times 3\times 7$
최대공약수에서 소인수 2의 지수 a, 5, 5 중 작은 것이 2이므로 $a=2$

최소공배수에서 소인수 3의 지수 1, 3, 2 중 큰 것이 3이므로 $c=3$
최대공약수에서 7이 공통인 소인수이고 최소공배수에서 7의 지수가 1이므로 $b=7$
$\therefore b+c-a=7+3-2=8$

107 답 ③, ⑤

최대공약수가 $36=2^2 \times 3^2$이므로 $a=3^2 \times k$ (k는 5와 서로소) 꼴이다.
① $18=3^2 \times 2$　　② $27=3^2 \times 3$　　③ $45=3^2 \times 5$
④ $63=3^2 \times 7$　　⑤ $90=3^2 \times 10$
따라서 a의 값이 될 수 없는 것은 ③, ⑤이다.

108 답 6

112, N의 최대공약수가 16이고 $112=16 \times 7$이므로
$N=16 \times k$ (k는 7과 서로소) 꼴이다.　　　　…… ❶
즉, $k=1, 2, 3, 4, 5, 6, 8, \ldots$이므로
$N=16, 32, 48, 64, 80, 96, 128, \ldots$　　　　…… ❷
따라서 100 미만의 자연수 N은 16, 32, 48, 64, 80, 96의 6개이다.　　　　…… ❸

채점 기준	
❶ N의 조건 파악하기	50 %
❷ N의 값 구하기	30 %
❸ 100 미만의 자연수 N의 개수 구하기	20 %

109 답 ④

A, $50=2 \times 5^2$의 최소공배수가 $2 \times 3 \times 5^3$이므로 A는 3×5^3의 배수이고 $2 \times 3 \times 5^3$의 약수이어야 한다.
따라서 구하는 가장 작은 수는
$3 \times 5^3 = 375$

110 답 ③

N, $24=2^3 \times 3$, $2^2 \times 3^4$의 최소공배수가 $2^4 \times 3^4$이므로 N은 2^4의 배수이고 $2^4 \times 3^4$의 약수이어야 한다.
① $80=2^4 \times 5$　　② $96=2^5 \times 3$　　③ $144=2^4 \times 3^2$
④ $162=2 \times 3^4$　　⑤ $216=2^3 \times 3^3$
따라서 N의 값이 될 수 있는 것은 ③이다.
참고 ①, ②는 $2^4 \times 3^4$의 약수가 아니고, ④, ⑤는 2^4의 배수가 아니다.

111 답 5, 840

$280=2^3 \times 5 \times 7$, $2^2 \times 3 \times \square$의 최대공약수가 $20=2^2 \times 5$이므로
$\square = 5 \times k$ (k는 2, 7과 각각 서로소) 꼴이다.
따라서 $\square$ 안에 들어갈 수 있는 가장 작은 자연수는 5이고, 이때 두 수 $2^3 \times 5 \times 7$, $2^2 \times 3 \times 5$의 최소공배수는
$2^3 \times 3 \times 5 \times 7 = 840$

112 답 ②

$4 \times a=2^2 \times a$, $6 \times a=2 \times 3 \times a$, $9 \times a=3^2 \times a$의 최소공배수는
$2^2 \times 3^2 \times a$이므로
$2^2 \times 3^2 \times a=108$　　$\therefore a=3$

113 답 ③

$3 \times a$, $9 \times a=3^2 \times a$, $15 \times a=3 \times 5 \times a$의 최소공배수는 $3^2 \times 5 \times a$이므로
$3^2 \times 5 \times a=270$　　$\therefore a=6$
따라서 세 수의 최대공약수는
$3 \times a=3 \times 6=18$

114 답 24

두 자연수를 $3 \times k$, $7 \times k$ (k는 자연수)라 하면 두 수의 최소공배수는 $3 \times 7 \times k$이므로
$3 \times 7 \times k=126$　　$\therefore k=6$
따라서 두 자연수는 $3 \times 6=18$, $7 \times 6=42$이므로 구하는 차는
$42-18=24$

115 답 ③

32, N의 최대공약수가 8이고 $32=8 \times 4$이므로
$N=8 \times k$ (k는 4와 서로소) 꼴이다.
두 수의 최소공배수가 288이므로
$8 \times 4 \times k=288$　　$\therefore k=9$
$\therefore N=8 \times 9=72$

다른 풀이
(두 자연수의 곱)=(최대공약수)×(최소공배수)이므로
$32 \times N=8 \times 288$　　$\therefore N=72$

116 답 ③

$2^4 \times 5 \times 7$, A의 최대공약수가 $2^3 \times 5$이므로
$A=2^3 \times 5 \times k$ (k는 2, 7과 각각 서로소) 꼴이다.
두 수의 최소공배수가 $2^4 \times 3^2 \times 5 \times 7$이므로
$2^4 \times 5 \times 7 \times k=2^4 \times 3^2 \times 5 \times 7$　　$\therefore k=9$
$\therefore A=2^3 \times 5 \times 9=360$

117 답 70

A, B의 최대공약수가 7이므로
$A=7 \times a$, $B=7 \times b$ (a, b는 서로소)라 하자.
두 수의 곱이 490이므로
$7 \times a \times 7 \times b=490$　　$\therefore a \times b=10$
따라서 두 수의 최소공배수는
$7 \times a \times b=7 \times 10=70$

118 답 81

A, B의 최대공약수가 9이므로
$A=9 \times a$, $B=9 \times b$ (a, b는 서로소, $a<b$)라 하자.　　…… ❶
두 수의 최소공배수가 72이므로
$9 \times a \times b=72$　　$\therefore a \times b=8$
이때 a, b는 서로소이고 $a<b$이므로
$a=1$, $b=8$
따라서 $A=9 \times 1=9$, $B=9 \times 8=72$이므로　　…… ❷
$A+B=9+72=81$　　　　…… ❸

참고 $a=2$, $b=4$인 경우는 a, b가 서로소가 아니므로 조건을 만족시키지 않는다.

119 답 ②

A, $27=3^3$, $99=3^2 \times 11$의 최소공배수가 $3^3 \times 5 \times 11^2$이므로 A는 5×11^2의 배수이고 $3^3 \times 5 \times 11^2$의 약수이어야 한다.

따라서 A의 값이 될 수 있는 수는 5×11^2, $3 \times 5 \times 11^2$, $3^2 \times 5 \times 11^2$, $3^3 \times 5 \times 11^2$의 4개이다.

120 답 ⑤

45, 75, N의 최대공약수가 15이므로 $N=15 \times k$ (k는 자연수)라 하자.

$45=15 \times 3$, $75=15 \times 5$이고 최소공배수가 $450=15 \times 2 \times 3 \times 5$이므로 k는 2의 배수이고 $2 \times 3 \times 5$의 약수이어야 한다.

$\therefore k=2$, 2×3, 2×5, $2 \times 3 \times 5$

즉, N의 값은

$15 \times 2=30$, $15 \times 2 \times 3=90$, $15 \times 2 \times 5=150$, $15 \times 2 \times 3 \times 5=450$

따라서 구하는 합은

$30+90+150+450=720$

121 답 ①

두 수의 최대공약수가 2이므로 두 수를 $2 \times a$, $2 \times b$ (a, b는 서로소, $a<b$)라 하자.

두 수의 최소공배수가 66이므로

$2 \times a \times b=66$ $\therefore a \times b=33$

이때 a, b는 서로소이고 $a<b$이므로

$a=1$, $b=33$ 또는 $a=3$, $b=11$

(i) $a=1$, $b=33$일 때,

두 수는 $2 \times 1=2$, $2 \times 33=66$이므로 두 수의 차는

$66-2=64$

(ii) $a=3$, $b=11$

두 수는 $2 \times 3=6$, $2 \times 11=22$이므로 두 수의 차는

$22-6=16$

(i), (ii)에서 조건을 만족시키는 두 수는 6, 22이므로 구하는 합은

$6+22=28$

122 답 12

A, B의 최대공약수가 6이므로

$A=6 \times a$, $B=6 \times b$ (a, b는 서로소, $a<b$)라 하자.

두 수의 곱이 540이므로

$6 \times a \times 6 \times b=540$ $\therefore a \times b=15$

이때 a, b는 서로소이고 $a<b$이므로

$a=1$, $b=15$ 또는 $a=3$, $b=5$

(i) $a=1$, $b=15$일 때,

$A=6 \times 1=6$, $B=6 \times 15=90$

(ii) $a=3$, $b=5$일 때,

$A=6 \times 3=18$, $B=6 \times 5=30$

그런데 A, B는 두 자리의 자연수이므로 (i), (ii)에서

$A=18$, $B=30$

$\therefore B-A=30-18=12$

123 답 ④

n은 30과 75의 공약수이다.

이때 30과 75의 최대공약수는

$3 \times 5=15$이므로

$n=1$, 3, 5, 15

$$30=2 \times 3 \times 5$$
$$75=\quad 3 \times 5^2$$
$$\text{(최대공약수)}=\quad 3 \times 5$$

따라서 자연수 n의 값이 아닌 것은 ④이다.

124 답 16

32와 48을 모두 나누어떨어지게 하는 자연수는 두 수의 공약수이고, 구하는 가장 큰 자연수는 두 수의 최대공약수이므로

$2^4=16$

$$32=2^5$$
$$48=2^4 \times 3$$
$$\text{(최대공약수)}=2^4$$

125 답 ③

곱했을 때 자연수가 되도록 하는 수는 14와 21의 공배수이다.

이때 14와 21의 최소공배수는

$2 \times 3 \times 7=42$

따라서 150 이하의 자연수 중에서 42의 배수는 42, 84, 126의 3개이다.

$$14=2 \quad \times 7$$
$$21=\quad 3 \times 7$$
$$\text{(최소공배수)}=2 \times 3 \times 7$$

126 답 975

⑺에서 x는 15, 65로 모두 나누어떨어지므로 x는 15와 65의 공배수이다.

이때 15와 65의 최소공배수는

$3 \times 5 \times 13=195$

따라서 x는 195의 배수이고

$195 \times 5=975$, $195 \times 6=1170$

이므로 가장 큰 세 자리의 자연수는 975이다.

$$15=3 \quad 5$$
$$65=\quad 5 \times 13$$
$$\text{(최소공배수)}=3 \times 5 \times 13$$

127 답 ②

n은 45, 63, 108의 공약수이다.

이때 45, 63, 108의 최대공약수는

$3^2=9$

따라서 자연수 n은 1, 3, 9의 3개이다.

$$45=\quad 3^2 \times 5$$
$$63=\quad 3^2 \quad \times 7$$
$$108=2^2 \times 3^3$$
$$\text{(최대공약수)}=\quad 3^2$$

128 답 ⑤

곱했을 때 자연수가 되도록 하는 수는 12, 18, 54의 공배수이다.

이때 12, 18, 54의 최소공배수는

$2^2 \times 3^3$

따라서 $2^2 \times 3^3$의 배수인 것은 ⑤이다.

$$12=2^2 \times 3$$
$$18=2 \times 3^2$$
$$54=2 \times 3^3$$
$$\text{(최소공배수)}=2^2 \times 3^3$$

129 답 174

a는 12와 90의 공배수이므로 A는 두
수의 최소공배수이다.

$\therefore A=2^2\times3^2\times5=180$ …… ❶

b는 12와 90의 약수이므로 B는 두
수의 최대공약수이다.

$\therefore B=2\times3=6$ …… ❷

$\therefore A-B=180-6=174$ …… ❸

$$12=2^2\times3$$
$$90=2\times3^2\times5$$
$$\overline{(\text{최소공배수})=2^2\times3^2\times5}$$
$$(\text{최대공약수})=2\ \times3$$

채점 기준

❶ A의 값 구하기	40 %
❷ B의 값 구하기	40 %
❸ $A-B$의 값 구하기	20 %

130 답 ④

a는 6과 8의 최소공배수이므로
$a=2^3\times3=24$

$$6=2\ \times3$$
$$8=2^3$$
$$\overline{(\text{최소공배수})=2^3\times3}$$

b는 35와 21의 최대공약수이므로
$b=7$

$\therefore a-b=24-7=17$

$$35=\ \ \ \ 5\times7$$
$$21=3\ \ \ \times7$$
$$\overline{(\text{최대공약수})=\ \ \ \ \ \ 7}$$

131 답 ②

8로 나누면 3이 남는다. ➡ (8의 배수)+3 …… ㉠
12로 나누면 3이 남는다. ➡ (12의 배수)+3 …… ㉡
20으로 나누면 3이 남는다. ➡ (20의 배수)+3 …… ㉢

㉠, ㉡, ㉢을 모두 만족시키는 수는
(8, 12, 20의 공배수)+3
이때 8, 12, 20의 최소공배수는
$2^3\times3\times5=120$
이므로 세 수의 공배수는
120, 240, 360, 480, …

$$8=2^3$$
$$12=2^2\times3$$
$$20=2^2\ \ \ \ \times5$$
$$\overline{(\text{최소공배수})=2^3\times3\times5}$$

따라서 400에 가장 가까운 수는 360이므로 구하는 수는
$360+3=363$

132 답 71

4로 나누어떨어지려면 1이 부족하다.
➡ (4의 배수)−1 …… ㉠
6으로 나누어떨어지려면 1이 부족하다.
➡ (6의 배수)−1 …… ㉡
9로 나누어떨어지려면 1이 부족하다.
➡ (9의 배수)−1 …… ㉢

㉠, ㉡, ㉢을 모두 만족시키는 수는
(4, 6, 9의 공배수)−1
이때 4, 6, 9의 최소공배수는
$2^2\times3^2=36$
이므로 세 수의 공배수는
36, 72, 108, …

$$4=2^2$$
$$6=2\times3$$
$$9=\ \ \ \ \ 3^2$$
$$\overline{(\text{최소공배수})=2^2\times3^2}$$

따라서 가장 큰 두 자리의 자연수는 72이므로 구하는 수는
$72-1=71$

133 답 11

어떤 자연수로
145를 나누면 2가 남는다.
➡ (145−2)를 나누면 나누어떨어진다.
170을 나누면 나누어떨어지기에 6이 부족하다.
➡ (170+6)을 나누면 나누어떨어진다.
따라서 어떤 자연수는 143과 176의
공약수이고 구하는 가장 큰 자연수
는 143과 176의 최대공약수이므로
11이다.

$$143=\ \ \ \ 11\times13$$
$$176=2^4\times11$$
$$\overline{(\text{최대공약수})=\ \ \ \ 11}$$

134 답 ③

어떤 자연수로
43을 나누면 1이 남는다.
➡ (43−1)을 나누면 나누어떨어진다.
58을 나누면 2가 남는다.
➡ (58−2)를 나누면 나누어떨어진다.
115를 나누면 3이 남는다.
➡ (115−3)을 나누면 나누어떨어진다.
따라서 어떤 자연수는 42, 56, 112의
공약수이고 세 수의 최대공약수는
$2\times7=14$
조건을 모두 만족시키는 수는 14의
약수이면서 3보다 큰 수이므로
7, 14
따라서 구하는 합은
$7+14=21$

$$42=2\times3\times7$$
$$56=2^3\ \ \ \ \times7$$
$$112=2^4\ \ \ \ \times7$$
$$\overline{(\text{최대공약수})=2\ \ \ \ \times7}$$

└─ 어떤 자연수로 나누었을 때 나머지가 1, 2, 3이므로 이 자연수는 3보다 크다.

135 답 28

84와 140을 모두 나누어떨어지게
하는 자연수는 두 수의 공약수이
고, 그 몫이 서로소가 되게 하는
수는 두 수의 최대공약수이므로
$2^2\times7=28$

$$84=2^2\times3\ \ \ \ \times7$$
$$140=2^2\ \ \ \ \times5\times7$$
$$\overline{(\text{최대공약수})=2^2\ \ \ \ \times7}$$

136 답 $\dfrac{45}{4}$

$3\dfrac{1}{5}=\dfrac{16}{5},\ 2\dfrac{2}{9}=\dfrac{20}{9}$

구하는 기약분수를 $\dfrac{a}{b}$라 하면

a는 5, 15, 9의 최소공배수이므로
$a=3^2\times5=45$ …… ❶

$$5=\ \ \ \ \ \ \ 5$$
$$15=3\times5$$
$$9=3^2$$
$$\overline{(\text{최소공배수})=3^2\times5}$$

b는 16, 4, 20의 최대공약수이므로
$b=2^2=4$ …… ❷

따라서 구하는 기약분수는
$\dfrac{a}{b}=\dfrac{45}{4}$ …… ❸

$$16=2^4$$
$$4=2^2$$
$$20=2^2\times5$$
$$\overline{(\text{최대공약수})=2^2}$$

❶ 기약분수의 분자 구하기		40 %
❷ 기약분수의 분모 구하기		40 %
❸ 기약분수 구하기		20 %

137 답 ①

(개), (내), (대)에서 나누어떨어지려면 모두 2씩 부족하므로 조건을 만족시키는 자연수는

(6, 9, 12의 공배수)-2

이때 6, 9, 12의 최소공배수는

$2^2 \times 3^2 = 36$

이므로 구하는 가장 작은 자연수는

$36 - 2 = 34$

$$\begin{array}{r} 6 = 2 \times 3 \\ 9 = \quad 3^2 \\ 12 = 2^2 \times 3 \\ \hline (최소공배수) = 2^2 \times 3^2 \end{array}$$

최고수준 도전 기출   31쪽

138 답 ②

(개), (내)에서 $12 = 6 \times 2$, $45 = 9 \times 5$이므로

$n = 6 \times a$ (a는 2와 서로소), $n = 9 \times b$ (b는 5와 서로소)

라 하면 n은 6과 9의 공배수이다.

이때 6과 9의 최소공배수는

$2 \times 3^2 = 18$

$\therefore n = 18 \times k$ (k는 2, 5와 각각 서로소)

$$\begin{array}{r} 6 = 2 \times 3 \\ 9 = \quad 3^2 \\ \hline (최소공배수) = 2 \times 3^2 \end{array}$$

따라서 n은 18×1, 18×3, 18×7, …이므로 두 자리의 자연수 n은 18, 54의 2개이다.

139 답 5

$270 = 2 \times 3^3 \times 5$

최소공배수에서 소인수 2의 지수 2, 1, a 중 큰 것이 4이므로 $a = 4$

최소공배수에서 소인수 5의 지수가 1이므로 $c = 1$

최소공배수에서 소인수 3의 지수 3, 3, b 중 큰 것이 3이므로

$b = 1$ 또는 $b = 2$ 또는 $b = 3$

(i) $b = 1$일 때,

최대공약수는 2×3이므로 공약수의 개수는

$(1+1) \times (1+1) = 4$

(ii) $b = 2$일 때,

최대공약수는 2×3^2이므로 공약수의 개수는

$(1+1) \times (2+1) = 6$

(iii) $b = 3$일 때,

최대공약수는 2×3^3이므로 공약수의 개수는

$(1+1) \times (3+1) = 8$

(i), (ii), (iii)에서 공약수가 6개인 것은 $b = 2$

$\therefore a + b - c = 4 + 2 - 1 = 5$

140 답 ③

$A = G \times a$, $B = G \times b$ (a, b는 서로소, $a < b$)라 하면

$L = G \times a \times b$

이때 $\dfrac{L}{G} = 10$이므로 $\dfrac{G \times a \times b}{G} = 10$ $\therefore a \times b = 10$

a, b는 서로소이므로

$a = 1$, $b = 10$ 또는 $a = 2$, $b = 5$

(i) $a = 1$, $b = 10$일 때,

A, B는 20 이하의 자연수이므로

$A = 1$, $B = 10$ 또는 $A = 2$, $B = 20$

(ii) $a = 2$, $b = 5$일 때,

A, B는 20 이하의 자연수이므로

$A = 2$, $B = 5$ 또는 $A = 4$, $B = 10$

또는 $A = 6$, $B = 15$ 또는 $A = 8$, $B = 20$

(i), (ii)에서 $A + B = 21$인 경우는 $A = 6$, $B = 15$

$\therefore B - A = 15 - 6 = 9$

141 답 555

전략 A, B의 최대공약수와 최소공배수를 이용하여 A, B의 꼴을 파악하고 소인수의 개수와 약수의 개수를 이용하여 A, B의 값을 구한다.

(대)에서 A, B의 최대공약수가 3×5이므로

$A = 3 \times 5 \times a$, $B = 3 \times 5 \times b$ (a, b는 서로소)라 하자.

(래)에서 A, B의 최소공배수는 $2^2 \times 3^2 \times 5^3$이므로

$3 \times 5 \times a \times b = 2^2 \times 3^2 \times 5^3$

$\therefore a \times b = 2^2 \times 3 \times 5^2$

(개)에서 A의 소인수는 2개, B의 소인수는 3개이고 a, b는 서로소이므로

$a = 1$, $b = 2^2 \times 3 \times 5^2$ 또는 $a = 3$, $b = 2^2 \times 5^2$

또는 $a = 5^2$, $b = 2^2 \times 3$ 또는 $a = 3 \times 5^2$, $b = 2^2$

(i) $a = 1$, $b = 2^2 \times 3 \times 5^2$일 때,

$A = 3 \times 5$이므로 약수의 개수는

$(1+1) \times (1+1) = 4$

$B = 2^2 \times 3^2 \times 5^3$이므로 약수의 개수는

$(2+1) \times (2+1) \times (3+1) = 36$

(ii) $a = 3$, $b = 2^2 \times 5^2$일 때,

$A = 3^2 \times 5$이므로 약수의 개수는

$(2+1) \times (1+1) = 6$

$B = 2^2 \times 3 \times 5^3$이므로 약수의 개수는

$(2+1) \times (1+1) \times (3+1) = 24$

(iii) $a = 5^2$, $b = 2^2 \times 3$일 때,

$A = 3 \times 5^3$이므로 약수의 개수는

$(1+1) \times (3+1) = 8$

$B = 2^2 \times 3^2 \times 5$이므로 약수의 개수는

$(2+1) \times (2+1) \times (1+1) = 18$

(iv) $a = 3 \times 5^2$, $b = 2^2$일 때,

$A = 3^2 \times 5^3$이므로 약수의 개수는

$(2+1) \times (3+1) = 12$

$B = 2^2 \times 3 \times 5$이므로 약수의 개수는

$(2+1) \times (1+1) \times (1+1) = 12$

(i)~(iv)에서 (내)를 만족시키는 경우는

$A = 3 \times 5^3 = 375$, $B = 2^2 \times 3^2 \times 5 = 180$

$\therefore A + B = 375 + 180 = 555$

03 정수와 유리수

난이도별 **필수 기출** 34~44쪽

142 답 ③

① 지하 2층 ➡ −2층
② 3점 실점 ➡ −3점
④ 5000원 이익 ➡ +5000원
⑤ 해발 600 m ➡ +600 m
따라서 옳은 것은 ③이다.

143 답 ②

② 영상 30℃ ➡ +30℃

144 답 ③

① 5 cm 컸다. ➡ +5 cm
② 24점 득점 ➡ +24점
③ 150명 감소 ➡ −150명
④ 20000원 입금 ➡ +20000원
⑤ 500원 올랐다. ➡ +500원
따라서 부호가 나머지 넷과 다른 하나는 ③이다.

145 답 3

정수는 3, 0, $-\dfrac{12}{3}=-4$의 3개이다.

146 답 ④

② $\dfrac{8}{2}=4$이므로 정수이다.

③ $-\dfrac{15}{5}=-3$이므로 정수이다.

따라서 정수가 아닌 유리수는 ④이다.

147 답 ②, ⑤

자연수가 아닌 정수는 0 또는 음의 정수이다.
① 양의 정수, 즉 자연수이다.
③, ④ 정수가 아니다.
따라서 자연수가 아닌 정수는 ②, ⑤이다.

148 답 ②

□ 안에 들어갈 수 있는 수는 정수가 아닌 유리수이다.

① $-\dfrac{10}{2}=$ 5이므로 음의 정수이다.

③ $\dfrac{18}{3}=6$이므로 양의 정수이다.

④ −12는 음의 정수이다.
⑤ 33은 양의 정수이다.
따라서 □ 안에 들어갈 수 있는 수는 ②이다.

149 답 5

자연수는 160의 1개이므로 $a=1$ ⋯⋯ **i**

음의 정수는 -2, $-\dfrac{21}{3}=-7$의 2개이므로

$b=2$ ⋯⋯ **ii**

양의 유리수는 $\dfrac{9}{2}$, 1.23, 160, $\dfrac{22}{4}=\dfrac{11}{2}$의 4개이므로

$c=4$ ⋯⋯ **iii**

$\therefore b+c-a=2+4-1=5$ ⋯⋯ **iv**

채점 기준	
i a의 값 구하기	30 %
ii b의 값 구하기	30 %
iii c의 값 구하기	30 %
iv $b+c-a$의 값 구하기	10 %

150 답 ④

① 양수는 9, $\dfrac{32}{8}$, $\dfrac{5}{6}$의 3개이다.

② 정수는 0, 9, $\dfrac{32}{8}=4$, -5의 4개이다.

③ 유리수는 -2.8, 0, 9, $\dfrac{32}{8}$, -5, $\dfrac{5}{6}$의 6개이다.

④ 음의 유리수는 -2.8, -5의 2개이다.

⑤ 정수가 아닌 유리수는 -2.8, $\dfrac{5}{6}$의 2개이다.

따라서 옳은 것은 ④이다.

151 답 ③, ④

③ 0은 정수이면서 유리수이다.
④ 유리수는 양의 유리수, 0, 음의 유리수로 이루어져 있다.

152 답 ㄱ, ㄷ, ㅁ

ㄴ. 0과 1 사이에는 무수히 많은 유리수가 있다.
ㄹ. 정수 중 음의 정수가 아닌 수는 0 또는 양의 정수이다.
따라서 옳은 것은 ㄱ, ㄷ, ㅁ이다.

153 답 15

$-\dfrac{13}{3}$은 정수가 아닌 유리수이므로 $\left\langle-\dfrac{13}{3}\right\rangle=4$

$\dfrac{14}{2}=7$은 자연수이므로 $\left\langle\dfrac{14}{2}\right\rangle=2$

-5는 자연수가 아닌 정수이므로 $\langle-5\rangle=3$ ⋯⋯ **i**

$\therefore \left\langle-\dfrac{13}{3}\right\rangle+\left\langle\dfrac{14}{2}\right\rangle+\langle-5\rangle^2=4+2+3^2=15$ ⋯⋯ **ii**

채점 기준	
i $\left\langle-\dfrac{13}{3}\right\rangle$, $\left\langle\dfrac{14}{2}\right\rangle$, $\langle-5\rangle$의 값 구하기	60 %
ii $\left\langle-\dfrac{13}{3}\right\rangle+\left\langle\dfrac{14}{2}\right\rangle+\langle-5\rangle^2$의 값 구하기	40 %

154 답 8

(i) 분모가 5일 때,

$\dfrac{10}{5}=2$, $\dfrac{15}{5}=3$, $\dfrac{20}{5}=4$이므로 새로운 수는 모두 정수이다.

(ii) 분모가 10일 때,

$\frac{5}{10}=\frac{1}{2}$, $\frac{15}{10}=\frac{3}{2}$, $\frac{20}{10}=2$이므로 새로운 수 중 정수가 아닌

유리수는 $\frac{5}{10}$, $\frac{15}{10}$이다.

(iii) 분모가 15일 때,

$\frac{5}{15}=\frac{1}{3}$, $\frac{10}{15}=\frac{2}{3}$, $\frac{20}{15}=\frac{4}{3}$이므로 새로운 수는 모두 정수가

아닌 유리수이다.

(iv) 분모가 20일 때,

$\frac{5}{20}=\frac{1}{4}$, $\frac{10}{20}=\frac{1}{2}$, $\frac{15}{20}=\frac{3}{4}$이므로 새로운 수는 모두 정수가

아닌 유리수이다.

(i)~(iv)에서 구하는 정수가 아닌 유리수의 개수는

$2+3+3=8$

155 답 ④

④ D: $\frac{5}{2}$

156 답 -2, 4

1에 대응하는 점으로부터 거리가 3인 두 점에 대응하는 수는 다음
그림과 같이 -2, 4이다.

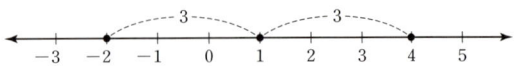

157 답 -3

$-\frac{8}{4}=-2$이므로 각각의 수에 대응하는 점을 수직선 위에 나타내
면 다음 그림과 같다.

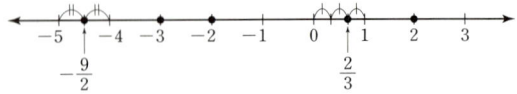

따라서 왼쪽에서 두 번째에 있는 점에 대응하는 수는 -3이다.

158 답 ②, ③

5개의 점 A, B, C, D, E에 대응하는 수는 다음과 같다.

A: $-\frac{7}{3}$, B: -1, C: $\frac{1}{2}$, D: $\frac{5}{4}$, E: 2

③ 정수는 -1, 2의 2개이다.

④ 유리수는 $-\frac{7}{3}$, -1, $\frac{1}{2}$, $\frac{5}{4}$, 2의 5개이다.

⑤ 양수는 $\frac{1}{2}$, $\frac{5}{4}$, 2의 3개이다.

따라서 옳은 것은 ②, ③이다.

159 답 $a=-2$, $b=3$

$-\frac{7}{4}$과 $\frac{10}{3}$에 대응하는 점을 각각 수직선 위에 나타내면 다음 그
림과 같다.

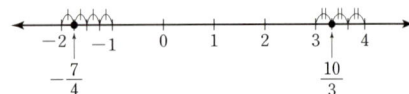

따라서 $-\frac{7}{4}$에 가장 가까운 정수는 -2, $\frac{10}{3}$에 가장 가까운 정수
는 3이므로

$a=-2$, $b=3$

160 답 -2

두 수 -7, 3에 대응하는 두 점 사이의 거리가 10이므로 두 점으로
부터 거리가 $\frac{10}{2}=5$인 점에 대응하는 수는 다음 그림과 같이 -2
이다.

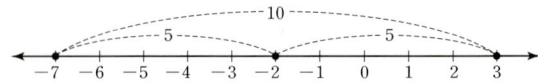

161 답 $a=-7$, $b=1$

두 수 a, b에 대응하는 두 점 사이의 거리가 8이므로 -3에 대응
하는 점으로부터 거리가 $\frac{8}{2}=4$인 두 점에 대응하는 수는 다음 그
림과 같이 -7, 1이다.

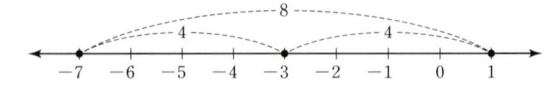

이때 $a<0$이므로 $a=-7$, $b=1$

162 답 -5

두 점 A, B 사이의 거리가 6이므로 두 점 A, B로부터 거리가
$\frac{6}{2}=3$인 점 M에 대응하는 수는 다음 그림과 같이 -9이다.

······ ❶

두 점 B, C 사이의 거리가 10이므로 두 점 B, C로부터 거리가
$\frac{10}{2}=5$인 점 N에 대응하는 수는 다음 그림과 같이 -1이다.

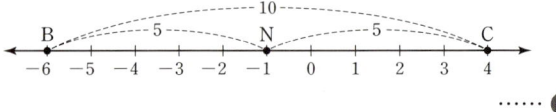
······ ❷

두 점 M, N 사이의 거리가 8이므로 두 점 M, N으로부터 거리가
$\frac{8}{2}=4$인 점에 대응하는 수는 다음 그림과 같이 -5이다.

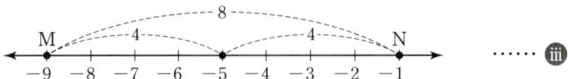
······ ❸

채점 기준

❶ 점 M에 대응하는 수 구하기		30 %
❷ 점 N에 대응하는 수 구하기		30 %
❸ 두 점 M, N으로부터 같은 거리에 있는 점에 대응하는 수 구하기		40 %

163 답 $x=-4$, $y=8$

두 점 A, C 사이의 거리가 12이므로 두 점 A, C로부터 거리가
$\frac{12}{2}=6$인 점 B에 대응하는 수는 다음 그림과 같이 -4이다.

∴ $x=-4$

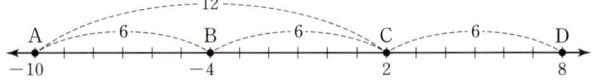

또 두 점 B, C 사이의 거리가 6이므로 점 C에서 오른쪽으로 6만
큼 떨어진 점 D에 대응하는 수는 위의 그림과 같이 8이다.

∴ $y=8$

164 답 ③

두 수 5, 8에 대응하는 두 점 사이의 거리가 3이므로 5에 대응하는 점에서 왼쪽으로 3만큼 떨어진 점에 대응하는 수는 다음 그림과 같이 2이다. $\quad \therefore b=2$

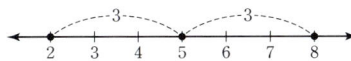

2에 대응하는 점으로부터 거리가 10인 두 점에 대응하는 수는 다음 그림과 같이 -8, 12이다.

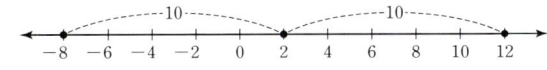

이때 $a<0$이므로 $a=-8$

165 답 $+8$, -8

166 답 $a=\dfrac{4}{3}$, $b=-2.8$

절댓값이 $\dfrac{4}{3}$인 수는 $\dfrac{4}{3}$, $-\dfrac{4}{3}$이므로 $a=\dfrac{4}{3}$

절댓값이 2.8인 수는 2.8, -2.8이므로 $b=-2.8$

167 답 6

$-\dfrac{8}{3}$과 $\dfrac{11}{4}$에 대응하는 점을 각각 수직선 위에 나타내면 다음 그림과 같다.

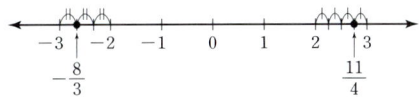

따라서 $-\dfrac{8}{3}$에 가장 가까운 정수는 -3, $\dfrac{11}{4}$에 가장 가까운 정수는 3이므로

$a=-3$, $b=3$

$\therefore |a|+|b|=|-3|+|3|=3+3=6$

168 답 ②, ③

② 절댓값은 0 또는 양수이다.

③ 절댓값이 0인 수는 0뿐이다.

169 답 ②

ㄴ. 두 수 -1, 1의 절댓값은 1로 같지만 두 수는 서로 같지 않다.

ㄹ. 두 수 -3, 2에 대하여 수직선 위에서 2가 -3보다 오른쪽에 있지만 $|-3|=3$, $|2|=2$이므로 절댓값은 -3이 2보다 크다.

따라서 옳은 것은 ㄱ, ㄷ이다.

170 답 12

절댓값이 6인 두 수는 6과 -6이고, 이 두 수에 대응하는 두 점 사이의 거리는 12이다.

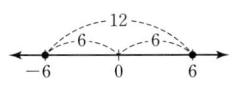

171 답 ④

두 점 A, B 사이의 거리가 $\dfrac{5}{6}$이고 $|a|=|b|$이므로 두 점 A, B는 원점으로부터 서로 반대 방향으로 각각 $\dfrac{5}{6}\times\dfrac{1}{2}=\dfrac{5}{12}$만큼 떨어져 있다.

$\therefore |a|=|b|=\dfrac{5}{12}$

172 답 -5, 5

절댓값이 같고 부호가 반대인 두 수에 대응하는 두 점 사이의 거리가 10이므로 두 점은 원점으로부터 서로 반대 방향으로 각각 $\dfrac{10}{2}=5$만큼 떨어져 있다.

따라서 구하는 두 수는 -5, 5이다.

173 답 ②

a가 b보다 16만큼 작으므로 수직선 위에서 두 수 a, b에 대응하는 두 점 사이의 거리는 16이다.

이때 a, b의 절댓값이 같으므로 두 수 a, b에 대응하는 두 점은 원점으로부터 서로 반대 방향으로 각각 $\dfrac{16}{2}=8$만큼 떨어져 있고, a가 b보다 작으므로

$a=-8$, $b=8$

174 답 -2.2

$|-3|=3$, $|1.6|=1.6$, $\left|-\dfrac{1}{2}\right|=\dfrac{1}{2}$, $|-2.2|=2.2$, $\left|\dfrac{10}{3}\right|=\dfrac{10}{3}$

…… ❶

주어진 수의 절댓값의 대소를 비교하면

$\left|-\dfrac{1}{2}\right|<|1.6|<|-2.2|<|-3|<\left|\dfrac{10}{3}\right|$ …… ❷

따라서 절댓값이 큰 수부터 차례로 나열할 때, 세 번째에 오는 수는 -2.2이다. …… ❸

채점 기준	
❶ 주어진 수의 절댓값 구하기	40 %
❷ 주어진 수의 절댓값의 대소 비교하기	50 %
❸ 절댓값이 큰 수부터 차례로 나열할 때, 세 번째에 오는 수 구하기	10 %

175 답 -2.7, -0.2

$\left|-\dfrac{5}{4}\right|=\dfrac{5}{4}$, $|-0.2|=0.2$, $\left|\dfrac{11}{5}\right|=\dfrac{11}{5}$, $|-2.7|=2.7$, $|1.8|=1.8$

주어진 수의 절댓값의 대소를 비교하면

$|-0.2|<\left|-\dfrac{5}{4}\right|<|1.8|<\left|\dfrac{11}{5}\right|<|-2.7|$

따라서 절댓값이 가장 큰 수는 -2.7, 절댓값이 가장 작은 수는 -0.2이다.

176 답 ④

절댓값은 원점으로부터의 거리이므로 원점에서 두 번째로 가까운 수는 절댓값이 두 번째로 작은 수이다.

$|-5|=5$, $\left|-\dfrac{14}{5}\right|=\dfrac{14}{5}$, $|-1|=1$, $|1.4|=1.4$, $\left|\dfrac{9}{2}\right|=\dfrac{9}{2}$

주어진 수의 절댓값의 대소를 비교하면

$|-1|<|1.4|<\left|-\dfrac{14}{5}\right|<\left|\dfrac{9}{2}\right|<|-5|$

따라서 원점에서 두 번째로 가까운 수는 1.4이다.

177 답 ②, ⑤

① 양수는 1.3, $\dfrac{15}{2}$의 2개이고, 음수는 $-\dfrac{6}{5}$, -7, -3.8의 3개이다.

② 유리수는 1.3, $-\dfrac{6}{5}$, 0, -7, -3.8, $\dfrac{15}{2}$의 6개이다.

③ $|a|=a$인 수는 1.3, 0, $\dfrac{15}{2}$의 3개이다.

④, ⑤ 주어진 수의 절댓값의 대소를 비교하면
$$|0|<\left|-\dfrac{6}{5}\right|<|1.3|<|-3.8|<|-7|<\left|\dfrac{15}{2}\right|$$
따라서 절댓값이 가장 큰 수는 $\dfrac{15}{2}$, 절댓값이 가장 작은 수는 0
이다.
따라서 옳지 않은 것은 ②, ⑤이다.

178 답 ④

① 절댓값이 가장 작은 수는 원점에서 가장 가까운 점에 대응하는
수이므로 점 C에 대응하는 수의 절댓값이 가장 작다.

② 점 A에 대응하는 수는 -4, 점 D에 대응하는 수는 3이므로
$|-4|>|3|$

③ 절댓값이 2보다 작은 수는 점 C에 대응하는 수인 -1의 1개이
다.

④ 점 D에 대응하는 수인 3보다 절댓값이 큰 수에 대응하는 점은
-4, 5에 각각 대응하는 점 A, E의 2개이다.

⑤ 두 점 B, E에 대응하는 수는 각각 -2, 5이므로
$|-2|+|5|=2+5=7$
따라서 옳지 않은 것은 ④이다.

179 답 ②, ④

절댓값이 4 이상 7 미만인 정수는 절댓값이 4, 5, 6인 정수이므로
-6, -5, -4, 4, 5, 6
따라서 구하는 정수는 ②, ④이다.

180 답 11

절댓값이 5 이하인 정수는 절댓값이 0, 1, 2, 3, 4, 5인 정수이므로
-5, -4, -3, -2, -1, 0, 1, 2, 3, 4, 5의 11개

181 답 ③

$|-2|=2$, $|1.8|=1.8$, $\left|\dfrac{11}{3}\right|=\dfrac{11}{3}$, $|4|=4$, $|-5.5|=5.5$,
$\left|-\dfrac{5}{2}\right|=\dfrac{5}{2}$

따라서 절댓값이 $\dfrac{9}{4}$ 이상인 수는 $\dfrac{11}{3}$, 4, -5.5, $-\dfrac{5}{2}$의 4개이다.

182 답 -2, -1, 0, 1, 2

$|a|<\dfrac{5}{2}$에서 $|a|=0$, 1, 2이므로 구하는 정수 a의 값은
-2, -1, 0, 1, 2

183 답 -10, 2

a의 절댓값이 6이므로 a의 값이 될 수 있는 수는
6, -6 ······ ❶

(i) $a=6$일 때,
두 수 -2, 6에 대응하는 두 점 사이의 거리가 8이므로 -2에
대응하는 점에서 왼쪽으로 8만큼 떨어진 점 B에 대응하는 수
는 다음 그림과 같이 -10이다.
∴ $b=-10$

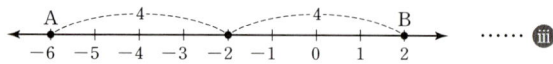 ······ ❷

(ii) $a=-6$일 때,
두 수 -2, -6에 대응하는 두 점 사이의 거리가 4이므로 -2
에 대응하는 점에서 오른쪽으로 4만큼 떨어진 점 B에 대응하
는 수는 다음 그림과 같이 2이다.
∴ $b=2$

······ ❸

(i), (ii)에서 b의 값이 될 수 있는 수는 -10, 2이다. ······ ❹

채점 기준

❶ a의 값 구하기		10 %
❷ $a=6$일 때 b의 값 구하기		40 %
❸ $a=-6$일 때 b의 값 구하기		40 %
❹ b의 값 구하기		10 %

184 답 ①

$a>b$이고 $|a|+|b|=3$을 만족시키는 경우는 다음과 같다.

(i) $|a|=3$, $|b|=0$인 경우
$a=3$, $b=0$

(ii) $|a|=2$, $|b|=1$인 경우
$a=2$, $b=1$ 또는 $a=2$, $b=-1$

(iii) $|a|=1$, $|b|=2$인 경우
$a=1$, $b=-2$ 또는 $a=-1$, $b=-2$

(iv) $|a|=0$, $|b|=3$인 경우
$a=0$, $b=-3$

(i)~(iv)에서 (a, b)는
$(-1, -2)$, $(0, -3)$, $(1, -2)$, $(2, -1)$, $(2, 1)$, $(3, 0)$의 6개

185 답 12

절댓값이 0인 수는 0
절댓값이 1인 수는 1, -1
절댓값이 2인 수는 2, -2
⋮
절댓값이 n인 수는 n, $-n$

따라서 절댓값이 n 이하인 정수가 25개이므로 이 중 0을 제외한 정
수는 24개이다.
∴ $n=\dfrac{24}{2}=12$

186 답 ⑤

187 답 ⑤

① (음수)<0이므로 $-4<0$

② $|-2|=2$이므로 $1<|-2|$

③ $\dfrac{5}{4}=1.25$이므로 $\dfrac{5}{4}>0.8$

④ $|-3|<|-5|$이므로 $-3>-5$

⑤ $-\dfrac{2}{3}=-\dfrac{4}{6}$, $-\dfrac{1}{2}=-\dfrac{3}{6}$이고 $\left|-\dfrac{4}{6}\right|>\left|-\dfrac{3}{6}\right|$이므로

$-\dfrac{2}{3}<-\dfrac{1}{2}$

따라서 옳은 것은 ⑤이다.

188 답 ④

④ 부호가 다른 두 수는 절댓값의 크기에 관계없이 항상 양수가 음수보다 크다.

189 답 ③

③ $-1<x\le 3$

190 답 ④

① (음수)<(양수)이므로 $-2\boxed{<}\dfrac{1}{3}$

② $0<$(양수)이므로 $0\boxed{<}\dfrac{5}{4}$

③ $\dfrac{1}{2}=0.5$이므로 $0.2\boxed{<}\dfrac{1}{2}$

④ $-\dfrac{6}{5}=-1.2$이고 $|-1.2|<|-1.5|$이므로 $-\dfrac{6}{5}\boxed{>}-1.5$

⑤ $\left|-\dfrac{9}{4}\right|=\dfrac{9}{4}=\dfrac{27}{12}$, $\dfrac{10}{3}=\dfrac{40}{12}$이므로 $\left|-\dfrac{9}{4}\right|\boxed{<}\dfrac{10}{3}$

따라서 부등호의 방향이 나머지 넷과 다른 하나는 ④이다.

191 답 C

$\dfrac{2}{3}=\dfrac{10}{15}$, $0.6=\dfrac{3}{5}=\dfrac{9}{15}$이므로 $\dfrac{2}{3}>0.6$

즉, 첫 번째 갈림길에서 0.6이 적힌 방향으로 이동한다. ······ ❶

$-\dfrac{17}{5}=-3.4$이고 $|-3.5|>|-3.4|$이므로 $-3.5<-\dfrac{17}{5}$

즉, 두 번째 갈림길에서 -3.5가 적힌 방향으로 이동한다. ······ ❷

$-\dfrac{5}{2}=-\dfrac{15}{6}$, $-\dfrac{8}{3}=-\dfrac{16}{6}$이고 $\left|-\dfrac{15}{6}\right|<\left|-\dfrac{16}{6}\right|$이므로

$-\dfrac{5}{2}>-\dfrac{8}{3}$

즉, 세 번째 갈림길에서 $-\dfrac{8}{3}$이 적힌 방향으로 이동한다. ······ ❸

따라서 도착점은 C이다. ······ ❹

192 답 $-\dfrac{3}{5}$, $\dfrac{5}{4}$

$-\dfrac{3}{5}=-\dfrac{9}{15}$, $-\dfrac{7}{3}=-\dfrac{35}{15}$이고 $\left|-\dfrac{9}{15}\right|<\left|-\dfrac{35}{15}\right|$이므로

$-\dfrac{3}{5}>-\dfrac{7}{3}$

$|-3|=3$, $\dfrac{5}{4}=1.25$이므로 $0.7<\dfrac{5}{4}<|-3|$

$\therefore -\dfrac{7}{3}<-\dfrac{3}{5}<0.7<\dfrac{5}{4}<|-3|$

따라서 작은 수부터 차례로 나열할 때, 두 번째에 오는 수는 $-\dfrac{3}{5}$, 네 번째에 오는 수는 $\dfrac{5}{4}$이다.

193 답 ③

① 0보다 큰 수는 0.04, $\dfrac{7}{6}$, 2의 3개이다.

②, ③, ⑤ 주어진 수의 대소를 비교하면

$-6<-1.8<-\dfrac{2}{3}<0.04<\dfrac{7}{6}<2$

따라서 가장 큰 수는 2, 가장 작은 수는 -6이다.

또 음수 중 가장 큰 수는 $-\dfrac{2}{3}$이다.

④ 주어진 수의 절댓값의 대소를 비교하면

$|0.04|<\left|-\dfrac{2}{3}\right|<\left|\dfrac{7}{6}\right|<|-1.8|<|2|<|-6|$

따라서 절댓값이 가장 작은 수는 0.04이다.

따라서 옳은 것은 ③이다.

194 답 -2, -1, 0, 1, 2, 3

$\dfrac{7}{2}=3.5$이므로 $-3<x\le\dfrac{7}{2}$을 만족시키는 정수 x의 값은

-2, -1, 0, 1, 2, 3

195 답 ③

주어진 조건을 부등호를 사용하여 나타내면 $-5\le x\le\dfrac{11}{4}$

$\dfrac{11}{4}=2.75$이므로 주어진 조건을 만족시키는 정수 x는

-5, -4, -3, -2, -1, 0, 1, 2의 8개

196 답 7

a의 절댓값이 $\dfrac{14}{3}$이고 $a<0$이므로 $a=-\dfrac{14}{3}$ ······ ❶

b의 절댓값이 3이고 $b>0$이므로 $b=3$ ······ ❷

이때 $-\dfrac{14}{3}=-4\dfrac{2}{3}$이므로 $-\dfrac{14}{3}$와 3 사이에 있는 정수는

-4, -3, -2, -1, 0, 1, 2의 7개 ······ ❸

197 답 5

$-\dfrac{24}{5}=-4.8$, $\dfrac{7}{2}=3.5$이므로 $-\dfrac{24}{5}$와 $\dfrac{7}{2}$ 사이에 있는 정수는

-4, -3, -2, -1, 0, 1, 2, 3

이 중에서 자연수가 아닌 정수는 -4, -3, -2, -1, 0의 5개이다.

198 답 -3

$-\dfrac{10}{3}=-3\dfrac{1}{3}$이므로 $-\dfrac{10}{3}$과 1.2 사이에 있는 정수는

-3, -2, -1, 0, 1

이때 $|0|<|-1|=|1|<|-2|<|-3|$이므로 절댓값이 가장 큰 수는 -3이다.

199 답 -4

㈎에서 $-4 \le a \le 3$을 만족시키는 정수 a의 값은
$-4, -3, -2, -1, 0, 1, 2, 3$
이때 ㈏에서 a의 절댓값이 3보다 커야 하므로 주어진 조건을 모두 만족시키는 정수 a의 값은 -4이다.

200 답 $d < a < b < c$

㈎에서 $-\dfrac{11}{3} = -3\dfrac{2}{3}$, $-\dfrac{15}{7} = -2\dfrac{1}{7}$이므로 $a = -3$
㈏에서 $b = -1$
㈐에서 $-1 < c \le 3.3$
㈑에서 $d < -3.3$
따라서 a, b, c, d의 대소 관계는
$d < a < b < c$

201 답 $b < a < c$

㈎, ㈏에서 $a = -5$
㈐에서 a와 b의 부호가 같으므로 $b < 0$
이때 $|a| < |b|$이므로 $b < a < 0$
㈑에서 $c \ge 0$
따라서 a, b, c의 대소 관계는
$b < a < c$

202 답 $\dfrac{11}{8}$

$-\dfrac{3}{2} = -\dfrac{12}{8}$이고 $\left| -\dfrac{11}{8} \right| < \left| -\dfrac{12}{8} \right|$이므로 $-\dfrac{11}{8} > -\dfrac{3}{2}$

$\therefore \left(-\dfrac{11}{8} \right) \circledcirc \left(-\dfrac{3}{2} \right) = \left| -\dfrac{11}{8} \right| = \dfrac{11}{8}$ ...... ❶

$\dfrac{5}{4} = \dfrac{10}{8}$이므로 $\dfrac{5}{4} < \dfrac{11}{8}$

$\therefore \dfrac{5}{4} \circledcirc \left\{ \left(-\dfrac{11}{8} \right) \circledcirc \left(-\dfrac{3}{2} \right) \right\} = \dfrac{5}{4} \circledcirc \dfrac{11}{8}$

$\qquad\qquad\qquad = \left| \dfrac{11}{8} \right| = \dfrac{11}{8}$ ...... ❷

채점 기준

❶ $\left(-\dfrac{11}{8} \right) \circledcirc \left(-\dfrac{3}{2} \right)$의 값 구하기	50 %
❷ $\dfrac{5}{4} \circledcirc \left\{ \left(-\dfrac{11}{8} \right) \circledcirc \left(-\dfrac{3}{2} \right) \right\}$의 값 구하기	50 %

203 답 ②

$-\dfrac{5}{2} = -\dfrac{15}{6}$, $\dfrac{2}{3} = \dfrac{4}{6}$이므로 $-\dfrac{5}{2}$와 $\dfrac{2}{3}$ 사이에 있는 유리수 중에서
분모가 6인 기약분수는 $-\dfrac{13}{6}, -\dfrac{11}{6}, -\dfrac{7}{6}, -\dfrac{5}{6}, -\dfrac{1}{6}, \dfrac{1}{6}$의 6개이다.

204 답 ④

㈎에서 $a > 4$, ㈏에서 $b > -4$이므로 ㈐에서
$4 < a < b$ ...... ㉠
㈏에서 $c > -4$이고, ㈐에서 $|c| = |-4| = 4$이므로
$c = 4$ ...... ㉡
㉠, ㉡에서 $c < a < b$

205 답 $d < b < a < c$

㈏에서 $b < 0$
㈑에서 $d < b$이므로 $d < b < 0$
㈐에서 $|c| = |d|$이고 $d < 0$이므로 $d < 0 < c$ ($\because c \ne d$)
$\therefore d < b < 0 < c$
이때 ㈎에서 a는 네 수 중 0에 가장 가까운 수이므로
$d < b < a < c$

206 답 $(-12, 6)$, $(12, -6)$

전략 $|a|$는 원점과 a에 대응하는 점 사이의 거리임을 이용한다.

$|a| = 2 \times |b|$이므로 수직선 위에서 원점과 a에 대응하는 점 사이의 거리는 원점과 b에 대응하는 점 사이의 거리의 2배이다.

(i) $a < 0 < b$일 때,
오른쪽 그림에서
$a = -12$, $b = 6$

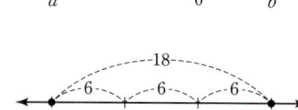

(ii) $b < 0 < a$일 때,
오른쪽 그림에서
$a = 12$, $b = -6$

(i), (ii)에서 $(-12, 6)$, $(12, -6)$

207 답 $a = -5$, $b = -4$, $c = 4$

㈎, ㈑에서 $|b| = 4$, $b < 0$이므로 $b = -4$
㈏에서 $|c| = 4$이고 ㈑에서 $c > 0$이므로 $c = 4$
㈐에서 $|a| = |4 + 1| = 5$이고 ㈑에서 $a < 0$이므로 $a = -5$

208 답 ④

$\dfrac{n}{5}$의 절댓값이 1보다 작으려면 n의 절댓값은 5보다 작아야 한다.
즉, $|n| < 5$이므로 $|n| = 0, 1, 2, 3, 4$
따라서 정수 n은 $-4, -3, -2, -1, 0, 1, 2, 3, 4$의 9개이다.

209 답 a, c, b, d

㈎에서 두 수 a, b에 대응하는 점은 다음 그림과 같다.

㈐에서 절댓값이 가장 큰 수는 d이고, ㈏에서 d에 대응하는 점은 b에 대응하는 점의 오른쪽에 있으므로 다음 그림과 같다.

㈐에서 절댓값이 가장 작은 수는 c이고, ㈏에서 c에 대응하는 점은 b에 대응하는 점의 왼쪽에 있으므로 다음 그림과 같다.

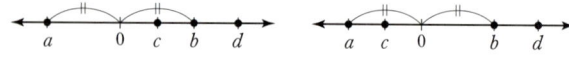

따라서 네 수 a, b, c, d를 작은 수부터 차례로 나열하면
a, c, b, d

04 정수와 유리수의 계산

48~65쪽

난이도별 **필수 기출**

210 답 ④

0에서 오른쪽으로 3만큼 이동하였으므로 $+3$,

다시 왼쪽으로 7만큼 이동하였으므로 -7을 더한 것이다.

$\therefore (+3)+(-7)=-4$

211 답 ③

① $(-2)+(-2)=-(2+2)=-4$

② $(+5)+(+1)=+(5+1)=+6$

④ $(+6)+(-3)=+(6-3)=+3$

⑤ $(-4)+(+9)=+(9-4)=+5$

따라서 옳은 것은 ③이다.

212 답 ④

① $(-4)-(+1)=(-4)+(-1)=-(4+1)=-5$

② $(-3)-(+2)=(-3)+(-2)=-(3+2)=-5$

③ $(+1)-(+6)=(+1)+(-6)=-(6-1)=-5$

④ $(+5)-(-10)=(+5)+(+10)=+(5+10)=+15$

⑤ $(-7)-(-2)=(-7)+(+2)=-(7-2)=-5$

따라서 계산 결과가 나머지 넷과 다른 하나는 ④이다.

213 답 ①

① $(+5)-(-1)=(+5)+(+1)$
$=+(5+1)=+6$

② $(-10)+(+3)=-(10-3)=-7$

③ $\left(+\dfrac{2}{3}\right)+\left(-\dfrac{3}{5}\right)=\left(+\dfrac{10}{15}\right)+\left(-\dfrac{9}{15}\right)$
$=+\left(\dfrac{10}{15}-\dfrac{9}{15}\right)=+\dfrac{1}{15}$

④ $(-2.4)-(-7.2)=(-2.4)+(+7.2)$
$=+(7.2-2.4)=+4.8$

⑤ $\left(+\dfrac{5}{2}\right)-(+3.6)=(+2.5)-(+3.6)$
$=(+2.5)+(-3.6)$
$=-(3.6-2.5)=-1.1$

따라서 계산 결과가 가장 큰 것은 ①이다.

214 답 $-\dfrac{3}{4}$

$a=\left(+\dfrac{5}{3}\right)-\left(+\dfrac{1}{4}\right)=\left(+\dfrac{20}{12}\right)+\left(-\dfrac{3}{12}\right)$
$=+\left(\dfrac{20}{12}-\dfrac{3}{12}\right)=+\dfrac{17}{12}$

$b=\left(-\dfrac{7}{2}\right)+\left(+\dfrac{4}{3}\right)=\left(-\dfrac{21}{6}\right)+\left(+\dfrac{8}{6}\right)$
$=-\left(\dfrac{21}{6}-\dfrac{8}{6}\right)=-\dfrac{13}{6}$

$\therefore a+b=\left(+\dfrac{17}{12}\right)+\left(-\dfrac{13}{6}\right)$
$=\left(+\dfrac{17}{12}\right)+\left(-\dfrac{26}{12}\right)$
$=-\left(\dfrac{26}{12}-\dfrac{17}{12}\right)=-\dfrac{3}{4}$

215 답 ④

① $(+8)+(-5)=+(8-5)=+3$

② $(+4)-(-6)=(+4)+(+6)$
$=+(4+6)=+10$

③ $(-3.2)-(+2)=(-3.2)+(-2)$
$=-(3.2+2)=-5.2$

④ $\left(-\dfrac{5}{7}\right)+\left(-\dfrac{3}{7}\right)=-\left(\dfrac{5}{7}+\dfrac{3}{7}\right)=-\dfrac{8}{7}$

⑤ $\left(+\dfrac{3}{8}\right)-\left(-\dfrac{5}{4}\right)=\left(+\dfrac{3}{8}\right)+\left(+\dfrac{10}{8}\right)$
$=+\left(\dfrac{3}{8}+\dfrac{10}{8}\right)=+\dfrac{13}{8}$

따라서 계산 결과의 절댓값의 대소를 비교하면

$\left|-\dfrac{8}{7}\right|<\left|+\dfrac{13}{8}\right|<|+3|<|-5.2|<|+10|$

이므로 원점에서 가장 가까운 것은 ④이다.

216 답 ㉠ 교환법칙 ㉡ 결합법칙

217 답 ①

$\left(-\dfrac{11}{15}\right)+(-3)+\left(+\dfrac{8}{15}\right)$

$=\left(-\dfrac{11}{15}\right)+\left(+\dfrac{8}{15}\right)+(-3)$ ← 덧셈의 교환 법칙

$=\left\{\left(-\dfrac{11}{15}\right)+\left(+\dfrac{8}{15}\right)\right\}+(-3)$ ← 덧셈의 결합 법칙

$=\left(\boxed{-\dfrac{1}{5}}\right)+(-3)$

$=-\left(\dfrac{1}{5}+3\right)=\boxed{-\dfrac{16}{5}}$

$\therefore$ ㈎ 교환 ㈏ 결합 ㈐ $-\dfrac{1}{5}$ ㈑ $-\dfrac{16}{5}$

218 답 -5

$-\dfrac{7}{3}=-2\dfrac{1}{3}$에 가장 가까운 정수는 -2이므로

$a=-2$ ‧‧‧‧‧‧ ❶

$\dfrac{14}{5}=2\dfrac{4}{5}$에 가장 가까운 정수는 3이므로

$b=3$ ‧‧‧‧‧‧ ❷

$\therefore a-b=(-2)-(+3)$
$=(-2)+(-3)$
$=-5$ ‧‧‧‧‧‧ ❸

채점 기준	
❶ a의 값 구하기	40 %
❷ b의 값 구하기	40 %
❸ $a-b$의 값 구하기	20 %

219 답 $-\dfrac{5}{12}$

$-\dfrac{13}{4}<-3<-\dfrac{21}{8}<2.5<\dfrac{17}{6}$에서 가장 큰 수는 $\dfrac{17}{6}$, 가장 작은

수는 $-\dfrac{13}{4}$이므로 구하는 합은

$$\left(+\dfrac{17}{6}\right)+\left(-\dfrac{13}{4}\right)=\left(+\dfrac{34}{12}\right)+\left(-\dfrac{39}{12}\right)$$
$$=-\dfrac{5}{12}$$

220 답 ⑤

$\left|-\dfrac{3}{5}\right|<\left|\dfrac{7}{6}\right|<\left|-\dfrac{21}{10}\right|<\left|\dfrac{8}{3}\right|<|-3.6|$에서 절댓값이 가장 큰

수는 -3.6, 절댓값이 가장 작은 수는 $-\dfrac{3}{5}$이므로

$a=-3.6,\ b=-\dfrac{3}{5}$

$\therefore b-a=\left(-\dfrac{3}{5}\right)-(-3.6)$
$\qquad\quad=(-0.6)+(+3.6)=3$

221 답 -9

$\left(+\dfrac{5}{4}\right)+(-7)+\left(-\dfrac{13}{4}\right)$

$=\left(+\dfrac{5}{4}\right)+\left(-\dfrac{13}{4}\right)+(-7)$ ······ ❶

$=\left\{\left(+\dfrac{5}{4}\right)+\left(-\dfrac{13}{4}\right)\right\}+(-7)$ ······ ❷

$=(-2)+(-7)$

$=-9$ ······ ❸

채점 기준	
❶ 덧셈의 교환법칙 이용하기	30 %
❷ 덧셈의 결합법칙 이용하기	30 %
❸ 답 구하기	40 %

222 답 ③

① $(+5)-(-3)+(+7)=(+5)+(+3)+(+7)$
$\qquad\qquad\qquad\qquad\qquad=15$

② $(+8)+(-10)-(+4)=(+8)+(-10)+(-4)$
$\qquad\qquad\qquad\qquad\quad=(+8)+\{(-10)+(-4)\}$
$\qquad\qquad\qquad\qquad\quad=(+8)+(-14)=-6$

③ $\left(+\dfrac{9}{4}\right)+\left(-\dfrac{5}{6}\right)-\left(+\dfrac{7}{3}\right)=\left(+\dfrac{9}{4}\right)+\left(-\dfrac{5}{6}\right)+\left(-\dfrac{7}{3}\right)$
$\qquad\qquad\qquad\qquad=\left(+\dfrac{9}{4}\right)+\left\{\left(-\dfrac{5}{6}\right)+\left(-\dfrac{14}{6}\right)\right\}$
$\qquad\qquad\qquad\qquad=\left(+\dfrac{9}{4}\right)+\left(-\dfrac{19}{6}\right)$
$\qquad\qquad\qquad\qquad=\left(+\dfrac{27}{12}\right)+\left(-\dfrac{38}{12}\right)=-\dfrac{11}{12}$

④ $\left(+\dfrac{2}{7}\right)+\left(-\dfrac{4}{3}\right)-\left(+\dfrac{9}{7}\right)=\left(+\dfrac{2}{7}\right)+\left(-\dfrac{4}{3}\right)+\left(-\dfrac{9}{7}\right)$
$\qquad\qquad\qquad\qquad=\left\{\left(+\dfrac{2}{7}\right)+\left(-\dfrac{9}{7}\right)\right\}+\left(-\dfrac{4}{3}\right)$
$\qquad\qquad\qquad\qquad=(-1)+\left(-\dfrac{4}{3}\right)=-\dfrac{7}{3}$

⑤ $(+2.5)-(+5.4)+(+1.5)-(-3.4)$
$\quad=(+2.5)+(-5.4)+(+1.5)+(+3.4)$
$\quad=\{(+2.5)+(+1.5)\}+\{(-5.4)+(+3.4)\}$
$\quad=(+4)+(-2)=2$

따라서 옳지 않은 것은 ③이다.

223 답 $\dfrac{4}{5}$

$\left(-\dfrac{4}{5}\right)+\left(-\dfrac{2}{3}\right)-\left(+\dfrac{2}{5}\right)-\left(-\dfrac{8}{3}\right)$

$=\left(-\dfrac{4}{5}\right)+\left(-\dfrac{2}{3}\right)+\left(-\dfrac{2}{5}\right)+\left(+\dfrac{8}{3}\right)$

$=\left\{\left(-\dfrac{4}{5}\right)+\left(-\dfrac{2}{5}\right)\right\}+\left\{\left(-\dfrac{2}{3}\right)+\left(+\dfrac{8}{3}\right)\right\}$

$=\left(-\dfrac{6}{5}\right)+(+2)=\dfrac{4}{5}$

224 답 ⑤

① $6-9+5=(+6)-(+9)+(+5)$
$\qquad\qquad=(+6)+(-9)+(+5)$
$\qquad\qquad=2$

② $-\dfrac{3}{4}+\dfrac{1}{2}-\dfrac{4}{5}=\left(-\dfrac{3}{4}\right)+\left(+\dfrac{1}{2}\right)-\left(+\dfrac{4}{5}\right)$
$\qquad\qquad\quad=\left(-\dfrac{3}{4}\right)+\left(+\dfrac{1}{2}\right)+\left(-\dfrac{4}{5}\right)$
$\qquad\qquad\quad=\left\{\left(-\dfrac{3}{4}\right)+\left(+\dfrac{2}{4}\right)\right\}+\left(-\dfrac{4}{5}\right)$
$\qquad\qquad\quad=\left(-\dfrac{1}{4}\right)+\left(-\dfrac{4}{5}\right)$
$\qquad\qquad\quad=\left(-\dfrac{5}{20}\right)+\left(-\dfrac{16}{20}\right)=-\dfrac{21}{20}$

③ $\dfrac{1}{5}-2-\dfrac{1}{3}=\left(+\dfrac{1}{5}\right)-(+2)-\left(+\dfrac{1}{3}\right)$
$\qquad\qquad=\left(+\dfrac{1}{5}\right)+(-2)+\left(-\dfrac{1}{3}\right)$
$\qquad\qquad=\left(+\dfrac{1}{5}\right)+\left\{\left(-\dfrac{6}{3}\right)+\left(-\dfrac{1}{3}\right)\right\}$
$\qquad\qquad=\left(+\dfrac{1}{5}\right)+\left(-\dfrac{7}{3}\right)$
$\qquad\qquad=\left(+\dfrac{3}{15}\right)+\left(-\dfrac{35}{15}\right)=-\dfrac{32}{15}$

④ $2.5-3.7+4=(+2.5)-(+3.7)+(+4)$
$\qquad\qquad\quad=(+2.5)+(-3.7)+(+4)$
$\qquad\qquad\quad=\{(+2.5)+(-3.7)\}+(+4)$
$\qquad\qquad\quad=(-1.2)+(+4)=2.8$

⑤ $\dfrac{3}{8}+0.6-\dfrac{15}{8}-2.9$
$\quad=\left(+\dfrac{3}{8}\right)+(+0.6)-\left(+\dfrac{15}{8}\right)-(+2.9)$
$\quad=\left(+\dfrac{3}{8}\right)+(+0.6)+\left(-\dfrac{15}{8}\right)+(-2.9)$
$\quad=\left\{\left(+\dfrac{3}{8}\right)+\left(-\dfrac{15}{8}\right)\right\}+\{(+0.6)+(-2.9)\}$
$\quad=\left(-\dfrac{3}{2}\right)+(-2.3)$
$\quad=(-1.5)+(-2.3)=-3.8$

따라서 계산 결과가 가장 작은 것은 ⑤이다.

225 답 -50

$1-2+3-4+5-6+\cdots+99-100$
$=(1-2)+(3-4)+(5-6)+\cdots+(99-100)$
$=\underbrace{(-1)+(-1)+(-1)+\cdots+(-1)}_{50\text{개}}$
$=-50$

226 답 -14

$|-2|<|5|$이므로
$\langle-2,\ 5\rangle=-2-|5|=-7$ $\quad\cdots\cdots$ ⓘ
$|-5|>|2|$이므로
$\langle-5,\ 2\rangle=|-5|+2=7$ $\quad\cdots\cdots$ ⓘⓘ
$\therefore\ \langle-2,\ 5\rangle-\langle-5,\ 2\rangle=-7-7$
$\qquad\qquad\qquad\qquad\qquad\ =-14$ $\quad\cdots\cdots$ ⓘⓘⓘ

채점 기준	
ⓘ $\langle-2,\ 5\rangle$의 값 구하기	40 %
ⓘⓘ $\langle-5,\ 2\rangle$의 값 구하기	40 %
ⓘⓘⓘ $\langle-2,\ 5\rangle-\langle-5,\ 2\rangle$의 값 구하기	20 %

227 답 $\dfrac{15}{8}$

$\square-\left(-\dfrac{9}{8}\right)=3$에서
$\square=3+\left(-\dfrac{9}{8}\right)=\dfrac{15}{8}$

228 답 ②

$a-(-5)=8$에서 $a=8+(-5)=3$
$(-7)+b=-3$에서 $b=-3-(-7)=-3+7=4$
$\therefore\ a+b=3+4=7$

229 답 $\dfrac{7}{10}$

$a+\left(-\dfrac{5}{4}\right)=-1.2$에서
$a=-1.2-\left(-\dfrac{5}{4}\right)=-\dfrac{6}{5}+\dfrac{5}{4}$
$\ =-\dfrac{24}{20}+\dfrac{25}{20}=\dfrac{1}{20}$ $\quad\cdots\cdots$ ⓘ
$3-b=\dfrac{9}{4}$에서 $b=3-\dfrac{9}{4}=\dfrac{3}{4}$ $\quad\cdots\cdots$ ⓘⓘ
$\therefore\ b-a=\dfrac{3}{4}-\dfrac{1}{20}=\dfrac{15}{20}-\dfrac{1}{20}=\dfrac{7}{10}$ $\quad\cdots\cdots$ ⓘⓘⓘ

채점 기준	
ⓘ a의 값 구하기	40 %
ⓘⓘ b의 값 구하기	30 %
ⓘⓘⓘ $b-a$의 값 구하기	30 %

230 답 $\dfrac{5}{2}$

$-\dfrac{3}{4}-\dfrac{7}{3}+\square=-\dfrac{7}{12}$에서
$-\dfrac{9}{12}-\dfrac{28}{12}+\square=-\dfrac{7}{12},\ -\dfrac{37}{12}+\square=-\dfrac{7}{12}$

$\therefore\ \square=-\dfrac{7}{12}-\left(-\dfrac{37}{12}\right)=-\dfrac{7}{12}+\dfrac{37}{12}=\dfrac{5}{2}$

231 답 ②

$a=6-(-2)=6+2=8$
$b=-9+12=3$
$\therefore\ a-b=8-3=5$

232 답 ①

① $3+4=7$
② $-2+7=5$
③ $5-1=4$
④ $8+\left(-\dfrac{4}{3}\right)=\dfrac{20}{3}$
⑤ $\dfrac{5}{2}-\left(-\dfrac{9}{4}\right)=\dfrac{10}{4}+\dfrac{9}{4}=\dfrac{19}{4}$
따라서 가장 큰 수는 ①이다.

233 답 $-\dfrac{23}{2}$

$a=-2+(-8)=-10$
$-\dfrac{17}{3}=-5\dfrac{2}{3}$이므로 $b=-6$
$-\dfrac{5}{4}<x<\dfrac{9}{2}$를 만족시키는 정수 x는 $-1,\ 0,\ 1,\ 2,\ 3,\ 4$의 6개이므로 $c=6$
$d=-\dfrac{5}{6}-\left(-\dfrac{7}{3}\right)=-\dfrac{5}{6}+\dfrac{14}{6}=\dfrac{3}{2}$
$\therefore\ a+b+c-d=-10+(-6)+6-\dfrac{3}{2}$
$\qquad\qquad\qquad\qquad\ =-\dfrac{23}{2}$

234 답 7

$a=-6+\dfrac{11}{6}=-\dfrac{25}{6}$
$b=2-\left(-\dfrac{3}{4}\right)=2+\dfrac{3}{4}=\dfrac{11}{4}$
따라서 $-\dfrac{25}{6}<x<\dfrac{11}{4}$을 만족시키는 정수 x는 $-4,\ -3,\ -2,\ -1,\ 0,\ 1,\ 2$의 7개

235 답 ⑴ $-\dfrac{7}{20}$ ⑵ $\dfrac{1}{10}$

⑴ 어떤 수를 $\square$라 하면 $\square-\dfrac{9}{20}=-\dfrac{4}{5}$이므로
$\square=-\dfrac{4}{5}+\dfrac{9}{20}=-\dfrac{16}{20}+\dfrac{9}{20}=-\dfrac{7}{20}$
즉, 어떤 수는 $-\dfrac{7}{20}$이다. $\quad\cdots\cdots$ ⓘ
⑵ 바르게 계산하면
$-\dfrac{7}{20}+\dfrac{9}{20}=\dfrac{1}{10}$ $\quad\cdots\cdots$ ⓘⓘ

채점 기준	
ⓘ 어떤 수 구하기	60 %
ⓘⓘ 바르게 계산한 답 구하기	40 %

236 답 ②

어떤 수를 $\square$라 하면 $\square+\left(-\dfrac{3}{5}\right)=9$이므로

$$\square=9-\left(-\dfrac{3}{5}\right)=9+\dfrac{3}{5}=\dfrac{48}{5}$$

따라서 바르게 계산하면

$$\dfrac{48}{5}-\left(-\dfrac{3}{5}\right)=\dfrac{48}{5}+\dfrac{3}{5}=\dfrac{51}{5}$$

237 답 ④

$|x|=4$이므로 $x=-4$ 또는 $x=4$

$|y|=\dfrac{3}{2}$이므로 $y=-\dfrac{3}{2}$ 또는 $y=\dfrac{3}{2}$

$x,\ y$가 모두 음수일 때, $x+y$의 값이 가장 작으므로 구하는 가장 작은 값은

$$-4+\left(-\dfrac{3}{2}\right)=-\dfrac{11}{2}$$

참고 0이 아닌 두 유리수 $x,\ y$의 절댓값이 주어질 때

① $x+y$의 값 중 $\begin{cases}\text{가장 큰 경우} \Rightarrow x,\ y\text{가 모두 양수}\\ \text{가장 작은 경우} \Rightarrow x,\ y\text{가 모두 음수}\end{cases}$

② $x-y$의 값 중 $\begin{cases}\text{가장 큰 경우} \Rightarrow x\text{는 양수},\ y\text{는 음수}\\ \text{가장 작은 경우} \Rightarrow x\text{는 음수},\ y\text{는 양수}\end{cases}$

238 답 16

$|x|=3$이므로 $x=-3$ 또는 $x=3$

$|y|=5$이므로 $y=-5$ 또는 $y=5$

x가 양수이고 y가 음수일 때, $x-y$의 값이 가장 크므로

$$M=3-(-5)=3+5=8$$

x가 음수이고 y가 양수일 때, $x-y$의 값이 가장 작으므로

$$m=-3-5=-8$$

$$\therefore M-m=8-(-8)=8+8=16$$

239 답 $-\dfrac{7}{15}$

계산한 결과가 가장 작으려면 ㉢에는 세 수 중 가장 큰 수를 넣어야 한다.

$-\dfrac{1}{5}<\dfrac{1}{15}<\dfrac{1}{3}$이므로 ㉢에 넣는 수는 $\dfrac{1}{3}$

덧셈의 교환법칙이 성립하므로 ㉠, ㉡에 넣는 수, 즉 $-\dfrac{1}{5},\ \dfrac{1}{15}$의 위치는 바꿀 수 있다.

따라서 구하는 값은

$$-\dfrac{1}{5}+\dfrac{1}{15}-\dfrac{1}{3}=-\dfrac{3}{15}+\dfrac{1}{15}-\dfrac{5}{15}=-\dfrac{7}{15}$$

240 답 ①

두 점 A, B 사이의 거리는

$$\dfrac{7}{4}-(-2.5)=\dfrac{7}{4}+\dfrac{5}{2}=\dfrac{7}{4}+\dfrac{10}{4}=\dfrac{17}{4}$$

241 답 ②

점 A에 대응하는 수는

$$-7+\dfrac{11}{2}-\dfrac{19}{6}=-\dfrac{42}{6}+\dfrac{33}{6}-\dfrac{19}{6}=-\dfrac{14}{3}$$

242 답 $-\dfrac{50}{21},\ \dfrac{20}{21}$

$-\dfrac{5}{7}$에 대응하는 점과의 거리가 $\dfrac{5}{3}$인 점에 대응하는 두 수 중

작은 수는 $-\dfrac{5}{7}-\dfrac{5}{3}=-\dfrac{15}{21}-\dfrac{35}{21}=-\dfrac{50}{21}$

큰 수는 $-\dfrac{5}{7}+\dfrac{5}{3}=-\dfrac{15}{21}+\dfrac{35}{21}=\dfrac{20}{21}$

243 답 A

A의 점수는 $-3+1+3+(-4)=-3$

B의 점수는 $0+2+(-1)+(-3)=-2$

따라서 점수의 합이 더 작은 선수는 A이다.

244 답 ③

(일교차)=(최고 기온)−(최저 기온)이므로 각 도시의 일교차를 구하면

A: $(+5.8)-(-1.3)=5.8+1.3=7.1$

B: $(-2.2)-(-5)=-2.2+5=2.8$

C: $(+1.9)-(-6.3)=1.9+6.3=8.2$

D: $(+14.2)-(+7.5)=14.2-7.5=6.7$

E: $(-0.6)-(-7.4)=-0.6+7.4=6.8$

따라서 일교차가 가장 큰 도시는 C이다.

245 답 16

$-3+1+(-7)+4=-5$이므로 삼각형의 각 변에 놓인 네 수의 합은 모두 -5이어야 한다. ······ ❶

$a+(-8)+2+(-3)=-5$에서

$a-9=-5$

$\therefore a=-5-(-9)$

$\quad =-5+9=4$ ······ ❷

$4+(-1)+b+4=-5$에서

$7+b=-5$

$\therefore b=-5-7=-12$ ······ ❸

$\therefore a-b=4-(-12)=4+12=16$ ······ ❹

채점 기준	
❶ 한 변에 놓인 네 수의 합 구하기	30 %
❷ a의 값 구하기	30 %
❸ b의 값 구하기	30 %
❹ $a-b$의 값 구하기	10 %

246 답 ④

$-1+4+3=6$이므로 가로, 세로, 대각선에 놓인 세 수의 합은 모두 6이어야 한다.

$-1+b+5=6$에서

$4+b=6$ $\therefore b=6-4=2$

오른쪽 그림에서 $3+2+㉠=6$이므로

$5+㉠=6$ $\therefore ㉠=6-5=1$

따라서 $-1+a+1=6$에서

$a=6$

-1	4	3
a	b	
㉠		5

247 답 $-\dfrac{13}{12}$

A가 적힌 면과 마주 보는 면에 적힌 수는 1이므로
$A+1=-2$
$\therefore A=-2-1=-3$
B가 적힌 면과 마주 보는 면에 적힌 수는 $-\dfrac{1}{4}$이므로
$B+\left(-\dfrac{1}{4}\right)=-2$
$\therefore B=-2-\left(-\dfrac{1}{4}\right)=-2+\dfrac{1}{4}=-\dfrac{7}{4}$
C가 적힌 면과 마주 보는 면에 적힌 수는 $\dfrac{5}{3}$이므로
$C+\dfrac{5}{3}=-2$
$\therefore C=-2-\dfrac{5}{3}=-\dfrac{11}{3}$
$\therefore A+B-C=-3+\left(-\dfrac{7}{4}\right)-\left(-\dfrac{11}{3}\right)$
$\qquad\qquad\quad =-\dfrac{36}{12}-\dfrac{21}{12}+\dfrac{44}{12}=-\dfrac{13}{12}$

248 답 1805 mL

10일에 □ mL를 마셨다고 하면
□$+(+70)+(-310)+(+55)+(+280)+(-100)=1800$
□$-5=1800$
$\therefore$ □$=1800+5=1805$
따라서 10일에는 1805 mL를 마셨다.

249 답 ③

건물 A의 높이를 0 m라 하면
건물 B의 높이는
$0-8.4=-8.4(\text{m})$
건물 C의 높이는
$-8.4+\dfrac{6}{5}=-\dfrac{42}{5}+\dfrac{6}{5}=-\dfrac{36}{5}(\text{m})$
건물 D의 높이는
$-\dfrac{36}{5}+\dfrac{15}{2}=-\dfrac{72}{10}+\dfrac{75}{10}=\dfrac{3}{10}(\text{m})$
따라서 가장 높은 건물은 D, 가장 낮은 건물은 B이므로 구하는 높이의 차는
$\dfrac{3}{10}-(-8.4)=\dfrac{3}{10}+\dfrac{84}{10}=\dfrac{87}{10}(\text{m})$

250 답 ⑤

① $(+4)\times(+3)=+(4\times3)=+12$
② $(-2)\times(+7)=-(2\times7)=-14$
③ $(-5)\times(-6)=+(5\times6)=+30$
④ $(+32)\div(-8)=-(32\div8)=-4$
⑤ $(-42)\div(+7)=-(42\div7)=-6$
따라서 옳지 않은 것은 ⑤이다.

251 답 -25

$(+30)\times\left(-\dfrac{5}{6}\right)=-\left(30\times\dfrac{5}{6}\right)=-25$

252 답 ③

$\left(-\dfrac{2}{3}\right)\div(-4)=\left(-\dfrac{2}{3}\right)\times\left(-\dfrac{1}{4}\right)=+\left(\dfrac{2}{3}\times\dfrac{1}{4}\right)=\dfrac{1}{6}$

253 답 ④

① 덧셈의 교환법칙　　　　② 덧셈의 결합법칙
④ 분배법칙
따라서 분배법칙이 이용된 곳은 ④이다.

254 답 19

$28\times\left(-\dfrac{4}{7}+\dfrac{5}{4}\right)=28\times\left(-\dfrac{4}{7}\right)+28\times\dfrac{5}{4}$
$\qquad\qquad\qquad\qquad =-16+35=19$

255 답 ③, ④

서로 역수 관계인 두 수의 곱은 1이다.
① $1\times1=1$
② $5\times\dfrac{1}{5}=1$
③ $-\dfrac{3}{4}\times\dfrac{4}{3}=-1\neq1$
④ $0.3=\dfrac{3}{10}$이므로 $\dfrac{3}{10}\times\dfrac{1}{3}=\dfrac{1}{10}\neq1$
⑤ $-\dfrac{7}{2}\times\left(-\dfrac{2}{7}\right)=+\left(\dfrac{7}{2}\times\dfrac{2}{7}\right)=1$
따라서 역수 관계가 아닌 것은 ③, ④이다.
참고 역수의 부호는 바뀌지 않는다.

256 답 $\dfrac{1}{16}$

$\left(-\dfrac{3}{4}\right)\times\left(-\dfrac{2}{15}\right)\div\dfrac{8}{5}=\left(-\dfrac{3}{4}\right)\times\left(-\dfrac{2}{15}\right)\times\dfrac{5}{8}$
$\qquad\qquad\qquad\qquad\qquad =+\left(\dfrac{3}{4}\times\dfrac{2}{15}\times\dfrac{5}{8}\right)=\dfrac{1}{16}$

257 답 ②

ㄱ. $\left(+\dfrac{3}{4}\right)+\left(-\dfrac{1}{2}\right)=\left(+\dfrac{3}{4}\right)+\left(-\dfrac{2}{4}\right)=+\left(\dfrac{3}{4}-\dfrac{2}{4}\right)=+\dfrac{1}{4}$
ㄴ. $(-2.6)-(-1.7)=(-2.6)+(+1.7)$
$\qquad\qquad\qquad\quad =-(2.6-1.7)=-0.9$
ㄷ. $\left(-\dfrac{11}{6}\right)\times\left(+\dfrac{12}{5}\right)=-\left(\dfrac{11}{6}\times\dfrac{12}{5}\right)=-\dfrac{22}{5}$
ㄹ. $\left(-\dfrac{9}{7}\right)\div\left(-\dfrac{3}{14}\right)=\left(-\dfrac{9}{7}\right)\times\left(-\dfrac{14}{3}\right)=+\left(\dfrac{9}{7}\times\dfrac{14}{3}\right)=+6$
따라서 옳은 것은 ㄱ, ㄷ이다.

258 답 ②

ㄱ. $(+3)\times(-7)=-(3\times7)=-21$
ㄴ. $(+6)\times\left(-\dfrac{7}{12}\right)=-\left(6\times\dfrac{7}{12}\right)=-\dfrac{7}{2}$
ㄷ. $\left(-\dfrac{4}{3}\right)\times\left(+\dfrac{9}{2}\right)=-\left(\dfrac{4}{3}\times\dfrac{9}{2}\right)=-6$
ㄹ. $\left(-\dfrac{5}{4}\right)\times\left(-\dfrac{8}{25}\right)=+\left(\dfrac{5}{4}\times\dfrac{8}{25}\right)=\dfrac{2}{5}$
따라서 계산 결과가 작은 것부터 차례로 나열하면 ㄱ, ㄷ, ㄴ, ㄹ
이다.

259 답 ㈎ 교환 ㈏ 결합 ㈐ $-\dfrac{1}{3}$ ㈑ 1.1

$$\left(-\dfrac{6}{5}\right)\times(-3.3)\times\left(+\dfrac{5}{18}\right)$$

$$=\left(-\dfrac{6}{5}\right)\times\left(+\dfrac{5}{18}\right)\times(-3.3)$$ ← 곱셈의 [교환] 법칙

$$=\left\{\left(-\dfrac{6}{5}\right)\times\left(+\dfrac{5}{18}\right)\right\}\times(-3.3)$$ ← 곱셈의 [결합] 법칙

$$=\left\{-\left(\dfrac{6}{5}\times\dfrac{5}{18}\right)\right\}\times(-3.3)$$

$$=\left(\boxed{-\dfrac{1}{3}}\right)\times(-3.3)$$

$$=+\left(\dfrac{1}{3}\times3.3\right)$$

$$=\boxed{1.1}$$

∴ ㈎ 교환 ㈏ 결합 ㈐ $-\dfrac{1}{3}$ ㈑ 1.1

260 답 $-\dfrac{7}{3}$

$$a=\left(-\dfrac{9}{7}\right)\times\left(+\dfrac{28}{27}\right)=-\left(\dfrac{9}{7}\times\dfrac{28}{27}\right)=-\dfrac{4}{3}$$ ······ ❶

$$b=\left(-\dfrac{5}{6}\right)\div\left(-\dfrac{10}{21}\right)=\left(-\dfrac{5}{6}\right)\times\left(-\dfrac{21}{10}\right)$$

$$=+\left(\dfrac{5}{6}\times\dfrac{21}{10}\right)=\dfrac{7}{4}$$ ······ ❷

$$\therefore\ a\times b=\left(-\dfrac{4}{3}\right)\times\dfrac{7}{4}=-\left(\dfrac{4}{3}\times\dfrac{7}{4}\right)=-\dfrac{7}{3}$$ ······ ❸

채점 기준	
❶ a의 값 구하기	30 %
❷ b의 값 구하기	40 %
❸ $a\times b$의 값 구하기	30 %

261 답 ③

① $\left(-\dfrac{8}{3}\right)\times\left(+\dfrac{3}{2}\right)=-\left(\dfrac{8}{3}\times\dfrac{3}{2}\right)=-4$

② $(+10)\div\left(-\dfrac{5}{2}\right)=(+10)\times\left(-\dfrac{2}{5}\right)$

$$=-\left(10\times\dfrac{2}{5}\right)=-4$$

③ $(-24)\div(-2)\div(+3)=(-24)\times\left(-\dfrac{1}{2}\right)\times\left(+\dfrac{1}{3}\right)$

$$=+\left(24\times\dfrac{1}{2}\times\dfrac{1}{3}\right)=+4$$

④ $\left(-\dfrac{5}{6}\right)\times\left(+\dfrac{9}{10}\right)\times\left(+\dfrac{16}{3}\right)=-\left(\dfrac{5}{6}\times\dfrac{9}{10}\times\dfrac{16}{3}\right)=-4$

⑤ $\left(+\dfrac{21}{5}\right)\div(+3)\div\left(-\dfrac{7}{20}\right)=\left(+\dfrac{21}{5}\right)\times\left(+\dfrac{1}{3}\right)\times\left(-\dfrac{20}{7}\right)$

$$=-\left(\dfrac{21}{5}\times\dfrac{1}{3}\times\dfrac{20}{7}\right)=-4$$

따라서 계산 결과가 나머지 넷과 다른 하나는 ③이다.

262 답 ②

① $(-1)^3=-1$ ② $\{-(-1)\}^3=1^3=1$
③ $-1^4=-1$ ④ $-(-1)^4=-1$
⑤ $(-1)^5=-1$

따라서 계산 결과가 나머지 넷과 다른 하나는 ②이다.

263 답 ④

④ $-\dfrac{1}{4^2}=-\dfrac{1}{16}$

264 답 ④

① $-2^2=-4$
② $(-2)^3=-8$
③ $\{-(-2)\}^4=2^4=16$
④ $-(-2)^4=-16$
⑤ $-(-2^5)=-(-32)=32$

따라서 계산 결과가 가장 작은 것은 ④이다.

265 답 ④

$(-3)^2+(-1)^{15}-(-3^2)=9+(-1)-(-9)$

$$=9-1+9=17$$

266 답 ⑴ $A=70,\ B=-560$ ⑵ -490

⑴ $(-8)\times44+(-8)\times26=(-8)\times(44+26)$

$$=(-8)\times70$$

$$=-560$$

∴ $A=70,\ B=-560$

⑵ $A+B=70+(-560)=-490$

267 답 8

$A=0.9\times12.25-0.9\times2.25$

$$=0.9\times(12.25-2.25)$$

$$=0.9\times10=9$$

따라서 9보다 작은 자연수는 1, 2, 3, …, 8의 8개이다.

268 답 $\dfrac{1}{15}$

$(a+b)\times c=a\times c+b\times c$이므로

$$\dfrac{1}{6}=a\times c+\dfrac{1}{10}$$

$$\therefore\ a\times c=\dfrac{1}{6}-\dfrac{1}{10}$$

$$=\dfrac{5}{30}-\dfrac{3}{30}=\dfrac{1}{15}$$

269 답 $\dfrac{2}{5}$

$a=2+(-6)=-4$ ······ ❶

$b=-\dfrac{3}{5}-\left(-\dfrac{1}{2}\right)=-\dfrac{6}{10}+\dfrac{5}{10}=-\dfrac{1}{10}$ ······ ❷

$\therefore\ a\times b=-4\times\left(-\dfrac{1}{10}\right)$

$$=+\left(4\times\dfrac{1}{10}\right)=\dfrac{2}{5}$$ ······ ❸

채점 기준	
❶ a의 값 구하기	30 %
❷ b의 값 구하기	30 %
❸ $a\times b$의 값 구하기	40 %

270 답 $\dfrac{18}{5}$

$\left(-\dfrac{3}{5}\right)^2=\dfrac{9}{25}$, $-\left(\dfrac{3}{5}\right)^2=-\dfrac{9}{25}$, $\dfrac{(-3)^2}{5}=\dfrac{9}{5}$, $-\dfrac{3}{5^2}=-\dfrac{3}{25}$,

$-\dfrac{3^2}{5}=-\dfrac{9}{5}$에서 가장 큰 수는 $\dfrac{9}{5}$, 가장 작은 수는 $-\dfrac{9}{5}$이므로

$a=\dfrac{9}{5}$, $b=-\dfrac{9}{5}$

$\therefore a-b=\dfrac{9}{5}-\left(-\dfrac{9}{5}\right)=\dfrac{9}{5}+\dfrac{9}{5}=\dfrac{18}{5}$

271 답 ①

$a=\dfrac{1}{9}$, $b=-\dfrac{15}{2}$이므로

$a\times b=\dfrac{1}{9}\times\left(-\dfrac{15}{2}\right)=-\left(\dfrac{1}{9}\times\dfrac{15}{2}\right)=-\dfrac{5}{6}$

272 답 $\dfrac{29}{14}$

a는 $-2\dfrac{1}{3}=-\dfrac{7}{3}$의 역수이므로 $a=-\dfrac{3}{7}$ ······ ⓘ

b는 $0.4=\dfrac{2}{5}$의 역수이므로 $b=\dfrac{5}{2}$ ······ ⓘⓘ

$\therefore a+b=-\dfrac{3}{7}+\dfrac{5}{2}=-\dfrac{6}{14}+\dfrac{35}{14}=\dfrac{29}{14}$ ······ ⓘⓘⓘ

채점 기준	
ⓘ a의 값 구하기	30 %
ⓘⓘ b의 값 구하기	30 %
ⓘⓘⓘ $a+b$의 값 구하기	40 %

273 답 ④

① $(-2^4)\times(-1)^4=(-16)\times1=-16$

② $(-3)^2\times(-1)^2=9\times1=9$

③ $(-3)^3\div(-1)^3=(-27)\div(-1)=27$

④ $(-5)^2\div(-1^2)=25\div(-1)=-25$

⑤ $(-1)^{101}\times(-1)^{102}=(-1)\times1=-1$

따라서 옳은 것은 ④이다.

274 답 ②

n이 홀수이면 $(-1)^n=-1$, n이 짝수이면 $(-1)^n=1$이므로

$(-1)^{55}-(-1)^{54}-(-1)^{53}-\cdots-(-1)^2-(-1)$

$=-1-1-(-1)-1-(-1)-\cdots-1-(-1)$

$=-1-1+1-1+1-\cdots-1+1$

$=-1+0+0+\cdots+0$

$=-1$

275 답 ③

① $20\times(-1)^3\div(-2)^2=20\times(-1)\div4=20\times(-1)\times\dfrac{1}{4}$

$\qquad\qquad\qquad\qquad =-\left(20\times1\times\dfrac{1}{4}\right)=-5$

② $(-18)\div(-3)^2\times4=(-18)\div9\times4=(-18)\times\dfrac{1}{9}\times4$

$\qquad\qquad\qquad\qquad =-\left(18\times\dfrac{1}{9}\times4\right)=-8$

③ $4^3\div(-2)^3\times3=64\div(-8)\times3$

$\qquad\qquad\qquad =64\times\left(-\dfrac{1}{8}\right)\times3$

$\qquad\qquad\qquad =-\left(64\times\dfrac{1}{8}\times3\right)=-24$

④ $14\times(-3)^3\div(-7)=14\times(-27)\div(-7)$

$\qquad\qquad\qquad\qquad =14\times(-27)\times\left(-\dfrac{1}{7}\right)$

$\qquad\qquad\qquad\qquad =+\left(14\times27\times\dfrac{1}{7}\right)=54$

⑤ $(-40)\div(-4)^2\times6=(-40)\div16\times6$

$\qquad\qquad\qquad\qquad =(-40)\times\dfrac{1}{16}\times6$

$\qquad\qquad\qquad\qquad =-\left(40\times\dfrac{1}{16}\times6\right)=-15$

따라서 옳지 않은 것은 ③이다.

276 답 48

$a=(-6)\times(-2.5)\times(-0.8)$

$\quad =(-6)\times\left(-\dfrac{5}{2}\right)\times\left(-\dfrac{4}{5}\right)$

$\quad =-\left(6\times\dfrac{5}{2}\times\dfrac{4}{5}\right)=-12$ ······ ⓘ

$b=(-1^3)\times\left(-\dfrac{1}{2}\right)^2=(-1)\times\dfrac{1}{4}=-\dfrac{1}{4}$ ······ ⓘⓘ

$\therefore a\div b=(-12)\div\left(-\dfrac{1}{4}\right)=(-12)\times(-4)=48$ ······ ⓘⓘⓘ

채점 기준	
ⓘ a의 값 구하기	30 %
ⓘⓘ b의 값 구하기	30 %
ⓘⓘⓘ $a\div b$의 값 구하기	40 %

277 답 -3

$a=(-1)^3\times\left(-\dfrac{2}{3}\right)^2\times\dfrac{3}{4}$

$\quad =(-1)\times\dfrac{4}{9}\times\dfrac{3}{4}$

$\quad =-\left(1\times\dfrac{4}{9}\times\dfrac{3}{4}\right)=-\dfrac{1}{3}$

$a\times b=1$에서 b는 a의 역수이므로

$b=-3$

278 답 $\dfrac{2}{3}$

$1.6=\dfrac{8}{5}$의 역수는 $\dfrac{5}{8}$이므로 $a=\dfrac{5}{8}\times4=\dfrac{5}{2}$

$-0.3=-\dfrac{3}{10}$이므로 $b=-\dfrac{10}{3}$

$c=-\dfrac{8}{9}$

$\therefore a\div b\times c=\dfrac{5}{2}\div\left(-\dfrac{10}{3}\right)\times\left(-\dfrac{8}{9}\right)$

$\qquad\qquad =\dfrac{5}{2}\times\left(-\dfrac{3}{10}\right)\times\left(-\dfrac{8}{9}\right)$

$\qquad\qquad =+\left(\dfrac{5}{2}\times\dfrac{3}{10}\times\dfrac{8}{9}\right)=\dfrac{2}{3}$

279 답 ③

$$\left(-\frac{2}{5}\right)\times\left(-\frac{5}{8}\right)\times\left(-\frac{8}{11}\right)\times\cdots\times\left(-\frac{29}{32}\right)$$
$$\underbrace{}_{\text{음수가 10개}}$$
$$=+\left(\frac{2}{5}\times\frac{5}{8}\times\frac{8}{11}\times\cdots\times\frac{29}{32}\right)$$
$$=\frac{1}{16}$$

280 답 0

n이 홀수일 때, $n+1$은 짝수, $n+2$는 홀수, $n\times2$는 짝수이므로
$(-1)^n-(-1)^{n+1}-(-1)^{n+2}+(-1)^{n\times2}$
$=-1-1-(-1)+1$
$=-1-1+1+1$
$=0$

281 답 ⑤

$a=1$이라 하면
① $(-a)^2=(-1)^2=1>0$
② $-(-a)^3=-(-1)^3=-(-1)=1>0$
③ $-(-a^4)=-(-1^4)=-(-1)=1>0$
④ $-a^3\times(-1)^9=-1^3\times(-1)^9=-1\times(-1)=1>0$
⑤ $(-a)^5\times(-1)^{10}=(-1)^5\times(-1)^{10}=-1\times1=-1<0$
따라서 계산 결과가 음수인 것은 ⑤이다.

282 답 ①

$$\left(-\frac{1}{3}\right)\div\left(+\frac{3}{5}\right)\div\left(-\frac{5}{7}\right)\div\left(+\frac{7}{9}\right)\div\cdots\div\left(-\frac{17}{19}\right)\div\left(+\frac{19}{21}\right)$$
$$=\left(-\frac{1}{3}\right)\times\left(+\frac{5}{3}\right)\times\left(-\frac{7}{5}\right)\times\left(+\frac{9}{7}\right)\times\cdots\times\left(-\frac{19}{17}\right)\times\left(+\frac{21}{19}\right)$$
$$\underbrace{}_{\text{음수가 5개}}$$
$$=-\left(\frac{1}{3}\times\frac{5}{3}\times\frac{7}{5}\times\frac{9}{7}\times\cdots\times\frac{19}{17}\times\frac{21}{19}\right)$$
$$=-\frac{7}{3}$$

283 답 $-\dfrac{1}{6}$

$$\square=\frac{5}{8}\div\left(-\frac{15}{4}\right)=\frac{5}{8}\times\left(-\frac{4}{15}\right)=-\frac{1}{6}$$

284 답 ①

$a=\dfrac{27}{16}\div\left(-\dfrac{9}{8}\right)=\dfrac{27}{16}\times\left(-\dfrac{8}{9}\right)=-\dfrac{3}{2}$
$b=\dfrac{5}{6}\div\left(-\dfrac{1}{24}\right)=\dfrac{5}{6}\times(-24)=-20$
$\therefore a\times b=\left(-\dfrac{3}{2}\right)\times(-20)=30$

285 답 ②

$\left(-\dfrac{1}{4}\right)\times\dfrac{16}{5}\div\square=-\dfrac{3}{10}$에서 $\left(-\dfrac{4}{5}\right)\div\square=-\dfrac{3}{10}$
$\therefore \square=\left(-\dfrac{4}{5}\right)\div\left(-\dfrac{3}{10}\right)=\left(-\dfrac{4}{5}\right)\times\left(-\dfrac{10}{3}\right)=\dfrac{8}{3}$

286 답 $-\dfrac{5}{2}$

$\left(-\dfrac{4}{3}\right)\div\left(-\dfrac{5}{9}\right)\times\square=-6$에서
$\left(-\dfrac{4}{3}\right)\times\left(-\dfrac{9}{5}\right)\times\square=-6$, $\dfrac{12}{5}\times\square=-6$
$\therefore \square=(-6)\div\dfrac{12}{5}=(-6)\times\dfrac{5}{12}=-\dfrac{5}{2}$

287 답 $-\dfrac{4}{3}$, $\dfrac{4}{5}$

어떤 수를 $\square$라 하면 $\square\times\left(-\dfrac{5}{3}\right)=\dfrac{20}{9}$이므로
$\square=\dfrac{20}{9}\div\left(-\dfrac{5}{3}\right)=\dfrac{20}{9}\times\left(-\dfrac{3}{5}\right)=-\dfrac{4}{3}$
즉, 어떤 수는 $-\dfrac{4}{3}$이다. ...... **ⓘ**
따라서 바르게 계산하면
$\left(-\dfrac{4}{3}\right)\div\left(-\dfrac{5}{3}\right)=\left(-\dfrac{4}{3}\right)\times\left(-\dfrac{3}{5}\right)=\dfrac{4}{5}$ ...... **ⓘⓘ**

채점 기준	
ⓘ 어떤 수 구하기	50 %
ⓘⓘ 바르게 계산한 답 구하기	50 %

288 답 ②

어떤 수를 $\square$라 하면 $\square\div\dfrac{9}{4}=-\dfrac{1}{6}$이므로
$\square=\left(-\dfrac{1}{6}\right)\times\dfrac{9}{4}=-\dfrac{3}{8}$
따라서 바르게 계산하면
$\left(-\dfrac{3}{8}\right)\times\dfrac{9}{4}=-\dfrac{27}{32}$

289 답 ②

$A\times\left(-\dfrac{5}{2}\right)=-\dfrac{10}{3}$이므로
$A=\left(-\dfrac{10}{3}\right)\div\left(-\dfrac{5}{2}\right)=\left(-\dfrac{10}{3}\right)\times\left(-\dfrac{2}{5}\right)=\dfrac{4}{3}$
따라서 바르게 계산하면
$B=\dfrac{4}{3}+\left(-\dfrac{5}{2}\right)=\dfrac{8}{6}+\left(-\dfrac{15}{6}\right)=-\dfrac{7}{6}$
$\therefore A\div B=\dfrac{4}{3}\div\left(-\dfrac{7}{6}\right)=\dfrac{4}{3}\times\left(-\dfrac{6}{7}\right)=-\dfrac{8}{7}$

290 답 $-\dfrac{39}{2}$

-2가 적힌 면과 마주 보는 면에 적힌 수는
$-3-(-2)=-3+2=-1$
$\dfrac{4}{3}$가 적힌 면과 마주 보는 면에 적힌 수는
$-3-\dfrac{4}{3}=-\dfrac{13}{3}$
$-\dfrac{15}{2}$가 적힌 면과 마주 보는 면에 적힌 수는
$-3-\left(-\dfrac{15}{2}\right)=-3+\dfrac{15}{2}=\dfrac{9}{2}$
따라서 가장 큰 수는 $\dfrac{9}{2}$, 가장 작은 수는 $-\dfrac{13}{3}$이므로 두 수의 곱은
$\dfrac{9}{2}\times\left(-\dfrac{13}{3}\right)=-\dfrac{39}{2}$

291 답 ①

a는 -4의 역수이므로 $a = -\dfrac{1}{4}$

b는 $\dfrac{5}{6}$의 역수이므로 $b = \dfrac{6}{5}$

c는 $-4.5 = -\dfrac{9}{2}$의 역수이므로 $c = -\dfrac{2}{9}$

$\therefore b \times c \div a^2 = \dfrac{6}{5} \times \left(-\dfrac{2}{9}\right) \div \left(-\dfrac{1}{4}\right)^2$

$\qquad = \dfrac{6}{5} \times \left(-\dfrac{2}{9}\right) \div \dfrac{1}{16}$

$\qquad = \dfrac{6}{5} \times \left(-\dfrac{2}{9}\right) \times 16 = -\dfrac{64}{15}$

292 답 ④

세 수를 뽑아 곱한 값이 가장 크려면 양수이어야 하므로 음수 2개와 양수 중 절댓값이 큰 수 1개를 곱해야 한다.

따라서 가장 큰 수는

$\left(-\dfrac{3}{2}\right) \times 4 \times \left(-\dfrac{2}{5}\right) = \dfrac{12}{5}$

세 수를 뽑아 곱한 값이 가장 작으려면 음수이어야 하므로 양수 2개와 음수 중 절댓값이 큰 수 1개를 곱해야 한다.

따라서 가장 작은 수는

$\left(-\dfrac{3}{2}\right) \times \dfrac{3}{8} \times 4 = -\dfrac{9}{4}$

293 답 $-\dfrac{9}{50}$

세 수를 뽑아 곱한 값이 가장 크려면 양수이어야 하므로 음수 중 절댓값이 큰 수 2개와 양수 1개를 곱해야 한다.

$\therefore a = \left(-\dfrac{9}{2}\right) \times \dfrac{3}{10} \times (-2) = \dfrac{27}{10}$ ······ ❶

세 수를 뽑아 곱한 값이 가장 작으려면 음수이어야 하므로 음수 3개를 곱해야 한다.

$\therefore b = \left(-\dfrac{5}{3}\right) \times \left(-\dfrac{9}{2}\right) \times (-2) = -15$ ······ ❷

$\therefore a \div b = \dfrac{27}{10} \div (-15) = \dfrac{27}{10} \times \left(-\dfrac{1}{15}\right) = -\dfrac{9}{50}$ ······ ❸

채점 기준	
❶ a의 값 구하기	40 %
❷ b의 값 구하기	40 %
❸ $a \div b$의 값 구하기	20 %

294 답 -19

㈎에서 절댓값이 3인 음의 정수는 -3

나머지 두 수를 a, b $(a < b < 0)$라 하면 ㈏에서

$a \times b \times (-3) = -45$이므로

$a \times b = (-45) \div (-3) = 15$

$\therefore a = -15$, $b = -1$ 또는 $a = -5$, $b = -3$

이때 $a = -5$, $b = -3$이면 세 수는 -5, -3, -3이므로 세 수가 서로 다르다는 조건을 만족시키지 않는다.

$\therefore a = -15$, $b = -1$

따라서 세 수는 -15, -3, -1이므로 구하는 합은

$-15 + (-3) + (-1) = -19$

295 답 $\dfrac{20}{3}$

$\left(-\dfrac{4}{3}\right) \div \square \times \left(-\dfrac{2}{5}\right) = \dfrac{2}{25}$에서

$\left(-\dfrac{4}{3}\right) \div \square = \dfrac{2}{25} \div \left(-\dfrac{2}{5}\right) = \dfrac{2}{25} \times \left(-\dfrac{5}{2}\right) = -\dfrac{1}{5}$

즉, $\left(-\dfrac{4}{3}\right) \div \square = -\dfrac{1}{5}$이므로

$\square = \left(-\dfrac{4}{3}\right) \div \left(-\dfrac{1}{5}\right) = \left(-\dfrac{4}{3}\right) \times (-5) = \dfrac{20}{3}$

296 답 $\dfrac{9}{2}$

계산한 결과가 가장 크려면 양수이어야 하므로 음수 2개, 양수 1개를 넣어야 한다.

또 ㉢에는 절댓값이 가장 작은 수를 넣어야 하고,

$\left|-\dfrac{7}{12}\right| < \left|\dfrac{9}{14}\right| < \left|\dfrac{3}{2}\right| < \left|-\dfrac{7}{4}\right|$이므로 ㉢에 넣는 수는 $-\dfrac{7}{12}$

즉, ㉠, ㉡에는 $-\dfrac{7}{4}$과 양수 중 절댓값이 큰 $\dfrac{3}{2}$을 넣어야 한다.

이때 곱셈의 교환법칙이 성립하므로 ㉠, ㉡에 넣는 수의 위치는 바꿀 수 있다.

따라서 구하는 가장 큰 값은

$\left(-\dfrac{7}{4}\right) \times \dfrac{3}{2} \div \left(-\dfrac{7}{12}\right) = \left(-\dfrac{7}{4}\right) \times \dfrac{3}{2} \times \left(-\dfrac{12}{7}\right) = \dfrac{9}{2}$

297 답 $\dfrac{55}{12}$, $-\dfrac{33}{2}$

세 수를 뽑아 곱한 값이 가장 크려면 양수이어야 하므로 양수 3개 또는 음수 2개, 양수 중 절댓값이 큰 수 1개를 곱해야 한다.

(ⅰ) 양수 3개를 곱하는 경우

$2 \times \dfrac{5}{6} \times \dfrac{11}{4} = \dfrac{55}{12}$

(ⅱ) 음수 2개, 양수 중 절댓값이 큰 수 1개를 곱하는 경우

$(-3) \times \left(-\dfrac{4}{9}\right) \times \dfrac{11}{4} = \dfrac{11}{3}$

(ⅰ), (ⅱ)에서 가장 큰 수는 $\dfrac{55}{12}$

세 수를 뽑아 곱한 값이 가장 작으려면 음수이어야 하므로 양수 중 절댓값이 큰 수 2개, 음수 중 절댓값이 큰 수 1개를 곱해야 한다.

따라서 가장 작은 수는

$2 \times \dfrac{11}{4} \times (-3) = -\dfrac{33}{2}$

298 답 ⑤

$|a| = |b|$이고 a, b는 서로 다른 수이므로 $b = -a$

$a + b + c = -\dfrac{3}{4}$에서

$a + (-a) + c = -\dfrac{3}{4}$ $\qquad \therefore c - \dfrac{3}{4}$

$a \times b \times c = \dfrac{1}{12}$에서 $a \times (-a) \times \left(-\dfrac{3}{4}\right) = \dfrac{1}{12}$이므로

$a \times (-a) = \dfrac{1}{12} \div \left(-\dfrac{3}{4}\right)$

$\qquad = \dfrac{1}{12} \times \left(-\dfrac{4}{3}\right) = \dfrac{1}{3} \times \left(-\dfrac{1}{3}\right)$

$$\therefore |a|=|b|=\frac{1}{3}$$

$$\therefore |a|+|b|+|c|=\frac{1}{3}+\frac{1}{3}+\left|-\frac{3}{4}\right|$$
$$=\frac{4}{12}+\frac{4}{12}+\frac{9}{12}=\frac{17}{12}$$

299 답 ②

① 부호를 알 수 없다.

② (양수)−(음수) ➡ (양수)

③ (음수)−(양수) ➡ (음수)

④ (양수)×(음수) ➡ (음수)

⑤ (양수)÷(음수) ➡ (음수)

따라서 항상 양수인 것은 ②이다.

300 답 ③

① $-a>0$이므로 (양수)+(양수) ➡ (양수)

② $-b<0$이므로 (음수)×(음수) ➡ (양수)

③ (음수)÷(양수) ➡ (음수)

④ $a^2>0$이므로 (양수)×(양수) ➡ (양수)

⑤ $-a>0$, $b^2>0$이므로 (양수)÷(양수) ➡ (양수)

따라서 부호가 나머지 넷과 다른 하나는 ③이다.

301 답 ①

① $a>0$, $b<0$에서 두 수의 부호가 다르고, $|a|<|b|$에서 절댓값이 큰 수의 부호가 음수이므로

$$a+b<0$$

② (양수)−(음수) ➡ (양수)

③ (음수)−(양수) ➡ (음수)

④ (양수)×(음수) ➡ (음수)

⑤ $b^2>0$이므로 (양수)÷(양수) ➡ (양수)

따라서 옳지 않은 것은 ①이다.

302 답 2

$a\times b>0$에서 두 수의 부호가 같으므로

$a>0$, $b>0$ 또는 $a<0$, $b<0$

이때 $a+b<0$이므로 $a<0$, $b<0$ ...... ❶

$|a|=3$, $|b|=5$이므로

$a=-3$, $b=-5$ ...... ❷

$$\therefore a-b=-3-(-5)=-3+5=2$$ ...... ❸

채점 기준	
❶ a, b의 부호 구하기	50 %
❷ a, b의 값 구하기	20 %
❸ $a-b$의 값 구하기	30 %

303 답 ③

$b\div a<0$에서 두 수의 부호가 다르므로

$a>0$, $b<0$ 또는 $a<0$, $b>0$

이때 $a-b<0$이므로 $a<0$, $b>0$

$b\times c>0$에서 두 수의 부호가 같고 $b>0$이므로 $c>0$

$$\therefore a<0, b>0, c>0$$

304 답 ①

$a\times b>0$에서 두 수의 부호가 같으므로

$a>0$, $b>0$ 또는 $a<0$, $b<0$

이때 $a+b<0$이므로 $a<0$, $b<0$

a, b가 모두 음수이고 $a-b>0$이므로 $|a|<|b|$

305 답 ⑤

$a\times b<0$에서 두 수의 부호가 다르므로

$a>0$, $b<0$ 또는 $a<0$, $b>0$

이때 $a>b$이므로 $a>0$, $b<0$

①, ②, ③ $b<a+b<a$

④ $a-(음수)>a$이므로 $a<a-b$

⑤ $b-(양수)<b$이므로 $b-a<b$

따라서 $b-a<b<a+b<a<a-b$이므로 가장 작은 것은 $b-a$이다.

306 답 (1) ㉣, ㉤, ㉢, ㉡, ㉠ (2) $\frac{16}{3}$

(1) 계산 순서를 차례로 나열하면

㉣, ㉤, ㉢, ㉡, ㉠ ...... ❶

(2) $-1+\frac{10}{3}\times\left\{2-\left(-\frac{1}{4}\right)^2\div\frac{5}{8}\right\}$

$=-1+\frac{10}{3}\times\left(2-\frac{1}{16}\div\frac{5}{8}\right)$

$=-1+\frac{10}{3}\times\left(2-\frac{1}{16}\times\frac{8}{5}\right)$

$=-1+\frac{10}{3}\times\left(2-\frac{1}{10}\right)$

$=-1+\frac{10}{3}\times\frac{19}{10}$

$=-1+\frac{19}{3}=\frac{16}{3}$ ...... ❷

채점 기준	
❶ 주어진 식의 계산 순서 나열하기	30 %
❷ 주어진 식 계산하기	70 %

307 답 $\frac{13}{4}$

$2-\left[(-1)^5+\left\{-4+\left(1+\frac{1}{6}\right)\times\frac{3}{2}\right\}\div 9\right]$

$=2-\left\{-1+\left(-4+\frac{7}{6}\times\frac{3}{2}\right)\div 9\right\}$

$=2-\left\{-1+\left(-4+\frac{7}{4}\right)\div 9\right\}$

$=2-\left\{-1+\left(-\frac{9}{4}\right)\times\frac{1}{9}\right\}$

$=2-\left\{-1+\left(-\frac{1}{4}\right)\right\}$

$=2-\left(-\frac{5}{4}\right)$

$=2+\frac{5}{4}=\frac{13}{4}$

308 답 ④

① $\{-4+(-5)^2\}\div 3=(-4+25)\div 3$
$=21\div 3=7$

② $10-\{2\times(-3)-(-2)^3\}=10-\{-6-(-8)\}$
$\qquad\qquad\qquad\qquad\qquad =10-(-6+8)$
$\qquad\qquad\qquad\qquad\qquad =10-2=8$

③ $\dfrac{3}{4}\times\left(-2-\dfrac{2}{5}\right)\div\left(-\dfrac{6}{5}\right)=\dfrac{3}{4}\times\left(-\dfrac{12}{5}\right)\div\left(-\dfrac{6}{5}\right)$
$\qquad\qquad\qquad\qquad\qquad\qquad =\dfrac{3}{4}\times\left(-\dfrac{12}{5}\right)\times\left(-\dfrac{5}{6}\right)=\dfrac{3}{2}$

④ $\dfrac{3}{2}-\left\{1-\dfrac{2}{3}\times\left(-\dfrac{1}{2}\right)^2\right\}=\dfrac{3}{2}-\left(1-\dfrac{2}{3}\times\dfrac{1}{4}\right)$
$\qquad\qquad\qquad\qquad\qquad =\dfrac{3}{2}-\left(1-\dfrac{1}{6}\right)$
$\qquad\qquad\qquad\qquad\qquad =\dfrac{3}{2}-\dfrac{5}{6}$
$\qquad\qquad\qquad\qquad\qquad =\dfrac{9}{6}-\dfrac{5}{6}=\dfrac{2}{3}$

⑤ $1-\left(-\dfrac{1}{3}\right)^2\times\left\{2+\left(-\dfrac{1}{2}\right)^3\right\}=1-\dfrac{1}{9}\times\left\{2+\left(-\dfrac{1}{8}\right)\right\}$
$\qquad\qquad\qquad\qquad\qquad\qquad =1-\dfrac{1}{9}\times\dfrac{15}{8}$
$\qquad\qquad\qquad\qquad\qquad\qquad =1-\dfrac{5}{24}=\dfrac{19}{24}$

따라서 계산 결과가 가장 작은 것은 ④이다.

309 답 $\dfrac{5}{8}$

$A=3^3-\{1-20\times(-5)\div(-2)^2\}$
$=27-\{1-20\times(-5)\div4\}$
$=27-\left\{1-20\times(-5)\times\dfrac{1}{4}\right\}$
$=27-\{1-(-25)\}$
$=27-(1+25)$
$=27-26=1$

$B=-1-\left(\dfrac{1}{4}-\dfrac{2}{3}\right)\times3-\left(-\dfrac{1}{2}\right)^3$
$=-1-\left(\dfrac{3}{12}-\dfrac{8}{12}\right)\times3-\left(-\dfrac{1}{8}\right)$
$=-1-\left(-\dfrac{5}{12}\right)\times3+\dfrac{1}{8}$
$=-1-\left(-\dfrac{5}{4}\right)+\dfrac{1}{8}$
$=-\dfrac{8}{8}+\dfrac{10}{8}+\dfrac{1}{8}=\dfrac{3}{8}$

$\therefore\ A-B=1-\dfrac{3}{8}=\dfrac{5}{8}$

310 답 ④

두 수 -5, $\dfrac{19}{3}$에 대응하는 두 점 사이의 거리는
$\dfrac{19}{3}-(-5)=\dfrac{19}{3}+5=\dfrac{34}{3}$
따라서 주어진 두 점으로부터 같은 거리에 있는 점에 대응하는 수는
$-5+\dfrac{34}{3}\times\dfrac{1}{2}=-5+\dfrac{17}{3}=\dfrac{2}{3}$

311 답 29점

지안이는 4문제를 맞히고 3문제를 틀렸으므로 지안이의 점수는
$20+(+3)\times4+(-1)\times3=20+12-3=29$(점)

312 답 12

수아는 7번 이기고 3번 졌으므로 수아의 위치는
$(+2)\times7+(-1)\times3=14-3=11$ ⋯⋯ ⓘ
민혁이는 3번 이기고 7번 졌으므로 민혁이의 위치는
$(+2)\times3+(-1)\times7=6-7=-1$ ⋯⋯ ⓘⓘ
따라서 수아와 민혁이의 위치의 차는
$11-(-1)=11+1=12$ ⋯⋯ ⓘⓘⓘ

채점 기준	
ⓘ 수아의 위치 구하기	40 %
ⓘⓘ 민혁이의 위치 구하기	40 %
ⓘⓘⓘ 수아와 민혁이의 위치의 차 구하기	20 %

313 답 ⑤

$A=(-6)\times(-5)+2=30+2=32$이므로
$B=(32-4)\div2=28\div2=14$

314 답 $-\dfrac{13}{3}$

8을 프로그램 A에 입력하면
$(8-2)\times\dfrac{5}{3}=6\times\dfrac{5}{3}=10$
10을 프로그램 B에 입력하면
$10\times\dfrac{1}{4}+\dfrac{17}{6}=\dfrac{5}{2}+\dfrac{17}{6}=\dfrac{15}{6}+\dfrac{17}{6}=\dfrac{16}{3}$
$\dfrac{16}{3}$을 프로그램 C에 입력하면
$\left\{\dfrac{16}{3}+(-3)^3\right\}\div5=\left(\dfrac{16}{3}-27\right)\div5=\left(-\dfrac{65}{3}\right)\times\dfrac{1}{5}=-\dfrac{13}{3}$

315 답 ③

두 점 A, B 사이의 거리는
$\dfrac{31}{6}-\left(-\dfrac{4}{3}\right)=\dfrac{31}{6}+\dfrac{8}{6}=\dfrac{13}{2}$
점 C에 대응하는 수는
$\dfrac{31}{6}-\dfrac{13}{2}\times\dfrac{1}{3}=\dfrac{31}{6}-\dfrac{13}{6}=3$

최고수준 도전 기출 66~67쪽

316 답 ②

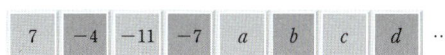

위의 그림에서
$-11+a=-7$이므로 $a=-7-(-11)=-7+11=4$
$-7+b=4$이므로 $b=4-(-7)=4+7=11$
$4+c=11$이므로 $c=11-4=7$
$11+d=7$이므로 $d=7-11=-4$
$\qquad\vdots$

따라서 칸에 적힌 수는 7, -4, -11, -7, 4, 11이 이 순서대로 반복된다.

이때 $100=6\times16+4$이므로 100번째 칸에 적히는 수는 4번째 칸에 적힌 수와 같은 -7이다.

317 답 ⑤

전략 조건 (개), (내)를 만족시키는 세 수를 찾고 그 합을 구하여 조건 (대)를 만족시키는지 확인한다.

(개)에서 $|c|<|b|<|a|$이므로 a, b, c는 절댓값이 서로 다른 정수이다.

(내)에서 $a\times b\times c=20$이고 20을 서로 다른 세 양의 정수의 곱으로 나타내면

$20=10\times2\times1$ 또는 $20=5\times4\times1$

$\therefore |a|=10$, $|b|=2$, $|c|=1$ 또는 $|a|=5$, $|b|=4$, $|c|=1$

(내)에서 세 수의 곱이 양수이고, (대)에서 세 수의 합이 음수이므로 a, b, c는 양수 1개, 음수 2개이어야 한다.

(i) $|a|=10$, $|b|=2$, $|c|=1$인 경우

$a=10$, $b=-2$, $c=-1$이면 $a+b+c=7$

$a=-10$, $b=2$, $c=-1$이면 $a+b+c=-9$

$a=-10$, $b=-2$, $c=1$이면 $a+b+c=-11$

(ii) $|a|=5$, $|b|=4$, $|c|=1$인 경우

$a=5$, $b=-4$, $c=-1$이면 $a+b+c=0$

$a=-5$, $b=4$, $c=-1$이면 $a+b+c=-2$

$a=-5$, $b=-4$, $c=1$이면 $a+b+c=-8$

(i), (ii)에서 (대)를 만족시키는 경우는

$a=-10$, $b=2$, $c=-1$

$\therefore b+c-a=2+(-1)-(-10)$

$\qquad\qquad =2-1+10=11$

318 답 50

n이 짝수일 때,

$n+2$, $n+4$, $\cdots$, $n+98$은 짝수이므로

$(-1)^n=(-1)^{n+2}=(-1)^{n+4}=\cdots=(-1)^{n+98}=1$

$n+1$, $n+3$, $\cdots$, $n+99$는 홀수이므로

$(-1)^{n+1}=(-1)^{n+3}=\cdots=(-1)^{n+99}=-1$

$\therefore (-1)^n\times100+(-1)^{n+1}\times99+(-1)^{n+2}\times98$

$\quad +\cdots+(-1)^{n+98}\times2+(-1)^{n+99}\times1$

$=100-99+98-97+\cdots+2-1$

$=(100-99)+(98-97)+\cdots+(2-1)$

$=\underbrace{1+1+\cdots+1}_{50개}$

$=50$

319 답 ①

$a\div b>0$에서 두 수의 부호가 같으므로

$a>0$, $b>0$ 또는 $a<0$, $b<0$

이때 $a+b<0$이므로 $a<0$, $b<0$

$|b|=|c|$이고 b, c는 서로 다른 수이므로

$c=-b$ $\quad\therefore c>0$

① $b+c=0$이므로 $a+b+c=a<0$

② (음수)+(음수)-(양수) ➡ (음수)

③ $a-b+c=a-2b$

(음수)-(음수)이므로 부호를 알 수 없다.

④ (음수)×(음수)×(양수) ➡ (양수)

⑤ $b+c=0$이므로 $a\times(b+c)=a\times0=0$

따라서 옳은 것은 ①이다.

320 답 $a=-\dfrac{18}{5}$, $b=6$, $c=-\dfrac{5}{3}$

$\left|\dfrac{1}{2}\right|<|3|$이므로 $b=3\div\dfrac{1}{2}=3\times2=6$

$|3|<|-5|$이므로 $c=(-5)\div3=(-5)\times\dfrac{1}{3}=-\dfrac{5}{3}$

$|6|>\left|-\dfrac{5}{3}\right|$이므로 $a=6\div\left(-\dfrac{5}{3}\right)=6\times\left(-\dfrac{3}{5}\right)=-\dfrac{18}{5}$

321 답 ②

전략 a cm를 b %만큼 늘이면 $\left(a+a\times\dfrac{b}{100}\right)$ cm, c %만큼 줄이면 $\left(a-a\times\dfrac{c}{100}\right)$ cm임을 이용한다.

직사각형의 가로의 길이는

$15+15\times\dfrac{40}{100}=15+6=21\,(\text{cm})$

직사각형의 세로의 길이는

$15-15\times\dfrac{20}{100}=15-3=12\,(\text{cm})$

따라서 직사각형의 넓이는

$21\times12=252\,(\text{cm}^2)$

322 답 ①

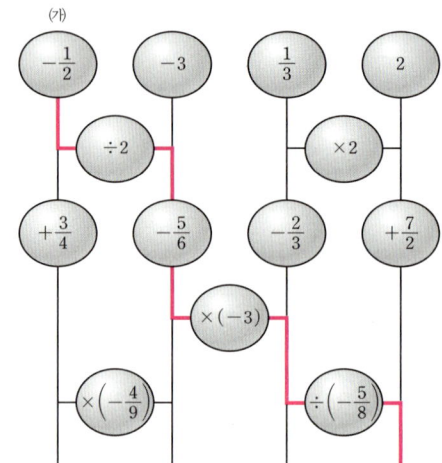

(개)에서 출발하여 사다리를 타면서 만나는 연산을 차례로 계산하면 다음과 같다.

$\left(-\dfrac{1}{2}\right)\div2=\left(-\dfrac{1}{2}\right)\times\dfrac{1}{2}=-\dfrac{1}{4}$

➡ $\left(-\dfrac{1}{4}\right)-\dfrac{5}{6}=\left(-\dfrac{3}{12}\right)-\dfrac{10}{12}=-\dfrac{13}{12}$

➡ $\left(-\dfrac{13}{12}\right)\times(-3)=\dfrac{13}{4}$

➡ $\dfrac{13}{4}\div\left(-\dfrac{5}{8}\right)=\dfrac{13}{4}\times\left(-\dfrac{8}{5}\right)=-\dfrac{26}{5}$

05 문자의 사용과 식

난이도별 필수 기출 70~84쪽

323 답 ②

324 답 ③, ④
① $a \times a \times a \times b = a^3 b$
② $(x-y) \div 5 = \dfrac{x-y}{5}$
③ $a \times b \div c = a \times b \times \dfrac{1}{c} = \dfrac{ab}{c}$
⑤ $a \times (-2) + b \times 7 = -2a + 7b$
따라서 옳은 것은 ③, ④이다.

325 답 ③
① $a \div 4 \times b = a \times \dfrac{1}{4} \times b = \dfrac{ab}{4}$
② $a \times b \div \dfrac{3}{5} c = a \times b \times \dfrac{5}{3c} = \dfrac{5ab}{3c}$
③ $0.1 \times a \times a \times a = 0.1a^3$
④ $a \times a \times a \times a \div 6 = a \times a \times a \times a \times \dfrac{1}{6} = \dfrac{a^4}{6}$
따라서 옳지 않은 것은 ③이다.

326 답 ④
① $a \div b \div c = a \times \dfrac{1}{b} \times \dfrac{1}{c} = \dfrac{a}{bc}$
② $a \times \dfrac{1}{b} \div c = a \times \dfrac{1}{b} \times \dfrac{1}{c} = \dfrac{a}{bc}$
③ $a \div (b \times c) = a \div bc = \dfrac{a}{bc}$
④ $a \times (b \div c) = a \times \dfrac{b}{c} = \dfrac{ab}{c}$
⑤ $(a \div b) \times \dfrac{1}{c} = \dfrac{a}{b} \times \dfrac{1}{c} = \dfrac{a}{bc}$
따라서 나머지 넷과 다른 하나는 ④이다.

327 답 $(4a+5b)$점
$4 \times a + 5 \times b = 4a + 5b$(점)

328 답 $\dfrac{(a+b)h}{2}$ cm²
$\dfrac{1}{2} \times \{(\text{윗변의 길이}) + (\text{아랫변의 길이})\} \times (\text{높이})$
$= \dfrac{1}{2} \times (a+b) \times h$
$= \dfrac{(a+b)h}{2}$ (cm²)

329 답 ③
① $10 \times a + b = 10a + b$
② $\dfrac{a+b}{2}$점
④ $4x$ g
⑤ $6x+2$
따라서 옳은 것은 ③이다.

330 답 ②, ④
① 1분은 60초이므로 a분 b초는 $(60a+b)$초
② 1시간은 60분이므로 a시간 b분은 $(60a+b)$분
③ 1 m는 100 cm이므로 a m b cm는 $(100a+b)$ cm
④ 1 kg은 1000 g이므로 a kg b g은 $(1000a+b)$ g
⑤ 1 L는 1000 mL이므로 a L b mL는 $(1000a+b)$ mL
따라서 옳은 것은 ②, ④이다.

331 답 ③
ㄱ. $2(a+b)$ cm   ㄹ. $x \times y \times 5 = 5xy$(cm³)
따라서 옳은 것은 ㄴ, ㄷ이다.

332 답 ③
4자루에 a원인 연필 한 자루의 가격은 $\dfrac{a}{4}$ 원이므로 연필 5자루의 가격은 $\dfrac{a}{4} \times 5 = \dfrac{5a}{4}$(원)
3개에 1500원인 지우개 한 개의 가격은 $\dfrac{1500}{3} = 500$(원)이므로 지우개 b개의 가격은 $500 \times b = 500b$(원)
따라서 구하는 가격의 합은 $\left(\dfrac{5a}{4} + 500b\right)$원

333 답 $\dfrac{15x+13y}{28}$초
남학생 15명의 50 m 달리기 기록의 총합은
$15 \times x = 15x$(초)   ……❶
여학생 13명의 50 m 달리기 기록의 총합은
$13 \times y = 13y$(초)   ……❷
전체 학생은 28명이므로 구하는 평균은
$\dfrac{15x+13y}{28}$(초)   ……❸

채점 기준

❶ 남학생의 기록의 총합 구하기		30 %
❷ 여학생의 기록의 총합 구하기		30 %
❸ 반 전체 학생의 평균을 문자를 사용한 식으로 나타내기		40 %

334 답 ④
$20000 - 20000 \times \dfrac{a}{100} = 20000 - 200a$(원)

335 답 ③
오른쪽 그림과 같이 사각형을 두 개의 삼각형으로 나누면 사각형의 넓이는
$\dfrac{1}{2} \times 8 \times a + \dfrac{1}{2} \times b \times 6 = 4a + 3b$

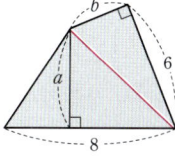

336 답 ②
ㄱ. $(\text{속력}) = \dfrac{(\text{거리})}{(\text{시간})}$이므로 시속 $\dfrac{200}{x}$ km
ㄴ. $(30+6a)$ g
ㄹ. $(50+5m)$ L
따라서 옳은 것은 ㄱ, ㄷ이다.

337 답 ③

$2 \, \text{kg} = 2000 \, \text{g}$이고, $(\text{소금의 양}) = \dfrac{(\text{소금물의 농도})}{100} \times (\text{소금물의 양})$

이므로 구하는 소금의 양은

$\dfrac{a}{100} \times 2000 = 20a(\text{g})$

338 답 $(220 - 60x) \, \text{km}$

$(\text{거리}) = (\text{속력}) \times (\text{시간})$이므로

$(x\text{시간 동안 간 거리}) = 60 \times x$

$\qquad\qquad\qquad\qquad = 60x(\text{km})$ ...... ⓘ

$\therefore \ (\text{남은 거리})$

$\quad = (\text{두 지점 A, B 사이의 거리}) - (x\text{시간 동안 간 거리})$

$\quad = 220 - 60x(\text{km})$ ...... ⓘ

채점 기준

ⓘ x시간 동안 간 거리 구하기	50 %
ⓘ 남은 거리 구하기	50 %

339 답 ④

$(\text{시간}) = \dfrac{(\text{거리})}{(\text{속력})}$이므로 A 지점에서 출발하여 B 지점에 도착할 때

까지 걸린 시간은

$\dfrac{20}{a} + \dfrac{30}{60} = \dfrac{20}{a} + \dfrac{1}{2}(\text{시간})$

340 답 $\dfrac{ab}{100}$, $a - \dfrac{ab}{100}$

남학생이 전체 학생 a명의 $b\,\%$이므로 남학생 수는

$a \times \dfrac{b}{100} = \dfrac{ab}{100}$

따라서 여학생 수는

$a - \dfrac{ab}{100}$

341 답 ④

$4x - 2 = 4 \times 3 - 2 = 12 - 2 = 10$

342 답 ⑤

① $-2a = -2 \times (-2) = 4$

② $a^2 = (-2)^2 = 4$

③ $(-a)^2 = \{-(-2)\}^2 = 2^2 = 4$

④ $8 - a^2 = 8 - (-2)^2 = 8 - 4 = 4$

⑤ $-\dfrac{1}{4}a^3 = -\dfrac{1}{4} \times (-2)^3 = -\dfrac{1}{4} \times (-8) = 2$

따라서 식의 값이 나머지 넷과 다른 하나는 ⑤이다.

343 답 40

$x^2 - xy = 5^2 - 5 \times (-3)$

$\qquad\quad = 25 - (-15) = 40$

344 답 ②

$\dfrac{a-b}{a+b} = \dfrac{-2-6}{-2+6} = \dfrac{-8}{4} = -2$

345 답 25 ℃

$\dfrac{5}{9}(x - 32)$에 $x = 77$을 대입하면

$\dfrac{5}{9} \times (77 - 32) = \dfrac{5}{9} \times 45 = 25(℃)$

346 답 ①

① $a^2 + 2b = 4^2 + 2 \times \left(-\dfrac{1}{2}\right) = 16 - 1 = 15$

② $a - 4b^2 = 4 - 4 \times \left(-\dfrac{1}{2}\right)^2 = 4 - 1 = 3$

③ $\dfrac{1}{a^2} + b = \dfrac{1}{4^2} + \left(-\dfrac{1}{2}\right) = \dfrac{1}{16} - \dfrac{1}{2} = -\dfrac{7}{16}$

④ $\dfrac{1}{a} - 6b = \dfrac{1}{4} - 6 \times \left(-\dfrac{1}{2}\right) = \dfrac{1}{4} + 3 = \dfrac{13}{4}$

⑤ $a^2 + 16b^3 = 4^2 + 16 \times \left(-\dfrac{1}{2}\right)^3 = 16 - 2 = 14$

따라서 식의 값이 가장 큰 것은 ①이다.

347 답 6

$\dfrac{y-z}{x} + \dfrac{z^2}{y} = \dfrac{2 - (-4)}{-3} + \dfrac{(-4)^2}{2}$

$\qquad\qquad\quad = \dfrac{6}{-3} + \dfrac{16}{2}$

$\qquad\qquad\quad = -2 + 8 = 6$

348 답 11

$\dfrac{6}{x} + \dfrac{3}{y} - \dfrac{4}{z} = 6 \div x + 3 \div y - 4 \div z$

$\qquad\qquad\qquad = 6 \div \dfrac{1}{6} + 3 \div \left(-\dfrac{1}{3}\right) - 4 \div \dfrac{1}{4}$

$\qquad\qquad\qquad = 6 \times 6 + 3 \times (-3) - 4 \times 4$

$\qquad\qquad\qquad = 36 - 9 - 16 = 11$

349 답 ⑤

① $12xy = 12 \times \left(-\dfrac{1}{2}\right) \times \dfrac{1}{3} = -2$

② $4x^2 + 9y^2 = 4 \times \left(-\dfrac{1}{2}\right)^2 + 9 \times \left(\dfrac{1}{3}\right)^2 = 1 + 1 = 2$

③ $\dfrac{3}{x} + \dfrac{2}{y} = 3 \div x + 2 \div y = 3 \div \left(-\dfrac{1}{2}\right) + 2 \div \dfrac{1}{3}$

$\qquad\qquad = 3 \times (-2) + 2 \times 3 = -6 + 6 = 0$

④ $\dfrac{x-y}{xy} = (x - y) \div xy$

$\qquad\quad = \left(-\dfrac{1}{2} - \dfrac{1}{3}\right) \div \left\{\left(-\dfrac{1}{2}\right) \times \dfrac{1}{3}\right\}$

$\qquad\quad = -\dfrac{5}{6} \div \left(-\dfrac{1}{6}\right)$

$\qquad\quad = -\dfrac{5}{6} \times (-6) = 5$

⑤ $\dfrac{1}{x^2} - \dfrac{1}{y^2} = 1 \div x^2 - 1 \div y^2$

$\qquad\qquad = 1 \div \left(-\dfrac{1}{2}\right)^2 - 1 \div \left(\dfrac{1}{3}\right)^2$

$\qquad\qquad = 1 \times 4 - 1 \times 9$

$\qquad\qquad = 4 - 9 = -5$

따라서 식의 값이 가장 작은 것은 ⑤이다.

350 답 ②

$0.9(a-100)$에 $a=158$을 대입하면

$0.9\times(158-100)=0.9\times58=52.2\,(\text{kg})$

351 답 1730 m

$331+0.6x$에 $x=25$를 대입하면

$331+0.6\times25=331+15=346$

따라서 소리의 속력은 초속 346 m이므로 소리가 5초 동안 이동한 거리는

$346\times5=1730\,(\text{m})$

352 답 (1) $96-4x$ (2) 80

(1) 직사각형의 넓이는 $12\times8=96$

삼각형의 넓이는 $\dfrac{1}{2}\times x\times8=4x$

따라서 어두운 부분의 넓이는

$96-4x$ ⋯⋯ ❶

(2) $96-4x$에 $x=4$를 대입하면

$96-4\times4=96-16=80$ ⋯⋯ ❷

353 답 (1) $(18-6h)\,^{\circ}\text{C}$ (2) $-12\,^{\circ}\text{C}$

(1) (지면에서 높이가 h km인 곳의 기온)

$=$ (현재 지면의 기온) $-6\times h$

$=18-6h\,(^{\circ}\text{C})$

(2) $18-6h$에 $h=5$를 대입하면

$18-6\times5=18-30=-12\,(^{\circ}\text{C})$

354 답 (1) $(3x+y)$점 (2) 14점

(1) $x\times3+y\times1+2\times0=3x+y$ (점)

(2) $3x+y$에 $x=4$, $y=2$를 대입하면

$3\times4+2=12+2=14$ (점)

355 답 73, 불쾌감을 느끼기 시작함

$0.72(a+b)+40.6$에 $a=30$, $b=15$를 대입하면

$0.72\times(30+15)+40.6=0.72\times45+40.6$

$=32.4+40.6=73$

따라서 불쾌지수는 73이고, 불쾌감을 느끼는 정도는 '불쾌감을 느끼기 시작함'이다.

356 답 (1) $10ab$원 (2) 81000원

(1) 삼겹살 100 g당 가격이 a원이므로 1 kg, 즉 1000 g당 가격은

$a\times10=10a$ (원) ⋯⋯ ❶

따라서 지혁이가 지불해야 할 금액은

$10a\times b=10ab$ (원) ⋯⋯ ❷

(2) $10ab$에 $a=2700$, $b=3$을 대입하면

$10\times2700\times3=81000$ (원) ⋯⋯ ❸

357 답 4

단항식은 $3x$, $-\dfrac{y}{2}$, -7, $4xy$의 4개이다.

358 답 ②, ④

① 상수항은 일차식이 아니다.

③ 다항식의 차수가 2이므로 일차식이 아니다.

⑤ 분모에 문자가 있으므로 다항식이 아니다.

즉, 일차식이 아니다.

따라서 일차식인 것은 ②, ④이다.

359 답 ④

①, ② 차수가 다르므로 동류항이 아니다.

③ $\dfrac{1}{y}$은 분모에 문자가 있으므로 다항식이 아니다.

④ 문자와 차수가 각각 같으므로 동류항이다.

⑤ 문자가 다르므로 동류항이 아니다.

따라서 동류항끼리 짝 지어진 것은 ④이다.

360 답 2

$-a$와 동류항인 것은 $2a$, $\dfrac{a}{3}$의 2개이다.

361 답 ②

② x^2의 계수는 $\dfrac{1}{3}$이다.

⑤ 차수가 가장 큰 항은 $\dfrac{x^2}{3}$이므로 다항식의 차수는 2이다.

따라서 옳지 않은 것은 ②이다.

362 답 22

$-7x^2-8x+2$에서 다항식의 차수는 2, x의 계수는 -8, 상수항은 2, 항의 개수는 3이므로

$a=2$, $b=-8$, $c=2$, $d=3$ ⋯⋯ ❶

$\therefore ad-bc=2\times3-(-8)\times2$

$=6-(-16)=22$ ⋯⋯ ❷

363 답 ③

① 다항식이다.

② 항은 1, xy의 2개이다.

④ 상수항은 -9이다.

⑤ 차수가 가장 큰 항은 $-2x^2$이므로 다항식의 차수는 2이다.

따라서 옳은 것은 ③이다.

364 답 ㄴ, ㄷ

ㄱ. 차수가 다르므로 동류항이 아니다.

ㄴ, ㄷ. 문자와 차수가 각각 같으므로 동류항이다.

ㄹ. $-\dfrac{6}{x}$은 분모에 문자가 있으므로 다항식이 아니다.

ㅁ. 문자가 다르므로 동류항이 아니다.

ㅂ. 각 문자의 차수가 다르므로 동류항이 아니다.

따라서 동류항끼리 짝 지어진 것은 ㄴ, ㄷ이다.

365 답 ②

ㄴ. 차수가 가장 큰 항은 $3x^2$이므로 다항식의 차수는 2이다.

ㄹ. 차수가 다르므로 동류항이 아니다.

따라서 옳은 것은 ㄱ, ㄷ이다.

366 답 24

x의 계수가 -6이고 상수항이 2인 x에 대한 일차식은

$-6x+2$ ...... ❶

$-6x+2$에 $x=-1$을 대입하면

$a=(-6)\times(-1)+2=6+2=8$ ...... ❷

$-6x+2$에 $x=3$을 대입하면

$b=(-6)\times3+2=-18+2=-16$ ...... ❸

$\therefore a-b=8-(-16)=24$ ...... ❹

채점 기준

❶ x에 대한 일차식 세우기	20 %
❷ a의 값 구하기	30 %
❸ b의 값 구하기	30 %
❹ $a-b$의 값 구하기	20 %

367 답 ②

$(a+2)x^2+(b-5)x+1$이 x에 대한 일차식이 되려면 $a+2=0$, $b-5\neq0$이어야 하므로

$a=-2,\ b\neq5$

368 답 ④

① 항이 2개이다.

② x의 계수가 1이다.

③ x^2의 계수는 -2, 상수항은 1이므로 그 곱은 $(-2)\times1=-2$로 음수이다.

⑤ 다항식의 차수가 3이다.

따라서 조건을 모두 만족시키는 다항식은 ④이다.

369 답 ③

$2x+8y-(4-x)+1=2x+8y-4+x+1$

$\qquad\qquad\qquad\qquad =2x+x+8y-4+1$

$\qquad\qquad\qquad\qquad =3x+8y-3$

370 답 -150

$(6x-9)\div\left(-\dfrac{3}{5}\right)=(6x-9)\times\left(-\dfrac{5}{3}\right)$

$\qquad\qquad\qquad\qquad =-10x+15$

따라서 $a=-10,\ b=15$이므로

$ab=(-10)\times15=-150$

371 답 ③, ④

③ $-\dfrac{1}{3}(12-9x)=-4+3x$

④ $\dfrac{4}{3}x\div\left(-\dfrac{4}{9}\right)=\dfrac{4}{3}x\times\left(-\dfrac{9}{4}\right)=-3x$

372 답 ③

$-4(x+3)=-4x-12$

① $(x+3)\times4=4x+12$

② $(x+3)\div(-4)=(x+3)\times\left(-\dfrac{1}{4}\right)=-\dfrac{1}{4}x-\dfrac{3}{4}$

③ $(x+3)\div\left(-\dfrac{1}{4}\right)=(x+3)\times(-4)=-4x-12$

④ $\dfrac{1}{2}(8x-6)=4x-3$

⑤ $(3-x)\div\dfrac{1}{4}=(3-x)\times4=-4x+12$

따라서 계산 결과가 같은 것은 ③이다.

373 답 29

$\dfrac{7}{4}(8x-2)=14x-\dfrac{7}{2}$

x의 계수는 14이므로 $a=14$ ...... ❶

$\left(\dfrac{x}{9}-\dfrac{5}{3}\right)\div\left(-\dfrac{1}{9}\right)=\left(\dfrac{x}{9}-\dfrac{5}{3}\right)\times(-9)$

$\qquad\qquad\qquad\qquad\qquad =-x+15$

상수항은 15이므로 $b=15$ ...... ❷

$\therefore a+b=14+15=29$ ...... ❸

채점 기준

❶ a의 값 구하기	40 %
❷ b의 값 구하기	40 %
❸ $a+b$의 값 구하기	20 %

374 답 ④

$4(1-3x)-\dfrac{1}{3}(-6x+21)=4-12x+2x-7$

$\qquad\qquad\qquad\qquad\qquad\qquad =-10x-3$

따라서 $a=-10,\ b=-3$이므로

$b-a=-3-(-10)=7$

375 답 $\dfrac{3}{2}x+\dfrac{1}{6}$

$0.25x-0.5+\dfrac{5}{4}x+\dfrac{2}{3}=\dfrac{1}{4}x-\dfrac{1}{2}+\dfrac{5}{4}x+\dfrac{2}{3}$

$\qquad\qquad\qquad\qquad\qquad =\dfrac{1}{4}x+\dfrac{5}{4}x-\dfrac{1}{2}+\dfrac{2}{3}$

$\qquad\qquad\qquad\qquad\qquad =\dfrac{3}{2}x+\dfrac{1}{6}$

376 답 ⑤

② $6x-1-(2x+8)=6x-1-2x-8=4x-9$

③ $3(2x+1)+5(x-4)=6x+3+5x-20=11x-17$

④ $\frac{1}{6}(3-12x)-(2-x)=\frac{1}{2}-2x-2+x=-x-\frac{3}{2}$

⑤ $4\left(x+\frac{3}{2}\right)+3\left(\frac{2}{3}x-2\right)=4x+6+2x-6=6x$

따라서 옳지 않은 것은 ⑤이다.

377 답 ④

① $(24x-8)\times\left(-\frac{1}{4}\right)=-6x+2$

② $\left(-15x+\frac{1}{2}\right)\div5=\left(-15x+\frac{1}{2}\right)\times\frac{1}{5}=-3x+\frac{1}{10}$

③ $3x+2(7-x)=3x+14-2x=x+14$

④ $(1-2x)-(5x+4)=1-2x-5x-4=-7x-3$

⑤ $\frac{1}{2}(4x+20)-6\left(x+\frac{4}{3}\right)=2x+10-6x-8=-4x+2$

따라서 x의 계수가 가장 작은 것은 ④이다.

378 답 ④

$$\frac{3(x-1)}{4}-\frac{6-x}{3}=\frac{9(x-1)}{12}-\frac{4(6-x)}{12}$$
$$=\frac{9x-9-24+4x}{12}$$
$$=\frac{13x-33}{12}=\frac{13}{12}x-\frac{11}{4}$$

379 답 -10

$2x+6a-(8-bx)=2x+6a-8+bx$
$\qquad\qquad\qquad\quad=(b+2)x+6a-8$

이때 x의 계수는 -3, 상수항은 4이므로

$b+2=-3$에서 $b=-5$

$6a-8=4$에서 $6a=12$ $\quad\therefore a=2$

$\therefore ab=2\times(-5)=-10$

380 답 8

$10x+9-\{6x+2(4-x)-1\}=10x+9-(6x+8-2x-1)$
$\qquad\qquad\qquad\qquad\qquad\qquad=10x+9-(4x+7)$
$\qquad\qquad\qquad\qquad\qquad\qquad=10x+9-4x-7$
$\qquad\qquad\qquad\qquad\qquad\qquad=6x+2 \qquad\cdots\cdots$ ❶

따라서 x의 계수는 6, 상수항은 2이므로 구하는 합은

$6+2=8 \qquad\cdots\cdots$ ❷

채점 기준	
❶ 주어진 식 계산하기	60 %
❷ x의 계수와 상수항의 합 구하기	40 %

381 답 $11x-30$

$8x-[3x-10-2\{-x+4(x-5)\}]$
$=8x-[3x-10-2(-x+4x-20)]$
$=8x-\{3x-10-2(3x-20)\}$
$=8x-(3x-10-6x+40)$
$=8x-(-3x+30)$
$=8x+3x-30$
$=11x-30$

382 답 ④

$$\frac{4x-3}{5}+0.4\left(2x-\frac{9}{4}\right)=\frac{4}{5}x-\frac{3}{5}+\frac{2}{5}\left(2x-\frac{9}{4}\right)$$
$$=\frac{4}{5}x-\frac{3}{5}+\frac{4}{5}x-\frac{9}{10}$$
$$=\frac{8}{5}x-\frac{3}{2}$$

따라서 $a=\frac{8}{5}$, $b=-\frac{3}{2}$이므로

$a-b=\frac{8}{5}-\left(-\frac{3}{2}\right)=\frac{31}{10}$

383 답 ③

$3x-[x-4y-\{7x+y-(x+3y)\}]$
$=3x-\{x-4y-(7x+y-x-3y)\}$
$=3x-\{x-4y-(6x-2y)\}$
$=3x-(x-4y-6x+2y)$
$=3x-(-5x-2y)$
$=3x+5x+2y$
$=8x+2y$

$8x+2y$에 $x=-\frac{3}{4}$, $y=\frac{1}{2}$을 대입하면

$8\times\left(-\frac{3}{4}\right)+2\times\frac{1}{2}=-6+1=-5$

384 답 ④

$2A-3(A-B)=2A-3A+3B=-A+3B$
$\qquad\qquad\qquad\quad=-(-3x+2)+3(x-5)$
$\qquad\qquad\qquad\quad=3x-2+3x-15$
$\qquad\qquad\qquad\quad=6x-17$

385 답 ③

$3A+B=3\times\dfrac{-4x+1}{6}+\dfrac{2x+6}{5}$
$\qquad\quad=\dfrac{-4x+1}{2}+\dfrac{2x+6}{5}$
$\qquad\quad=\dfrac{5(-4x+1)}{10}+\dfrac{2(2x+6)}{10}$
$\qquad\quad=\dfrac{-20x+5+4x+12}{10}$
$\qquad\quad=\dfrac{-16x+17}{10}=-\dfrac{8}{5}x+\dfrac{17}{10}$

386 답 ④

$\dfrac{x+y}{2}-\dfrac{3x+5y}{4}+\dfrac{4x-y}{5}$
$=\dfrac{10(x+y)}{20}-\dfrac{5(3x+5y)}{20}+\dfrac{4(4x-y)}{20}$
$=\dfrac{10x+10y-15x-25y+16x-4y}{20}$
$=\dfrac{11x-19y}{20}=\dfrac{11}{20}x-\dfrac{19}{20}y$

따라서 x의 계수는 $\dfrac{11}{20}$, y의 계수는 $-\dfrac{19}{20}$이므로 구하는 차는

$\dfrac{11}{20}-\left(-\dfrac{19}{20}\right)=\dfrac{3}{2}$

387 답 $-3x+2$

n이 홀수일 때, $n+1$은 짝수이므로
$(-1)^n=-1$, $(-1)^{n+1}=1$
$\therefore (-1)^n(4x-5)-(-1)^{n+1}(-x+3)$
$\qquad = -(4x-5)-(-x+3)$
$\qquad = -4x+5+x-3$
$\qquad = -3x+2$

388 답 $8x-10$

$3(5x-2)-\boxed{}=7x+4$에서
$\boxed{}=3(5x-2)-(7x+4)$
$\qquad = 15x-6-7x-4$
$\qquad = 8x-10$

389 답 54

$(ax+b)\times\left(-\dfrac{5}{3}\right)=10x+3$이므로
$ax+b=(10x+3)\div\left(-\dfrac{5}{3}\right)$
$\qquad = (10x+3)\times\left(-\dfrac{3}{5}\right)=-6x-\dfrac{9}{5}$
$\therefore a=-6$, $b=-\dfrac{9}{5}$ $\qquad$ ⋯⋯ ⓘ
$cx+d=(-3x+10)\div\dfrac{2}{3}$
$\qquad = (-3x+10)\times\dfrac{3}{2}=-\dfrac{9}{2}x+15$
$\therefore c=-\dfrac{9}{2}$, $d=15$ $\qquad$ ⋯⋯ ⓘⓘ
$\therefore ac-bd=(-6)\times\left(-\dfrac{9}{2}\right)-\left(-\dfrac{9}{5}\right)\times 15$
$\qquad\qquad = 27-(-27)=54$ $\qquad$ ⋯⋯ ⓘⓘⓘ

채점 기준	
ⓘ a, b의 값 구하기	40 %
ⓘⓘ c, d의 값 구하기	40 %
ⓘⓘⓘ $ac-bd$의 값 구하기	20 %

390 답 ②

어떤 다항식을 $\boxed{}$라 하면
$\boxed{}+(4x-3y)=-2x+y$
$\therefore \boxed{}=(-2x+y)-(4x-3y)$
$\qquad\quad = -2x+y-4x+3y$
$\qquad\quad = -6x+4y$
따라서 어떤 다항식은 $-6x+4y$이다.

391 답 $7a-7$

어떤 다항식을 $\boxed{}$라 하면
$\boxed{}-(2a-9)=3a+11$
$\therefore \boxed{}=(3a+11)+(2a-9)=5a+2$
즉, 어떤 다항식은 $5a+2$이다. $\qquad$ ⋯⋯ ⓘ
따라서 바르게 계산한 식은
$5a+2+(2a-9)=7a-7$ $\qquad$ ⋯⋯ ⓘⓘ

채점 기준	
ⓘ 어떤 다항식 구하기	60 %
ⓘⓘ 바르게 계산한 식 구하기	40 %

392 답 ④

어떤 다항식을 $\boxed{}$라 하면
$(3x+8)+\boxed{}=-x+6$
$\therefore \boxed{}=(-x+6)-(3x+8)$
$\qquad\quad = -x+6-3x-8$
$\qquad\quad = -4x-2$
따라서 바르게 계산한 식은
$(3x+8)-(-4x-2)=3x+8+4x+2$
$\qquad\qquad\qquad\qquad = 7x+10$
즉, x의 계수는 7, 상수항은 10이므로 구하는 합은
$7+10=17$

393 답 ①

$\dfrac{1}{2}\times\{(2x-7)+(8x-1)\}\times\dfrac{1}{4}=\dfrac{1}{2}\times(10x-8)\times\dfrac{1}{4}$
$\qquad\qquad\qquad\qquad\qquad\qquad = \dfrac{5}{4}x-1$

394 답 $5x+13$

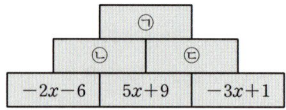

위의 그림에서
ⓛ$=(-2x-6)+(5x+9)=3x+3$
ⓒ$=(5x+9)+(-3x+1)=2x+10$
$\therefore$ ㉠$=$ⓛ$+$ⓒ
$\qquad = (3x+3)+(2x+10)$
$\qquad = 5x+13$

395 답 $\dfrac{1}{6}x-5$

$A+\left(\dfrac{3}{2}x+9\right)=\dfrac{13}{6}x+4$에서
$A=\left(\dfrac{13}{6}x+4\right)-\left(\dfrac{3}{2}x+9\right)$
$\quad = \dfrac{13}{6}x+4-\dfrac{3}{2}x-9$
$\quad = \dfrac{2}{3}x-5$
$B=(-2x+3)+A$
$\quad = (-2x+3)+\left(\dfrac{2}{3}x-5\right)$
$\quad = -\dfrac{4}{3}x-2$
$C=B+\left(\dfrac{13}{6}x+4\right)$
$\quad = \left(-\dfrac{4}{3}x-2\right)+\left(\dfrac{13}{6}x+4\right)$
$\quad = \dfrac{5}{6}x+2$

$$\therefore A+B+C=\left(\frac{2}{3}x-5\right)+\left(-\frac{4}{3}x-2\right)+\left(\frac{5}{6}x+2\right)$$
$$=\frac{1}{6}x-5$$

396 답 ③

$(5x-6)+(x-2)+(-3x+2)=3x-6$

즉, 가로, 세로, 대각선에 놓인 세 다항식의 합은 모두 $3x-6$이어야 한다.

$A+(x-2)+(4x-5)=3x-6$에서

$A+(5x-7)=3x-6$

$$\therefore A=(3x-6)-(5x-7)$$
$$=3x-6-5x+7$$
$$=-2x+1$$

397 답 $(30x-7)\,\text{cm}^2$

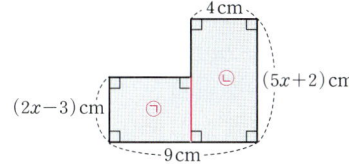

위의 그림에서

(도형의 넓이)=(㉠의 넓이)+(㉡의 넓이)
$$=(9-4)\times(2x-3)+4\times(5x+2)$$
$$=10x-15+20x+8$$
$$=30x-7\,(\text{cm}^2)$$

다른 풀이

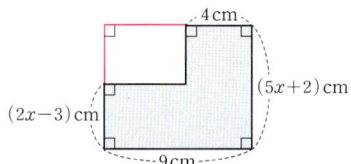

위의 그림에서

(도형의 넓이)

=(큰 직사각형의 넓이)−(작은 직사각형의 넓이)
$$=9\times(5x+2)-(9-4)\times\{(5x+2)-(2x-3)\}$$
$$=9(5x+2)-5(3x+5)$$
$$=45x+18-15x-25$$
$$=30x-7\,(\text{cm}^2)$$

398 답 $(-8x+26)\,\text{cm}$

직사각형의 가로의 길이는

$6-(3x-1)=6-3x+1=-3x+7\,(\text{cm})$

세로의 길이는 $(6-x)\,\text{cm}$ ⋯⋯ ⓘ

따라서 직사각형의 둘레의 길이는

$2\times\{(-3x+7)+(6-x)\}=2(\ -4x+13\ )$
$$=-8x+26\,(\text{cm})$$ ⋯⋯ ⓘⓘ

채점 기준

ⓘ 직사각형의 가로의 길이와 세로의 길이를 x를 사용한 식으로 나타내기	60 %
ⓘⓘ 직사각형의 둘레의 길이를 x를 사용한 식으로 나타내기	40 %

399 답 ⑤

$A=8\times\left(\frac{2}{5}-3x\right)=\frac{16}{5}-24x$

$B=(15x-1)\times\left(1-\frac{20}{100}\right)$
$$=(15x-1)\times\frac{4}{5}$$
$$=12x-\frac{4}{5}$$

$\therefore B-A=\left(12x-\frac{4}{5}\right)-\left(\frac{16}{5}-24x\right)$
$$=12x-\frac{4}{5}-\frac{16}{5}+24x$$
$$=36x-4$$

400 답 $22x+30$

㈏에서 $B+(-4x+1)=3x+8$이므로

$B=(3x+8)-(-4x+1)$
$$=3x+8+4x-1$$
$$=7x+7$$

㈎에서 $A-(6x-2)=B$이므로

$A=B+(6x-2)$
$$=(7x+7)+(6x-2)$$
$$=13x+5$$

$\therefore 2A-(3A-5B)=2A-3A+5B$
$$=-A+5B$$
$$=-(13x+5)+5(7x+7)$$
$$=-13x-5+35x+35$$
$$=22x+30$$

401 답 $-12x+33$

어떤 다항식을 $\square$라 하면

$\square+\frac{1}{3}(6x-15)=8x-17$

$\square+2x-5=8x-17$

$\therefore \square=(8x-17)-(2x-5)$
$$=8x-17-2x+5$$
$$=6x-12$$

따라서 바르게 계산한 식은

$(6x-12)-3(6x-15)=6x-12-18x+45$
$$=-12x+33$$

402 답 ④

각 단계의 바둑돌의 개수는 다음과 같다.

[1단계] ➡ 1

[2단계] ➡ $1+4$

[3단계] ➡ $1+4+4=1+4\times2$

[4단계] ➡ $1+4+4+4=1+4\times3$

⋮

[n단계] ➡ $1+4\times(n-1)=4n-3$

따라서 [16단계]의 모양을 만드는 데 필요한 바둑돌의 개수는

$4n-3$에 $n=16$을 대입하면

$4\times16-3=61$

403 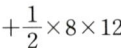 37

정사각형을 만드는 데 필요한 성냥개비의 개수는 다음과 같다.

정사각형 1개 ➡ 4

정사각형 2개 ➡ 4+3

정사각형 3개 ➡ 4+3+3=4+3×2

정사각형 4개 ➡ 4+3+3+3=4+3×3

⋮

정사각형 n개 ➡ $4+3\times(n-1)=3n+1$

따라서 정사각형을 12개 만드는 데 필요한 성냥개비의 개수는 $3n+1$에 $n=12$를 대입하면

$3\times12+1=37$

404 답 (1) $24x+20$ (2) 92

(1) 직사각형의 가로의 길이는 $4x+8$, 세로의 길이는 $5+7=12$이므로 직사각형의 넓이는

$(4x+8)\times12=48x+96$ ...... ❶

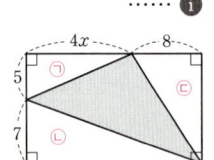

오른쪽 그림에서 세 직각삼각형 ㉠, ㉡, ㉢의 넓이의 합은

$\dfrac{1}{2}\times4x\times5+\dfrac{1}{2}\times(4x+8)\times7$

$+\dfrac{1}{2}\times8\times12$

$=10x+(14x+28)+48$

$=24x+76$ ...... ❷

∴ (어두운 부분의 넓이)$=(48x+96)-(24x+76)$

$=48x+96-24x-76$

$=24x+20$ ...... ❸

(2) $24x+20$에 $x=3$을 대입하면

$24\times3+20=92$ ...... ❹

채점 기준	
❶ 직사각형의 넓이를 x를 사용한 식으로 나타내기	20 %
❷ 세 직각삼각형의 넓이의 합을 x를 사용한 식으로 나타내기	30 %
❸ 어두운 부분의 넓이를 x를 사용한 식으로 나타내기	30 %
❹ $x=3$일 때, 어두운 부분의 넓이 구하기	20 %

405 답 ③

직사각형의 넓이는

$(5+6)\times(4+6)=110$

오른쪽 그림에서 네 직각삼각형 ㉠, ㉡, ㉢, ㉣의 넓이의 합은

$\dfrac{1}{2}\times5\times\{10-(2x+4)\}$

$+\dfrac{1}{2}\times8\times(2x+4)+\dfrac{1}{2}\times(11-8)\times6$

$+\dfrac{1}{2}\times6\times4$

$=(-5x+15)+(8x+16)+9+12$

$=3x+52$

∴ (어두운 부분의 넓이)$=110-(3x+52)$

$=110-3x-52$

$=-3x+58$

85쪽

최고수준 도전 기출

406 답 B 쇼핑몰

A 쇼핑몰은 가격을 15 % 할인해 주므로 티셔츠 1장당 구입 가격은

$x-x\times\dfrac{15}{100}=\dfrac{85}{100}x=\dfrac{17}{20}x$(원)

B 쇼핑몰은 3장의 가격으로 4장을 살 수 있으므로 티셔츠 1장당 구입 가격은

$3x\div4=\dfrac{3}{4}x$(원)

이때 $\dfrac{3}{4}x=\dfrac{15}{20}x$이므로 $\dfrac{17}{20}x>\dfrac{3}{4}x$

따라서 티셔츠 1장당 구입 가격이 더 저렴한 곳은 B 쇼핑몰이다.

407 답 $(12n+20)$ cm

종이 n장을 이어 붙이면 겹치는 부분이 $(n-1)$개 생기므로 완성된 직사각형의 가로의 길이는

$8\times n-2\times(n-1)=8n-2n+2$

$=6n+2$(cm)

따라서 완성된 직사각형의 둘레의 길이는

$2\times\{(6n+2)+8\}=2(6n+10)$

$=12n+20$(cm)

다른 풀이

한 변의 길이가 8 cm인 정사각형 모양의 종이를 2 cm만큼 겹치도록 이어 붙이므로 종이를 1장씩 이어 붙일 때마다 가로의 길이가

$8-2=6$(cm)씩 늘어난다.

따라서 처음 한 장에 $(n-1)$장의 종이를 이어 붙인 직사각형의 가로의 길이는

$8+6\times(n-1)=8+6n-6$

$=6n+2$(cm)

408 답 ⑤

선분 EF가 접은 선이므로

(선분 EG의 길이)=(선분 EA의 길이)$=12-3=9$

(선분 GH의 길이)=(선분 AD의 길이)$=12$

∴ (사각형 EGHF의 넓이)$=\dfrac{1}{2}\times\{(2x+1)+9\}\times12$

$=6(2x+10)$

$=12x+60$

409 답 ⑤

전략 오전에 판매한 핫도그의 개수를 b라 하고, 하루 동안 판매한 핫도그의 전체 가격과 전체 개수를 a, b에 대한 식으로 나타낸다.

오전에 판매한 핫도그의 개수를 b라 하면 오후에 판매한 핫도그의 개수는 $2b$이므로 하루 동안 판매한 핫도그의 전체 가격은

$a\times b+a\times\left(1-\dfrac{10}{100}\right)\times2b=ab+\dfrac{9}{5}ab=\dfrac{14}{5}ab$(원)

하루 동안 판매한 핫도그의 전체 개수는

$b+2b=3b$

따라서 구하는 평균 가격은

$\dfrac{14}{5}ab\div3b=\dfrac{14}{5}ab\times\dfrac{1}{3b}=\dfrac{14}{15}a$(원)

난이도별 **필수 기출** 88~98쪽

410 답 ②, ⑤
① 다항식
③, ④ 부등호를 사용한 식
따라서 등식인 것은 ②, ⑤이다.

411 답 ②

412 답 ③
주어진 방정식에 $x=-4$를 각각 대입하면
① $-4+4 \neq 8$
② $2 \times (-4)+3 \neq 10$
③ $3-(-4)=-2 \times (-4)-1$
④ $\dfrac{-4}{2}-12 \neq 4 \times (-4)$
⑤ $\dfrac{1}{3} \times (-4+1) \neq 1$
따라서 해가 $x=-4$인 것은 ③이다.

413 답 ④
③ (좌변)$=4x$이므로 (좌변)$\neq$(우변)
④ (좌변)$=3x+6$이므로 (좌변)$=$(우변)
⑤ (좌변)$=-3+x$이므로 (좌변)$\neq$(우변)
따라서 항등식인 것은 ④이다.

414 답 ①
$(a+1)x+3=-2x+b$가 x에 대한 항등식이므로
$a+1=-2$, $3=b$ $\therefore a=-3$, $b=3$

참고 항등식을 나타내는 다양한 표현
• 등식이 x에 대한 항등식이다.
• 등식이 모든 x의 값에 대하여 항상 참이다.
• 등식이 x의 값에 관계없이 항상 참이다.

415 답 ⑤
① $2x+4=5x$
② $\dfrac{85+x}{2}=88$
③ $4x=22$
④ $\dfrac{1}{2} \times x \times 3=14$이므로 $\dfrac{3}{2}x=14$
따라서 옳은 것은 ⑤이다.

416 답 ㄴ, ㄷ
ㄴ. $30=5x+10$
ㄷ. $x \times \left(1-\dfrac{20}{100}\right)=1600$이므로 $0.8x=1600$
따라서 옳지 않은 것은 ㄴ, ㄷ이다.

417 답 $8x+4=36$
8명에게 x개씩 나누어 준 사탕의 개수는 $8x$이고 4개가 남으므로
전체 사탕의 개수는 $8x+4$
따라서 등식으로 나타내면
$8x+4=36$

418 답 ③
주어진 방정식에 [　] 안의 수를 각각 대입하면
① $2 \times (-2)+5=1$
② $2-(-1)=(-1)+4$
③ $3 \times 4+6 \neq 18-4$
④ $3 \times (1-2)=2 \times 2-7$
⑤ $-(-3)=6 \times (-3+2)+9$
따라서 [　] 안의 수가 주어진 방정식의 해가 아닌 것은 ③이다.

419 답 $x=1$
x의 값은 -2, -1, 0, 1 …… ⓘ
주어진 방정식에
$x=-2$를 대입하면 $\dfrac{1}{2} \times (-2+1)-4 \neq 3 \times (-2)-6$
$x=-1$을 대입하면 $\dfrac{1}{2} \times (-1+1)-4 \neq 3 \times (-1)-6$
$x=0$을 대입하면 $\dfrac{1}{2} \times (0+1)-4 \neq 3 \times 0-6$
$x=1$을 대입하면 $\dfrac{1}{2} \times (1+1)-4 = 3 \times 1-6$ …… ⓘⓘ
따라서 주어진 방정식의 해는 $x=1$이다. …… ⓘⓘⓘ

채점 기준		
ⓘ x의 값 나열하기		20 %
ⓘⓘ x의 값을 방정식에 대입하기		60 %
ⓘⓘⓘ 방정식의 해 구하기		20 %

420 답 ④
x의 값에 관계없이 항상 참인 등식은 항등식이다.
④ (우변)$=6-2x$이므로 (좌변)$=$(우변)
⑤ (좌변)$=3x+6$, (우변)$=3x+2$이므로
　(좌변)$\neq$(우변)
따라서 항등식인 것은 ④이다.

421 답 27
$8x+3=a(2-x)+b$에서
$8x+3=-ax+2a+b$
이 등식이 x에 대한 항등식이므로
$8=-a$, $3=2a+b$
$\therefore a=-8$, $b=19$
$\therefore b-a=19-(-8)=27$

422 답 $-2x-3$
(좌변)$=5x-6x-9=-x-9$이므로
$-x-9=A+x-6$

$$\therefore A=(-x-9)-(x-6)$$
$$=-x-9-x+6$$
$$=-2x-3$$

423 답 ②, ④

② $a=b$의 양변에서 5를 빼면

$a-5=b-5$ $\therefore a-5\neq5-b$

④ $a=b$의 양변을 4로 나누면

$\dfrac{a}{4}=\dfrac{b}{4}$ $\therefore \dfrac{a}{4}\neq\dfrac{b}{2}$

424 답 ⑤

⑤ $a=1$, $b=2$, $c=0$이면 $1\times0=2\times0$이지만 $1\neq2$이다.

425 답 7

$a=5$, $b=-2$이므로

$a-b=5-(-2)=7$

426 답 ⑤

① $x\underline{-5}=2$ ➡ $x=2+5$

② $3x=\underline{2x}+8$ ➡ $3x-2x=8$

③ $6\underline{+x}=\underline{-1}+3x$ ➡ $6+1=3x-x$

④ $2x\underline{+7}=\underline{-x}+2$ ➡ $2x+x=2-7$

따라서 밑줄 친 항을 바르게 이항한 것은 ⑤이다.

427 답 ⑤

① $3a=b$의 양변에 $\dfrac{2}{3}$를 곱하면

$2a=\dfrac{2}{3}b$ $\therefore 2a\neq\dfrac{b}{3}$

② $3a=b$의 양변에 1을 더하면

$3a+1=b+1$ $\therefore 3a+1\neq b+3$

③ $3a=b$의 양변에 3을 더하면

$3a+3=b+3$ $\therefore 3(a+1)\neq b+1$

④ $3a=b$의 양변에 3을 곱하면

$9a=3b$

이 식의 양변에서 3을 빼면

$9a-3=3b-3$ $\therefore 9a-3\neq3b-1$

⑤ $3a=b$의 양변을 3으로 나누면

$a=\dfrac{b}{3}$

이 식의 양변에 8을 더하면

$a+8=\dfrac{b}{3}+8$

따라서 옳은 것은 ⑤이다.

428 답 ①, ③

① $a-1=b-3$의 양변에서 3을 빼면

$a-4=b-6$ $\therefore a-4\neq b$

② $a=2b$의 양변에서 2를 빼면

$a-2=2b-2$ $\therefore a-2=2(b-1)$

③ $\dfrac{a}{3}=\dfrac{b}{2}$의 양변에 $\dfrac{1}{3}$을 더하면

$\dfrac{a}{3}+\dfrac{1}{3}=\dfrac{b}{2}+\dfrac{1}{3}$ $\therefore \dfrac{a+1}{3}=\dfrac{3b+2}{6}$

$\therefore \dfrac{a+1}{3}\neq\dfrac{b+1}{2}$

④ $\dfrac{3}{4}a=\dfrac{3}{8}b$의 양변에 8을 곱하면

$6a=3b$

⑤ $a=-b$의 양변에 -3을 곱하면

$-3a=3b$

이 식의 양변에 1을 더하면

$-3a+1=3b+1$

따라서 옳지 않은 것은 ①, ③이다.

429 답 ④

① $2a=3$의 양변에 3을 더하면 $2a+3=\boxed{6}$

② $-a+8=16$의 양변에서 10을 빼면 $-a-2=\boxed{6}$

③ $\dfrac{a}{3}=2$의 양변에 3을 곱하면 $a=\boxed{6}$

④ $-4a=24$의 양변을 -4로 나누면 $a=\boxed{-6}$

⑤ $5a=10$의 양변에 $\dfrac{3}{5}$을 곱하면 $3a=\boxed{6}$

따라서 □ 안의 수가 나머지 넷과 다른 하나는 ④이다.

430 답 12

$5x-6=2x+9$에서 -6과 $2x$를 각각 이항하면

$5x-2x=9+6$

$\therefore 3x=15$ ······ ⓘ

따라서 $a=3$, $b=15$이므로 ······ ⓙ

$b-a=15-3=12$ ······ ⓚ

채점 기준

ⓘ $ax=b$ 꼴로 고치기		50 %
ⓙ a, b의 값 구하기		30 %
ⓚ $b-a$의 값 구하기		20 %

431 답 -6

$$\dfrac{1}{5}x+7=4$$
$$\dfrac{1}{5}x+7-\boxed{7}=4-\boxed{7}$$
$$\dfrac{1}{5}x=\boxed{-3}$$
$$\dfrac{1}{5}x\times\boxed{5}=\boxed{-3}\times\boxed{5}$$
$$\therefore x=\boxed{-15}$$

$\therefore$ ⑺ 7 ⑷ -3 ⒁ 5 ⒂ -15

따라서 구하는 합은

$7+(-3)+5+(-15)=-6$

432 답 ㉠

㉠ 등식의 양변에 4를 곱한다.
㉡ 등식의 양변에 8을 더한다.
㉢ 등식의 양변을 3으로 나눈다.
따라서 주어진 등식의 성질을 이용한 곳은 ㉠이다.

참고 ㉢ '등식의 양변에 $\frac{1}{3}$을 곱한다.'와 같이 생각할 수도 있지만 문제의
조건에서 c는 자연수이므로 답이 될 수 없다.

433 답 ㈎ ㄱ ㈏ ㄹ

㈎ 등식의 양변에 7을 더한다. ➡ ㄱ
㈏ 등식의 양변을 6으로 나눈다. ➡ ㄹ

434 답 ④

① $4x-2=6$의 양변에 2를 더하면 $4x=8$
② $2x-3=-9$의 양변에 3을 더하면 $2x=-6$
③ $-3x-5=7$의 양변에 5를 더하면 $-3x=12$
④ $-5x=10$의 양변을 -5로 나누면 $x=-2$
⑤ $-2(x+1)=8$에서 $-2x-2=8$
　　이 식의 양변에 2를 더하면 $-2x=10$
따라서 이용된 등식의 성질이 나머지 넷과 다른 하나는 ④이다.

435 답 ②

① 등식의 양변에 6을 더한 후 양변에 2를 곱해서 해를 구할 수 있다.
③ 등식의 양변에서 3을 뺀 후 양변에 2를 곱해서 해를 구할 수 있다.
④ 등식의 양변에 2를 곱한 후 양변에 3을 더해서 해를 구할 수 있다.
⑤ 등식의 양변에 2를 곱한 후 양변에서 3을 빼서 해를 구할 수 있다.
따라서 등식의 양변에 3을 더한 후 양변에 2를 곱해서 해를 구할 수 있는 것은 ②이다.

436 답 $\frac{5}{4}$

$4(a+2)=4b+1$에서 $4a+8=4b+1$
이 식의 양변에서 8을 빼면 $4a=4b-7$
이 식의 양변을 4로 나누면 $a=b-\frac{7}{4}$
이 식의 양변에 3을 더하면 $a+3=b+\frac{5}{4}$
$\therefore \square=\frac{5}{4}$

437 답 ④

$3a-15=9(b+2)$에서 $3a-15=9b+18$
이 식의 양변에 15를 더하면 $3a=9b+33$
이 식의 양변을 3으로 나누면 $a=3b+11$
이 식의 양변에 $3b$를 더하면 $a+3b=6b+11$

438 답 ④

① $3x+1=4$에서 $3x-3=0$
② $x+5=2x-1$에서 $-x+6=0$
③ $2x+3=3-2x$에서 $4x=0$

④ $2x+2=2(x+1)$에서 $2x+2=2x+2$
　　$0\times x=0$ ➡ 일차방정식이 아니다.
⑤ $x^2-2=x^2-x$에서 $x-2=0$
따라서 일차방정식이 아닌 것은 ④이다.

439 답 $x=3$

$6x+3=2x+15$에서
$4x=12$　　$\therefore x=3$

440 답 ②

$3(4x+2)=5(x-2)+2$에서
$12x+6=5x-10+2, 7x=-14$
$\therefore x=-2$

441 답 $x=-3$

$0.3x-2.2=1.2x+0.5$의 양변에 10을 곱하면
$3x-22=12x+5, -9x=27$
$\therefore x=-3$

442 답 ④

$\frac{1}{3}x+2=\frac{5x-3}{4}$의 양변에 12를 곱하면
$4x+24=3(5x-3), 4x+24=15x-9$
$-11x=-33$　　$\therefore x=3$

443 답 ③

① $4x+6=30$에서 $4x-24=0$ ➡ 일차방정식
② $5x=20$에서 $5x-20=0$ ➡ 일차방정식
③ $x^2=16$에서 $x^2-16=0$ ➡ 일차방정식이 아니다.
④ $1200x=6000$에서 $1200x-6000=0$ ➡ 일차방정식
⑤ $3x=210$에서 $3x-210=0$ ➡ 일차방정식
따라서 일차방정식이 아닌 것은 ③이다.

444 답 $a \neq -5$

$3x-1=5-(a+2)x$에서
$(a+5)x=6$　　　　　　　　　　　…… ❶
이 등식이 x에 대한 일차방정식이 되려면 $a+5 \neq 0$이어야 하므로
$a \neq -5$　　　　　　　　　　　…… ❷

채점 기준

❶ $ax=b$ 꼴로 고치기		30 %
❷ a의 조건 구하기		70 %

445 답 ④

$2x-(5x-1)=4$에서 $2x-5x+1=4$
$-3x=3$　　$\therefore x=-1$
① $-x+5=-6$에서 $-x=-11$　　$\therefore x=11$
② $3x=x+4$에서 $2x=4$　　$\therefore x=2$
③ $2(x+2)=3x-5$에서 $2x+4=3x-5$
　　$-x=-9$　　$\therefore x=9$

④ $-5x+4=2(6-x)-5$에서 $-5x+4=12-2x-5$

   $-3x=3$ ∴ $x=-1$

⑤ $3(x+4)=-(x+8)$에서 $3x+12=-x-8$

   $4x=-20$ ∴ $x=-5$

따라서 주어진 일차방정식과 해가 같은 것은 ④이다.

446 답 ⑤

① $-4x+5=-7$에서 $-4x=-12$

  ∴ $x=3$ ∴ $|x|=3$

② $4-x=x-4$에서 $-2x=-8$

  ∴ $x=4$ ∴ $|x|=4$

③ $2x+3=6-x$에서 $3x=3$

  ∴ $x=1$ ∴ $|x|=1$

④ $-x=3(x+3)-1$에서 $-x=3x+9-1$

  $-4x=8$ ∴ $x=-2$ ∴ $|x|=2$

⑤ $4(x+1)=2x-6$에서 $4x+4=2x-6$

  $2x=-10$ ∴ $x=-5$ ∴ $|x|=5$

따라서 해의 절댓값이 가장 큰 것은 ⑤이다.

447 답 ⑤

$0.2x-0.32=0.18x+0.3$의 양변에 100을 곱하면

$20x-32=18x+30$, $2x=62$

∴ $x=31$

448 답 ①

$\dfrac{2x}{3}+\dfrac{5}{2}=\dfrac{5x+3}{4}$의 양변에 12를 곱하면

$8x+30=3(5x+3)$, $8x+30=15x+9$

$-7x=-21$ ∴ $x=3$

449 답 -10

$(x-5):(3x+10)=3:4$에서

$4(x-5)=3(3x+10)$ …… ❶

$4x-20=9x+30$, $-5x=50$

∴ $x=-10$ …… ❷

채점 기준	
❶ 비례식에서 일차방정식 세우기	40 %
❷ 비례식을 만족시키는 x의 값 구하기	60 %

450 답 ⑤

$0.6(x-1)=0.4(x+1)+1.4$의 양변에 10을 곱하면

$6(x-1)=4(x+1)+14$, $6x-6=4x+4+14$

$2x=24$ ∴ $x=12$

451 답 ②

$0.2(x+3)=1.2(x-2)-2$의 양변에 10을 곱하면

$2(x+3)=12(x-2)-20$, $2x+6=12x-24-20$

$-10x=-50$ ∴ $x=5$

따라서 $a=5$이므로 a보다 작은 자연수는 1, 2, 3, 4의 4개이다.

452 답 ④

① $6(x-2)=3(x-6)$에서 $6x-12=3x-18$

  $3x=-6$ ∴ $x=-2$

② $0.5x+0.1=0.2x-0.5$의 양변에 10을 곱하면

  $5x+1=2x-5$, $3x=-6$

  ∴ $x=-2$

③ $\dfrac{x+3}{2}=-\dfrac{x}{4}$의 양변에 4를 곱하면

  $2(x+3)=-x$, $2x+6=-x$

  $3x=-6$ ∴ $x=-2$

④ $0.09x+0.95=0.11(x+7)$의 양변에 100을 곱하면

  $9x+95=11(x+7)$, $9x+95=11x+77$

  $-2x=-18$ ∴ $x=9$

⑤ $\dfrac{1}{4}(x-6)=\dfrac{3x-4}{5}$의 양변에 20을 곱하면

  $5(x-6)=4(3x-4)$, $5x-30=12x-16$

  $-7x=14$ ∴ $x=-2$

따라서 해가 나머지 넷과 다른 하나는 ④이다.

453 답 ④

$(5-x):\dfrac{2x-1}{3}=6:5$에서

$5(5-x)=2(2x-1)$, $25-5x=4x-2$

$-9x=-27$ ∴ $x=3$

454 답 ④

$1.3(x-1)+\dfrac{11}{2}=\dfrac{8}{5}x$에서 소수를 분수로 고치면

$\dfrac{13}{10}(x-1)+\dfrac{11}{2}=\dfrac{8}{5}x$

양변에 10을 곱하면

$13(x-1)+55=16x$, $13x+42=16x$

$-3x=-42$ ∴ $x=14$

455 답 1

$\dfrac{1}{5}(0.4x-3)=\dfrac{1}{3}(x+2)$에서 소수를 분수로 고치면

$\dfrac{1}{5}\left(\dfrac{2}{5}x-3\right)=\dfrac{1}{3}(x+2)$, $\dfrac{2}{25}x-\dfrac{3}{5}=\dfrac{1}{3}x+\dfrac{2}{3}$

양변에 75를 곱하면

$6x-45=25x+50$, $-19x=95$

∴ $x=-5$

따라서 $a=-5$이므로

$2a+11=2\times(-5)+11=1$

456 답 ⑤

① $-4(x-3)=2x+9$에서 $-4x+12=2x+9$

  $-6x=-3$ ∴ $x=\dfrac{1}{2}$

② $2+0.6x=0.2x+4$의 양변에 10을 곱하면

  $20+6x=2x+40$, $4x=20$

  ∴ $x=5$

③ $0.3(x+12)=x+0.8$의 양변에 10을 곱하면

$3(x+12)=10x+8$, $3x+36=10x+8$

$-7x=-28$ $\therefore x=4$

④ $\dfrac{x-1}{3}+1=\dfrac{3x+1}{4}$의 양변에 12를 곱하면

$4(x-1)+12=3(3x+1)$, $4x-4+12=9x+3$

$-5x=-5$ $\therefore x=1$

⑤ $\dfrac{x-1}{2}=\dfrac{2}{5}x-0.7$에서 소수를 분수로 고치면

$\dfrac{x-1}{2}=\dfrac{2}{5}x-\dfrac{7}{10}$

양변에 10을 곱하면

$5(x-1)=4x-7$, $5x-5=4x-7$

$\therefore x=-2$

따라서 해가 가장 작은 것은 ⑤이다.

457 답 368

$3x-1=5x-7$에서 $-2x=-6$ $\therefore x=3$

$0.4(x-1)=0.6x-1.6$의 양변에 10을 곱하면

$4(x-1)=6x-16$, $4x-4=6x-16$

$-2x=-12$ $\therefore x=6$

$\dfrac{x}{2}-1=\dfrac{2x+5}{7}$의 양변에 14를 곱하면

$7x-14=2(2x+5)$, $7x-14=4x+10$

$3x=24$ $\therefore x=8$

따라서 자물쇠의 비밀번호는 368이다.

458 답 3

$0.4(x-2)=\dfrac{3x+1}{7}$에서 소수를 분수로 고치면

$\dfrac{2}{5}(x-2)=\dfrac{3x+1}{7}$

양변에 35를 곱하면

$14(x-2)=5(3x+1)$, $14x-28=15x+5$

$-x=33$ $\therefore x=-33$

$\therefore a=-33$ ······ ❶

$\dfrac{x+2}{3}=0.2(x-1)-\dfrac{47}{15}$에서 소수를 분수로 고치면

$\dfrac{x+2}{3}=\dfrac{1}{5}(x-1)-\dfrac{47}{15}$

양변에 15를 곱하면

$5(x+2)=3(x-1)-47$, $5x+10=3x-3-47$

$2x=-60$ $\therefore x=-30$

$\therefore b=-30$ ······ ❷

$\therefore b-a=-30-(-33)=3$ ······ ❸

채점 기준	
❶ a의 값 구하기	40 %
❷ b의 값 구하기	40 %
❸ $b-a$의 값 구하기	20 %

459 답 ①

$a(x+2)-15=4(x-a)+9$에서

$ax+2a-15=4x-4a+9$

$\therefore (x+6)a=4x+24$

이 등식이 a에 대한 일차방정식이므로 $x+6\neq0$

$\therefore a=\dfrac{4x+24}{x+6}=\dfrac{4(x+6)}{x+6}=4$

460 답 1

$\{4 ☆ (-x)\}+(3x ☆ 6)$

$=\{4+(-x)-(-4x)\}+(3x+6-18x)$

$=3x+4-15x+6$

$=-12x+10$

따라서 $-12x+10=-2$이므로

$-12x=-12$ $\therefore x=1$

461 답 ②

$ax+c=bx+d$가 x에 대한 항등식이므로

$a=b$, $c=d$

이를 $ax+b=cx+d$에 대입하면

$ax+a=cx+c$, $(a-c)x=-(a-c)$

$\therefore x=-1$ ($\because a\neq c$)

462 답 3

$ax-4=2x+1$에 $x=5$를 대입하면

$5a-4=10+1$, $5a=15$

$\therefore a=3$

463 답 ④

$5x-3=2x+9$에서 $3x=12$ $\therefore x=4$

따라서 방정식 $ax+6=3x+2$의 해가 $x=4$이므로 이를 대입하면

$4a+6=12+2$, $4a=8$

$\therefore a=2$

464 답 ③

$\dfrac{x-a}{3}=1-\dfrac{4x+a}{6}$에 $x=3$을 대입하면

$\dfrac{3-a}{3}=1-\dfrac{12+a}{6}$

양변에 6을 곱하면

$2(3-a)=6-(12+a)$, $6-2a=-6-a$

$-a=-12$ $\therefore a=12$

465 답 ④

$a(3x-1)=x+16$에 $x=-2$를 대입하면

$a(-6-1)=-2+16$, $-7a=14$

$\therefore a=-2$

$0.4x+0.3b=-0.6x+1$에 $x=-2$를 대입하면

$-0.8+0.3b=1.2+1$

양변에 10을 곱하면

$-8+3b=12+10$, $3b=30$

$\therefore b=10$

$\therefore a+b=-2+10=8$

466 답 19

$0.5(1-2x)=-0.4x+2$의 양변에 10을 곱하면

$5(1-2x)=-4x+20$, $5-10x=-4x+20$

$-6x=15$ $\therefore x=-\dfrac{5}{2}$ ...... ❶

따라서 $2(x-a)=5$의 해가 $x=-\dfrac{5}{2}$이므로 이를 대입하면

$2\left(-\dfrac{5}{2}-a\right)=5$, $-5-2a=5$

$-2a=10$ $\therefore a=-5$ ...... ❷

$\therefore a^2+a-1=(-5)^2+(-5)-1=19$ ...... ❸

채점 기준	
❶ 일차방정식 $0.5(1-2x)=-0.4x+2$ 풀기	50 %
❷ a의 값 구하기	30 %
❸ a^2+a-1의 값 구하기	20 %

467 답 24

$\dfrac{x-1}{3}=\dfrac{3x+2}{4}$의 양변에 12를 곱하면

$4(x-1)=3(3x+2)$, $4x-4=9x+6$

$-5x=10$ $\therefore x=-2$

따라서 세 방정식의 해는 모두 $x=-2$이다.

$ax+5=5(2x-3)$에 $x=-2$를 대입하면

$-2a+5=-35$, $-2a=-40$ $\therefore a=20$

$0.3(x-b)=x+2.6$에 $x=-2$를 대입하면

$0.3(-2-b)=0.6$

양변에 10을 곱하면

$3(-2-b)=6$, $-6-3b=6$

$-3b=12$ $\therefore b=-4$

$\therefore a-b=20-(-4)=24$

468 답 ⑤

$a(4x-2)+5x=-2x+11$에 $x=-1$을 대입하면

$-6a-5=2+11$, $-6a=18$

$\therefore a=-3$

$2.2x+a=1.7x-1.5$에 $a=-3$을 대입하면

$2.2x-3=1.7x-1.5$

양변에 10을 곱하면

$22x-30=17x-15$, $5x=15$

$\therefore x=3$

469 답 ②

$0.3x+0.5=-0.2x+3.5$의 양변에 10을 곱하면

$3x+5=-2x+35$, $5x=30$ $\therefore x=6$

따라서 $\dfrac{x}{2}-\dfrac{a-2x}{3}=1$의 해가 $x=-6$이므로 이를 대입하면

$-3-\dfrac{a+12}{3}=1$

양변에 3을 곱하면

$-9-(a+12)=3$, $-a-21=3$

$-a=24$ $\therefore a=-24$

470 답 -5

$0.8+1.4x=\dfrac{4x-8}{5}$에서 소수를 분수로 고치면

$\dfrac{4}{5}+\dfrac{7}{5}x=\dfrac{4x-8}{5}$

양변에 5를 곱하면

$4+7x=4x-8$, $3x=-12$ $\therefore x=-4$ ...... ❶

따라서 방정식 $2(x+2a)-5x=4$의 해는

$x=2\times(-4)=-8$ ...... ❷

이를 $2(x+2a)-5x=4$에 대입하면

$2(-8+2a)+40=4$, $-16+4a+40=4$

$4a=-20$ $\therefore a=-5$ ...... ❸

채점 기준	
❶ 일차방정식 $0.8+1.4x=\dfrac{4x-8}{5}$ 풀기	50 %
❷ 일차방정식 $2(x+2a)-5x=4$의 해 구하기	10 %
❸ a의 값 구하기	40 %

471 답 ①

$x+\dfrac{1}{2}a=\dfrac{1}{2}x+6$의 양변에 2를 곱하면

$2x+a=x+12$ $\therefore x=12-a$

이때 $12-a$가 자연수가 되도록 하는 자연수 a는 1, 2, 3, ..., 11의 11개이다.

472 답 3

$x+3a=4(x+3)$에서

$x+3a=4x+12$, $-3x=-3a+12$

$\therefore x=a-4$

이때 $a-4$가 음의 정수가 되려면 자연수 a의 값은 1, 2, 3이어야 하므로 가장 큰 자연수 a의 값은 3이다.

473 답 ③

$\dfrac{1}{5}(x-2a)=x-4$의 양변에 5를 곱하면

$x-2a=5x-20$, $-4x=-20+2a$

$\therefore x=\dfrac{10-a}{2}$

이때 $\dfrac{10-a}{2}$가 자연수가 되려면 $10-a$는 2의 배수이어야 한다.

그런데 a는 자연수이므로

$10-a=2$, 4, 6, 8

따라서 자연수 a의 값은 8, 6, 4, 2이므로 구하는 합은

$8+6+4+2=20$

474 답 ③

$(2a-5)x^2+(4b-1)x+8=0$이 x에 대한 일차방정식이므로

$2a-5=0$ $\therefore a=\dfrac{5}{2}$

즉, $(4b-1)x+8=0$의 해가 $x=4$이므로 이를 대입하면

$4(4b-1)+8=0$, $16b-4+8=0$

$16b=-4$ $\therefore b=-\dfrac{1}{4}$

따라서 방정식 $ax-b+ab=0$, 즉 $\dfrac{5}{2}x+\dfrac{1}{4}-\dfrac{5}{8}=0$에서

$\dfrac{5}{2}x=\dfrac{3}{8}$ $\quad\therefore x=\dfrac{3}{20}$

475 답 -1

$\dfrac{x-3}{2}=\dfrac{x}{4}+a$의 양변에 4를 곱하면

$2(x-3)=x+4a$, $2x-6=x+4a$

$\therefore x=4a+6$

$\therefore m=4a+6$ ...... ❶

$\dfrac{x+3a}{4}=\dfrac{x}{3}-1$의 양변에 12를 곱하면

$3(x+3a)=4x-12$, $3x+9a=4x-12$

$-x=-9a-12$ $\quad\therefore x=9a+12$

$\therefore n=9a+12$ ...... ❷

이때 $m:n=2:3$이므로

$(4a+6):(9a+12)=2:3$

$3(4a+6)=2(9a+12)$

$12a+18=18a+24$

$-6a=6$ $\quad\therefore a=-1$ ...... ❸

채점 기준	
❶ m을 a에 대한 식으로 나타내기	30 %
❷ n을 a에 대한 식으로 나타내기	30 %
❸ a의 값 구하기	40 %

최고수준 도전 기출
99쪽

476 답 -3

전략 주어진 등식을 정리하여 a를 b에 대한 식으로 나타낸 후 $\dfrac{a-b}{a+3b}$에 대입하여 그 값을 구한다.

$2a-3b=4a+5b$에서 $-2a=8b$ $\quad\therefore a=-4b$

$\dfrac{a-b}{a+3b}$에 $a=-4b$를 대입하면

$\dfrac{-4b-b}{-4b+3b}=\dfrac{-5b}{-b}=5$ $(\because b\neq0)$

따라서 $m(x-3)=4-2x$의 해가 $x=5$이므로 이를 대입하면

$2m=-6$ $\quad\therefore m=-3$

477 답 -2

$7-4x=2(1-x)+10$에서 $7-4x=2-2x+10$

$-2x=5$ $\quad\therefore x=-\dfrac{5}{2}$

따라서 $8x-3=2x+3a$의 해가 될 수 있는 것은

$x=-\dfrac{5}{2}$ 또는 $x=\dfrac{5}{2}$

(ⅰ) 해가 $x=-\dfrac{5}{2}$인 경우

$8x-3=2x+3a$에 $x=-\dfrac{5}{2}$를 대입하면

$-20-3=-5+3a$, $3a=-18$

$\therefore a=-6$

(ⅱ) 해가 $x=\dfrac{5}{2}$인 경우

$8x-3=2x+3a$에 $x=\dfrac{5}{2}$를 대입하면

$20-3=5+3a$, $3a=12$

$\therefore a=4$

(ⅰ), (ⅱ)에서 모든 상수 a의 값의 합은

$-6+4=-2$

478 답 10

$\dfrac{2x-3a}{6}+3=x$의 양변에 6을 곱하면

$2x-3a+18=6x$, $-4x=3a-18$

$\therefore x=-\dfrac{3a-18}{4}$

이때 $-\dfrac{3a-18}{4}$이 음의 정수가 되려면 $3a-18$이 4의 배수이어야 한다.

즉, $3a-18=4$, 8, 12, 16, ...이므로

$a=\dfrac{22}{3}$, $\dfrac{26}{3}$, 10, $\dfrac{34}{3}$, ...

따라서 구하는 가장 작은 자연수 a의 값은 10이다.

479 답 ⑤

우변의 x의 계수 3을 a로 잘못 보았다고 하면

$5(x+3)=ax-1$

이 방정식의 해가 $x=2$이므로 이를 대입하면

$25=2a-1$, $2a=26$

$\therefore a=13$

따라서 3을 13으로 잘못 보았다.

480 답 ③

방정식 $(a-6)x+12=-bx+3a$, 즉 $(a+b-6)x=3a-12$의 해가 존재하지 않으므로

$a+b-6=0$, $3a-12\neq0$

$\therefore a+b=6$, $a\neq4$

이때 a, b는 $a>b$인 자연수이므로 $a=5$, $b=1$

따라서 $2x-b=\dfrac{x+4}{a}$에 $a=5$, $b=1$을 대입하면

$2x-1=\dfrac{x+4}{5}$

양변에 5를 곱하면

$10x-5=x+4$, $9x=9$

$\therefore x=1$

참고 x에 대한 방정식 $ax+b=cx+d$, 즉 $(a-c)x=d-b$에서
- 해가 없을 조건 ➡ $a=c$, $b\neq d$
- 해가 무수히 많을 조건 ➡ $a=c$, $b=d$

481 답 ②

어떤 수를 x라 하면

$2x+5=4x-1$

$-2x=-6$ $\therefore x=3$

따라서 어떤 수는 3이다.

482 답 54

십의 자리의 숫자를 x라 하면

$10x+4=6(x+4)$

$10x+4=6x+24,\ 4x=20$

$\therefore x=5$

따라서 구하는 자연수는 54이다.

483 답 ⑤

작은 수를 x라 하면 큰 수는 $x+13$이므로

$x+13=2x+4$

$-x=-9$ $\therefore x=9$

따라서 작은 수는 9이다.

484 답 16

어떤 수를 x라 하면

$5x-3=2(3x-5)$ ......ⓘ

$5x-3=6x-10,\ -x=-7$

$\therefore x=7$ ......ⓙ

따라서 어떤 수가 7이므로 처음 구하려고 했던 수는

$3\times7-5=16$ ......ⓚ

채점 기준	
ⓘ 일차방정식 세우기	40%
ⓙ 일차방정식 풀기	40%
ⓚ 처음 구하려고 했던 수 구하기	20%

485 답 ②

연속하는 세 자연수를 $x-1,\ x,\ x+1$이라 하면

$(x-1)+x+(x+1)=114$

$3x=114$ $\therefore x=38$

따라서 연속하는 세 자연수는 37, 38, 39이므로 가장 작은 수는 37이다.

486 답 15, 17, 19

연속하는 세 홀수를 $x-2,\ x,\ x+2$라 하면

$(x-2)+x+(x+2)=51$

$3x=51$ $\therefore x=17$

따라서 연속하는 세 홀수는 15, 17, 19이다.

487 답 ④

연속하는 세 짝수를 $x-2,\ x,\ x+2$라 하면

$3(x+2)=(x-2)+x+32$

$3x+6=2x+30$ $\therefore x=24$

따라서 연속하는 세 짝수는 22, 24, 26이므로 가장 큰 수는 26이다.

488 답 ⑤

일의 자리의 숫자를 x라 하면 십의 자리의 숫자는 $x+5$이므로

$10(x+5)+x=7\{(x+5)+x\}+3$

$11x+50=14x+38,\ -3x=-12$

$\therefore x=4$

따라서 구하는 자연수는 94이다.

489 답 52

처음 수의 십의 자리의 숫자를 x라 하면 처음 수는 $10x+2$, 바꾼 수는 $20+x$이므로

$20+x=(10x+2)-27$ ......ⓘ

$20+x=10x-25,\ -9x=-45$

$\therefore x=5$ ......ⓙ

따라서 처음 수는 52이다.   ......ⓚ

채점 기준	
ⓘ 일차방정식 세우기	50%
ⓙ 일차방정식 풀기	40%
ⓚ 처음 수 구하기	10%

490 답 694

처음 수의 일의 자리의 숫자를 x라 하면 십의 자리의 숫자는 $2x+1$이므로

처음 수는 $600+10(2x+1)+x$

바꾼 수는 $100(2x+1)+60+x$

즉, $100(2x+1)+60+x=600+10(2x+1)+x+270$이므로

$201x+160=21x+880$

$180x=720$ $\therefore x=4$

따라서 처음 수는 694이다.

491 답 ②

작은 수를 x라 하면 ㈏에서 큰 수는 $89-x$

㈎, ㈐에서 $10x$는 세 자리의 자연수, $89-x$는 두 자리의 자연수이므로

$10x-(89-x)=65$

$11x-89=65,\ 11x=154$ $\therefore x=14$

따라서 작은 수는 14이다.

492 답 4

3점짜리 슛을 x개 넣었다고 하면 2점짜리 슛은 $(15-x)$개 넣었으므로

$3x+2(15-x)=34$

$x+30=34$ $\therefore x=4$

따라서 3점짜리 슛은 4개 넣었다.

493 답 5장

흰색 수건을 x장 샀다고 하면 갈색 수건은 $(9-x)$장 샀으므로

$1500x+2000(9-x)=20000-4500$ ...... ⓘ

$1500x+18000-2000x=15500$

$-500x=-2500$ ∴ $x=5$ ...... ⓘⓘ

따라서 흰색 수건은 5장 샀다. ...... ⓘⓘⓘ

채점 기준	
ⓘ 일차방정식 세우기	50%
ⓘⓘ 일차방정식 풀기	40%
ⓘⓘⓘ 흰색 수건을 몇 장 샀는지 구하기	10%

494 답 ④

토요일에 입장한 관람객 수를 x라 하면 일요일에 입장한 관람객 수는 $440-x$이므로

$440-x=2x+5$

$-3x=-435$ ∴ $x=145$

따라서 일요일에 입장한 관람객 수는

$440-145=295$

495 답 13세

정우의 나이를 x세라 하면 동생의 나이는 $(21-x)$세이므로

$x-(21-x)=5$

$2x-21=5$, $2x=26$ ∴ $x=13$

따라서 정우의 나이는 13세이다.

다른 풀이

정우의 나이를 x세라 하면 동생의 나이는 $(x-5)$세이므로

$x+(x-5)=21$

$2x=26$ ∴ $x=13$

따라서 정우의 나이는 13세이다.

496 답 ③

x년 후에 아버지의 나이가 딸의 나이의 3배가 된다고 하면

$44+x=3(12+x)$

$44+x=36+3x$, $-2x=-8$ ∴ $x=4$

따라서 아버지의 나이가 딸의 나이의 3배가 되는 것은 4년 후이다.

497 답 ③

현재 어머니의 나이를 x세라 하면

$x+15=2\times(13+15)+6$

$x+15=62$ ∴ $x=47$

따라서 현재 어머니의 나이는 47세이다.

498 답 ④

현재 딸의 나이를 x세라 하면 어머니의 나이는 $4x$세이므로

$4x+6=3(x+6)$

$4x+6=3x+18$ ∴ $x=12$

따라서 현재 딸의 나이는 12세이다.

499 답 49세

현재 아버지의 나이를 x세라 하면 아들의 나이는 $(59-x)$세이므로

$x+3=4\{(59-x)+3\}$

$x+3=4(62-x)$, $x+3=248-4x$

$5x=245$ ∴ $x=49$

따라서 현재 아버지의 나이는 49세이다.

500 답 48세

현재 다은이의 나이를 x세라 하면

㈎에서 쌍둥이 동생의 나이는 $(x-4)$세

㈏에서 어머니의 나이는 $3x$세

㈐에서

$3x+x+(x-4)+(x-4)=82$

$6x-8=82$, $6x=90$ ∴ $x=15$

즉, 현재 다은이의 나이는 15세이므로 아버지의 나이를 y세라 하면

㈑에서

$y+18=2\times(15+18)$

$y+18=66$ ∴ $y=48$

따라서 현재 아버지의 나이는 48세이다.

501 답 3000

8개월 후에 서우의 예금액과 소윤이의 예금액이 같아지므로

$36000+4000\times8=44000+8x$

$68000=44000+8x$

$-8x=-24000$ ∴ $x=3000$

502 답 5일 후

x일 후에 선후의 예금액과 지아의 예금액이 같아진다고 하면

$80000-5000x=70000-3000x$ ...... ⓘ

$-2000x=-10000$ ∴ $x=5$ ...... ⓘⓘ

따라서 건후의 예금액과 지아의 예금액이 같아지는 것은 5일 후이다. ...... ⓘⓘⓘ

채점 기준	
ⓘ 일차방정식 세우기	50%
ⓘⓘ 일차방정식 풀기	40%
ⓘⓘⓘ 예금액이 같아지는 것은 며칠 후인지 구하기	10%

503 답 ③

x개월 후에 누나의 예금액이 동생의 예금액의 2배가 된다고 하면

$45000+7000x=2(60000+2000x)$

$45000+7000x=120000+4000x$

$3000x=75000$ ∴ $x=25$

따라서 누나의 예금액이 동생의 예금액의 2배가 되는 것은 25개월 후이다.

504 답 ⑤

$(10-3)\times\{10-(3x-2)\}=42$이므로

$7(12-3x)=42$, $84-21x=42$

$-21x=-42$ ∴ $x=2$

505 답 5 cm

직육면체의 높이를 $x\,$cm라 하면
$2\times(4\times5+4\times x+5\times x)=130$
$2(20+9x)=130,\ 40+18x=130$
$18x=90\qquad\therefore x=5$
따라서 직육면체의 높이는 5 cm이다.

506 답 7 cm

처음 정사각형의 한 변의 길이를 $x\,$cm라 하면
$2\times\{(x+5)+2x\}=52$
$2(3x+5)=52,\ 6x+10=52$
$6x=42\qquad\therefore x=7$
따라서 처음 정사각형의 한 변의 길이는 7 cm이다.

507 답 ⑤

사다리꼴의 아랫변의 길이를 $x\,$cm라 하면 윗변의 길이는
$(x-4)\,$cm이므로
$\dfrac{1}{2}\times\{(x-4)+x\}\times6=45$
$3(2x-4)=45,\ 6x-12=45$
$6x=57\qquad\therefore x=\dfrac{19}{2}$

따라서 아랫변의 길이는 $\dfrac{19}{2}\,$cm이다.

508 답 ③

직사각형의 넓이는 $(2x+5)\times9=18x+45$
삼각형 1개의 넓이는 $\dfrac{1}{2}\times x\times7=\dfrac{7}{2}x$

따라서 $(18x+45)-2\times\dfrac{7}{2}x=111$이므로
$11x=66\qquad\therefore x=6$

509 답 $\dfrac{24}{5}$

처음 직사각형의 넓이는 $3\times6=18(\mathrm{cm}^2)$
가로의 길이를 $2\,$cm만큼, 세로의 길이를 $x\,$cm만큼 늘인 직사각형의 넓이는
$(3+2)\times(6+x)=30+5x(\mathrm{cm}^2)$
따라서 $30+5x=3\times18$이므로
$5x=24\qquad\therefore x=\dfrac{24}{5}$

510 답 48 cm

직사각형의 세로의 길이를 $x\,$cm라 하면 가로의 길이는 $3x\,$cm이므로
$2(3x+x)=128$
$8x=128\qquad\therefore x=16$
따라서 직사각형의 가로의 길이는
$3\times16=48(\mathrm{cm})$

511 답 ④

오른쪽 그림과 같이 정사각형의 한 변의 길이를 $x\,$cm라 하면 직사각형의 긴 변의 길이는 $x\,$cm, 짧은 변의 길이는 $\dfrac{x}{4}\,$cm이므로
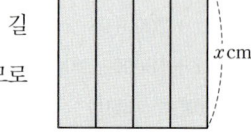
$2\left(x+\dfrac{x}{4}\right)=30$
$\dfrac{5}{2}x=30\qquad\therefore x=12$
따라서 정사각형의 한 변의 길이는 12 cm이므로 정사각형의 넓이는
$12\times12=144(\mathrm{cm}^2)$

512 답 ②

혜정이네 가족이 총 x일 동안 여행을 다녀왔다고 하면
$\dfrac{1}{2}x+\dfrac{1}{3}x+2=x$
양변에 6을 곱하면
$3x+2x+12=6x$
$-x=-12\qquad\therefore x=12$
따라서 혜정이네 가족은 총 12일 동안 여행을 다녀왔다.

513 답 2

전체 회원 수를 x라 하면
$\dfrac{1}{2}x+\dfrac{1}{9}x+\dfrac{1}{6}x+4=x$ ...... ❶
양변에 18을 곱하면
$9x+2x+3x+72=18x$
$-4x=-72\qquad\therefore x=18$ ...... ❷
따라서 전체 회원 수가 18이므로 된장찌개를 주문한 회원 수는
$18\times\dfrac{1}{9}=2$ ...... ❸

채점 기준	
❶ 일차방정식 세우기	40 %
❷ 일차방정식 풀기	40 %
❸ 된장찌개를 주문한 회원 수 구하기	20 %

514 답 264쪽

소설책을 전체 x쪽이라 하면
$\dfrac{3}{11}x+\left(x-\dfrac{3}{11}x\right)\times\dfrac{2}{3}+20=\left(1-\dfrac{1}{6}\right)x$
양변에 66을 곱하면
$18x+32x+1320=55x$
$-5x=-1320\qquad\therefore x=264$
따라서 소설책은 전체 264쪽이다.

515 답 ⑤

전체 용돈을 x원이라 하면
통장 A에 입금한 용돈은
$20000+(x-20000)\times\dfrac{5}{8}=\dfrac{5}{8}x+7500(원)$
통장 B에 입금한 용돈은
$x-\left(\dfrac{5}{8}x+7500\right)=\dfrac{3}{8}x-7500(원)$

통장 A에 입금한 용돈이 통장 B에 입금한 용돈의 3배이므로

$$\frac{5}{8}x+7500=3\times\left(\frac{3}{8}x-7500\right)$$

$$\frac{5}{8}x+7500=\frac{9}{8}x-22500$$

$$-\frac{1}{2}x=-30000 \qquad \therefore x=60000$$

따라서 전체 용돈은 60000원이다.

516 답 135 km

두 도시 A, B 사이의 거리를 x km라 하자.

총 걸린 시간은 4시간 30분, 즉 $4\frac{30}{60}=\frac{9}{2}$(시간)이므로

$$\frac{x}{90}+\frac{x}{45}=\frac{9}{2}$$

양변에 90을 곱하면

$$x+2x=405, \ 3x=405 \qquad \therefore x=135$$

따라서 두 도시 A, B 사이의 거리는 135 km이다.

517 답 240 km

시속 80 km로 간 거리를 x km라 하면 시속 50 km로 간 거리는 $(340-x)$ km이므로

$$\frac{x}{80}+\frac{340-x}{50}=5 \qquad\qquad \cdots\cdots \text{ⓘ}$$

양변에 400을 곱하면

$$5x+8(340-x)=2000, \ 2720-3x=2000$$

$$-3x=-720 \qquad \therefore x=240 \qquad \cdots\cdots \text{ⓘⓘ}$$

따라서 시속 80 km로 간 거리는 240 km이다. $\qquad \cdots\cdots \text{ⓘⓘⓘ}$

채점 기준	
ⓘ 일차방정식 세우기	50 %
ⓘⓘ 일차방정식 풀기	40 %
ⓘⓘⓘ 시속 80 km로 간 거리 구하기	10 %

518 답 ④

집에서 도서관까지의 거리를 x km라 하면 도서관에서 책을 빌린 시간은 $\frac{20}{60}=\frac{1}{3}$(시간)이므로

$$\frac{x}{6}+\frac{1}{3}+\frac{x}{4}=2$$

양변에 12를 곱하면

$$2x+4+3x=24, \ 5x=20$$

$$\therefore x=4$$

따라서 집에서 도서관까지의 거리는 4 km이다.

519 답 ④

내려온 거리를 x km라 하면 올라간 거리는 $(x-3)$ km이다.

총 걸린 시간은 5시간 10분, 즉 $5\frac{10}{60}=\frac{31}{6}$(시간)이므로

$$\frac{x-3}{2}+\frac{x}{3}=\frac{31}{6}$$

양변에 6을 곱하면

$$3(x-3)+2x=31, \ 5x-9=31$$

$$5x=40 \qquad \therefore x=8$$

따라서 내려온 거리는 8 km이다.

520 답 180 km

두 지점 A, B 사이의 거리를 x km라 하면

$$\frac{x}{45}-\frac{x}{60}=1$$

양변에 180을 곱하면

$$4x-3x=180 \qquad \therefore x=180$$

따라서 두 지점 A, B 사이의 거리는 180 km이다.

521 답 ⑤

집과 학교 사이의 거리를 x km라 하자.

시간 차는 $\frac{45}{60}=\frac{3}{4}$(시간)이므로

$$\frac{x}{4}-\frac{x}{12}=\frac{3}{4}$$

양변에 12를 곱하면

$$3x-x=9, \ 2x=9 \qquad \therefore x=\frac{9}{2}$$

따라서 집과 학교 사이의 거리는 $\frac{9}{2}$ km이다.

522 답 18분 후

정호가 학교에서 출발한 지 x분 후에 지안이를 만난다고 하면 지안이가 $(x+6)$분 동안 이동한 거리와 정호가 x분 동안 이동한 거리가 같으므로

$$60(x+6)=80x \qquad\qquad \cdots\cdots \text{ⓘ}$$

$$60x+360=80x, \ -20x=-360$$

$$\therefore x=18 \qquad\qquad \cdots\cdots \text{ⓘⓘ}$$

따라서 정호가 학교에서 출발한 지 18분 후에 지안이를 만난다.

$\qquad\qquad\qquad\qquad\qquad\qquad\qquad \cdots\cdots \text{ⓘⓘⓘ}$

채점 기준	
ⓘ 일차방정식 세우기	50 %
ⓘⓘ 일차방정식 풀기	40 %
ⓘⓘⓘ 정호가 출발한 지 몇 분 후에 지안이를 만나는지 구하기	10 %

523 답 오전 8시 20분

언니가 집에서 출발한 지 x분 후에 연우를 만난다고 하면 연우가 $(x+20)$분 동안 이동한 거리와 언니가 x분 동안 이동한 거리가 같으므로

$$50(x+20)=150x, \ 50x+1000=150x$$

$$-100x=-1000 \qquad \therefore x=10$$

따라서 언니가 집에서 출발한 지 10분 후인 오전 8시 20분에 두 사람이 만난다.

524 답 ③

민준이네가 출발한 지 x시간 후에 캠핑장에 도착한다고 하면 민준이네가 x시간 동안 이동한 거리와 채은이네가 $\left(x+\frac{12}{60}\right)$시간, 즉 $\left(x+\frac{1}{5}\right)$시간 동안 이동한 거리가 같으므로

$$70x=50\left(x+\frac{1}{5}\right)$$

$$70x=50x+10, \ 20x=10 \qquad \therefore x=\frac{1}{2}$$

따라서 민준이네가 이동한 거리는 $70 \times \dfrac{1}{2} = 35 \text{(km)}$이므로 출발 지점에서 캠핑장까지의 거리는 35 km이다.

525 답 ⑤

두 사람이 출발한 지 x시간 후에 만난다고 하면 두 사람이 x시간 동안 이동한 거리의 합은 5 km이므로

$2x + 4x = 5$

$6x = 5$ $\qquad \therefore x = \dfrac{5}{6}$

따라서 오후 1시에 출발하여 $\dfrac{5}{6} = \dfrac{50}{60}$(시간), 즉 50분 후에 만나므로 두 사람이 만나는 시각은 오후 1시 50분이다.

526 답 8분 후

주원이와 서진이가 출발한 지 x분 후에 처음으로 만난다고 하면 두 사람이 x분 동안 이동한 거리의 합은 1.2 km, 즉 1200 m이므로

$70x + 80x = 1200$

$150x = 1200$ $\qquad \therefore x = 8$

따라서 두 사람은 출발한 지 8분 후에 처음으로 다시 만난다.

527 답 ④

아린이와 현우가 출발한 지 x분 후에 처음으로 만난다고 하면 속력이 빠른 사람, 즉 현우가 속력이 느린 사람, 즉 아린이보다 트랙을 한 바퀴 더 돌았으므로

$55x - 30x = 400$

$25x = 400$ $\qquad \therefore x = 16$

따라서 두 사람은 출발한 지 16분 후에 처음으로 다시 만난다.

참고 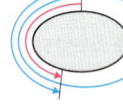 같은 지점에서 동시에 출발하여 트랙을 같은 방향으로 돌다가 처음으로 다시 만나게 되는 경우
(두 사람이 이동한 거리의 차)
=(트랙의 둘레의 길이)

528 답 ⑤

기차의 길이를 $x \text{ m}$라 하면 이 기차가 길이가 900 m인 다리를 완전히 통과할 때 이동한 거리는 $(900 + x) \text{ m}$이므로

$\dfrac{900 + x}{38} = 25$

$900 + x = 950$ $\qquad \therefore x = 50$

따라서 기차의 길이는 50 m이다.

529 답 120 m

터널의 길이를 $x \text{ m}$라 하면 두 기차 A, B가 터널을 완전히 통과할 때 이동한 거리는 각각 $(x + 200) \text{ m}$, $(x + 120) \text{ m}$이고 두 기차의 속력은 같으므로

$\dfrac{x + 200}{24} = \dfrac{x + 120}{18}$ $\qquad$ …… ❶

양변에 72를 곱하면

$3(x + 200) = 4(x + 120)$

$3x + 600 = 4x + 480$, $-x = -120$

$\therefore x = 120$ $\qquad$ …… ❷

따라서 터널의 길이는 120 m이다. $\qquad$ …… ❸

530 답 ③

기차의 길이를 $x \text{ m}$라 하면 이 기차가 길이가 500 m, 900 m인 철교를 완전히 통과할 때 이동한 거리는 각각 $(500 + x) \text{ m}$, $(900 + x) \text{ m}$이고 기차의 속력은 일정하므로

$\dfrac{500 + x}{3} = \dfrac{900 + x}{5}$

양변에 15를 곱하면

$5(500 + x) = 3(900 + x)$, $2500 + 5x = 2700 + 3x$

$2x = 200$ $\qquad \therefore x = 100$

따라서 기차의 길이는 100 m이다.

531 답 ②

집에서 영화관까지의 거리를 $x \text{ km}$라 하자.

시간 차는 15분, 즉 $\dfrac{15}{60} = \dfrac{1}{4}$(시간)이므로

$\dfrac{x}{5} - \dfrac{x}{6} = \dfrac{1}{4}$

양변에 60을 곱하면

$12x - 10x = 15$, $2x = 15$ $\qquad \therefore x = \dfrac{15}{2}$

따라서 집에서 영화관까지의 거리는 $\dfrac{15}{2} \text{ km}$이다.

532 답 90분

시후가 출발한 지 x시간 후에 두 사람이 처음으로 만난다고 하면 시후가 x시간 동안 이동한 거리와 유나가 $\left(x - \dfrac{20}{60}\right)$시간, 즉 $\left(x - \dfrac{1}{3}\right)$시간 동안 이동한 거리의 합은 33 km이므로

$15x + 9\left(x - \dfrac{1}{3}\right) = 33$

$15x + 9x - 3 = 33$, $24x = 36$ $\qquad \therefore x = \dfrac{3}{2}$

따라서 두 사람은 시후가 출발한 지 $\dfrac{3}{2} = \dfrac{90}{60}$(시간), 즉 90분 후에 처음으로 다시 만난다.

533 답 ⑤

기차의 길이를 $x \text{ m}$라 하면 이 기차가 길이가 1080 m인 터널을 완전히 통과할 때 이동한 거리는 $(1080 + x) \text{ m}$이고, 길이가 504 m인 다리를 완전히 통과할 때 이동한 거리는 $(504 + x) \text{ m}$이다.

이때 기차의 속력은 일정하므로

$\dfrac{1080 + x}{32} = \dfrac{504 + x}{16}$

양변에 32를 곱하면

$1080 + x = 2(504 + x)$, $1080 + x = 1008 + 2x$

$-x = -72$ $\qquad \therefore x = 72$

따라서 기차의 길이가 72 m이므로 기차의 속력은 초속 $\dfrac{504 + 72}{16} = 36 \text{(m)}$이다.

534 답 ④

전철의 길이를 x m라 하면 이 전철이 길이가 340 m인 철교를 완전히 통과할 때 이동한 거리는 $(340+x)$ m이고, 길이가 1484 m인 터널을 통과하면서 보이지 않는 동안 이동한 거리는 $(1484-x)$ m이다.

이때 전철의 속력은 일정하므로

$$\frac{340+x}{24}=\frac{1484-x}{72}$$

양변에 72를 곱하면

$$3(340+x)=1484-x$$

$$1020+3x=1484-x$$

$$4x=464 \qquad \therefore x=116$$

따라서 전철의 길이는 116 m이다.

> 참고 전철이 터널을 통과하면서 보이지 않는 동안 이동한 거리는 전철의 맨 뒤가 터널에 들어가기 시작할 때부터 전철의 맨 앞이 터널을 벗어나기 시작할 때까지 이동한 거리이다.
> → (전철이 보이지 않는 동안 이동한 거리)
>   =(터널의 길이)−(전철의 길이)

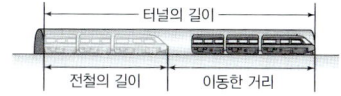

535 답 ③

작년 1학년 남학생 수를 x라 하면 작년 1학년 여학생 수는 $539-x$

올해 1학년 남학생 수는 $x-\frac{4}{100}x$이고 작년 1학년 여학생 수와 같으므로

$$x-\frac{4}{100}x=539-x$$

$$\frac{24}{25}x=539-x, \ \frac{49}{25}x=539$$

$$\therefore x=275$$

따라서 올해 1학년 남학생 수는

$$539-275=264$$

536 답 ③

3월의 데이터 사용량을 x GB라 하면

4월의 데이터 사용량은

$$x-\frac{10}{100}\times x=\frac{9}{10}x$$

5월의 데이터 사용량은

$$\frac{9}{10}x+\frac{20}{100}\times\frac{9}{10}x=\frac{27}{25}x$$

3개월간의 총 데이터 사용량이 14.9 GB이므로

$$x+\frac{9}{10}x+\frac{27}{25}x=14.9$$

양변에 50을 곱하면

$$50x+45x+54x=745$$

$$149x=745 \qquad \therefore x=5$$

따라서 4월의 데이터 사용량은

$$\frac{9}{10}\times5=\frac{9}{2}\text{(GB)}$$

537 답 873

작년 여학생 수를 x라 하면 작년 남학생 수는 $1900-x$

증가한 남학생 수는 $\frac{2}{100}\times(1900-x)$

감소한 여학생 수는 $\frac{3}{100}\times x$

전체 학생이 7명 감소했으므로

$$\frac{2}{100}\times(1900-x)-\frac{3}{100}\times x=-7 \qquad \cdots\cdots \text{❶}$$

양변에 100을 곱하면   (증가한 남학생 수)−(감소한 여학생 수)

$$2(1900-x)-3x=-700$$

$$-5x+3800=-700$$

$$-5x=-4500 \qquad \therefore x=900 \qquad \cdots\cdots \text{❷}$$

따라서 작년 여학생 수가 900이므로 올해 여학생 수는

$$900-\frac{3}{100}\times900=873 \qquad \cdots\cdots \text{❸}$$

채점 기준

❶	일차방정식 세우기	50 %
❷	일차방정식 풀기	30 %
❸	올해 여학생 수 구하기	20 %

538 답 188, 253

작년 여자 회원 수를 x라 하면

증가한 여자 회원 수는 $\frac{10}{100}\times x$

증가한 전체 회원 수는 $\frac{5}{100}\times420=21$

감소한 남자 회원은 2명이므로

$$\frac{10}{100}\times x-2=21, \ \frac{1}{10}x=23 \qquad \therefore x=230$$

즉, 작년 여자 회원 수는 230이므로 올해 여자 회원 수는

$$230+\frac{10}{100}\times230=253$$

따라서 작년 남자 회원 수는 $420-230=190$이므로 올해 남자 회원 수는

$$190-2=188$$

539 답 ②

한 달 전 아들의 몸무게를 x kg이라 하면 한 달 전 아버지의 몸무게는 $(x+30)$ kg

현재 아버지의 몸무게는

$$(x+30)-\frac{5}{100}\times(x+30)=\frac{19}{20}(x+30)\text{(kg)}$$

현재 아들의 몸무게는

$$x+\frac{4}{100}\times x=\frac{26}{25}x\text{(kg)}$$

현재 아버지와 아들의 몸무게의 합이 128 kg이므로

$$\frac{19}{20}(x+30)+\frac{26}{25}x=128$$

양변에 100을 곱하면

$$95(x+30)+104x=12800$$

$$199x+2850=12800, \ 199x=9950$$

$$\therefore x=50$$

따라서 한 달 전 아들의 몸무게는 50 kg이다.

540 답 (1) 12000원 (2) 13600원

(1) 바지의 원가를 x원이라 하면

$(정가)=x+\dfrac{30}{100}x=\dfrac{13}{10}x$(원)

$(판매 가격)=\dfrac{13}{10}x-2000$(원)

이때 (판매 가격)$-$(원가)$=$(이익)이므로

$\left(\dfrac{13}{10}x-2000\right)-x=1600$ ...... ❶

$\dfrac{3}{10}x=3600$ ∴ $x=12000$ ...... ❷

따라서 바지의 원가는 12000원이다. ...... ❸

(2) (판매 가격)$=$(원가)$+$(이익)이므로 판매 가격은

$12000+1600=13600$(원) ...... ❹

채점 기준

❶ 일차방정식 세우기	40 %	
❷ 일차방정식 풀기	30 %	
❸ 원가 구하기	10 %	
❹ 판매 가격 구하기	20 %	

541 답 ①

도매 시장에서 구입한 가방 1개의 가격을 x원이라 하면

40 %의 이익은 $\dfrac{40}{100}x=\dfrac{2}{5}x$(원)

20 %의 이익은 $\dfrac{20}{100}x=\dfrac{1}{5}x$(원)

이익이 86400원이므로

$30\times\dfrac{4}{5}\times\dfrac{2}{5}x+30\times\dfrac{1}{5}\times\dfrac{1}{5}x=86400$

$\dfrac{54}{5}x=86400$ ∴ $x=8000$

따라서 처음 도매 시장에서 구입한 가방 1개의 가격은 8000원이다.

542 답 18000원

키보드의 원가를 x원이라 하면

$(정가)=x+\dfrac{25}{100}x=\dfrac{5}{4}x$(원)

$(판매 가격)=\dfrac{5}{4}x-2700$(원)

이때 (판매 가격)$-$(원가)$=$(이익)이므로

$\left(\dfrac{5}{4}x-2700\right)-x=\dfrac{10}{100}x$

$\dfrac{1}{4}x-2700=\dfrac{1}{10}x$

양변에 20을 곱하면

$5x-54000=2x$, $3x=54000$

∴ $x=18000$

따라서 키보드의 원가는 18000원이다.

543 답 ②

쿠키의 원가를 x원이라 하면

$(정가)=x+\dfrac{60}{100}x=\dfrac{8}{5}x$(원)

$(판매 가격)=\dfrac{8}{5}x-\dfrac{20}{100}\times\dfrac{8}{5}x=\dfrac{32}{25}x$(원)

이때 (판매 가격)$-$(원가)$=$(이익)이므로

$\dfrac{32}{25}x-x=560$

$\dfrac{7}{25}x=560$ ∴ $x=2000$

따라서 쿠키의 원가는 2000원이다.

544 답 200000원

상품의 정가를 x원이라 하면

쇼핑몰 A에서 40 % 할인한 가격은

$x-\dfrac{40}{100}x=\dfrac{3}{5}x$(원)

추가로 20 % 할인한 가격은

$\dfrac{3}{5}x-\dfrac{20}{100}\times\dfrac{3}{5}x=\dfrac{12}{25}x$(원)

쇼핑몰 B에서 55 % 할인한 가격은

$x-\dfrac{55}{100}x=\dfrac{9}{20}x$(원)

두 쇼핑몰의 판매 가격의 차가 6000원이므로

$\dfrac{12}{25}x-\dfrac{9}{20}x=6000$

양변에 100을 곱하면

$48x-45x=600000$

$3x=600000$ ∴ $x=200000$

따라서 상품의 정가는 200000원이다.

545 답 ①

과학 교실에 참가한 학생 수를 x라 하면

3권씩 나누어 줄 때의 공책의 권수는 $3x+7$

5권씩 나누어 줄 때의 공책의 권수는 $5x-15$

이때 공책의 권수는 일정하므로

$3x+7=5x-15$

$-2x=-22$ ∴ $x=11$

따라서 과학 교실에 참가한 학생 수는 11이다.

546 답 6개

사탕을 받을 학생 수를 x라 하면

4개씩 나누어 줄 때의 사탕의 개수는 $4x+10$

7개씩 나누어 줄 때의 사탕의 개수는 $7x-14$

이때 사탕의 개수는 일정하므로

$4x+10=7x-14$

$-3x=-24$ ∴ $x=8$

즉, 학생 수는 8이므로 사탕의 개수는

$4\times8+10=42$

6개씩 나누어 줄 때 필요한 사탕의 개수는

$6\times8=48$

따라서 6개씩 나누어 주면 $48-42=6$(개)가 부족하다.

547 답 ⑤

강당에 있는 의자의 개수를 x라 하면

한 의자에 4명씩 앉을 때의 학생 수는 $4x+5$

한 의자에 5명씩 앉을 때의 학생 수는 $5(x-1)+3$

이때 학생 수는 일정하므로

$4x+5=5(x-1)+3$

$4x+5=5x-2$, $-x=-7$

$\therefore x=7$

따라서 강당에 있는 의자의 개수는 7이다.

548 답 ④

스티커를 받을 친구의 수를 x라 하면

9개씩 나누어 줄 때의 스티커의 개수는 $9x+15$

11개씩 나누어 줄 때의 스티커의 개수는 $11(x-1)+2$

이때 스티커의 개수는 일정하므로

$9x+15=11(x-1)+2$

$9x+15=11x-9$, $-2x=-24$

$\therefore x=12$

따라서 처음에 가지고 있던 스티커의 개수는

$9 \times 12+15=123$

549 답 ③

의자의 개수를 x라 하면

한 의자에 5명씩 앉을 때의 학생 수는 $5x+6$

한 의자에 6명씩 앉을 때의 학생 수는 $6(x-3)+4$

이때 학생 수는 일정하므로

$5x+6=6(x-3)+4$

$5x+6=6x-14$, $-x=-20$

$\therefore x=20$

따라서 학생 수는

$5 \times 20+6=106$

550 답 ③

전체 청소의 양을 1이라 하면 형과 동생이 1시간 동안 하는 청소의

양은 각각 $\dfrac{1}{6}$, $\dfrac{1}{9}$이다.

형과 동생이 함께 x시간 동안 청소하여 대청소를 끝냈다고 하면

$\left(\dfrac{1}{6}+\dfrac{1}{9}\right) \times x=1$

$\dfrac{5}{18}x=1$　　$\therefore x=\dfrac{18}{5}$ $\quad\longrightarrow \dfrac{18}{5}=3\dfrac{3}{5}=3\dfrac{36}{60}(시간)$

따라서 대청소를 끝내는 데 $\dfrac{18}{5}$시간, 즉 3시간 36분이 걸리므로

오전 10시에 시작하여 오후 1시 36분에 끝난다.

참고 어떤 일을 혼자서 완성하는 데 x시간이 걸린다.

➡ 전체 일의 양을 1이라 하면 1시간 동안 하는 일의 양은 $\dfrac{1}{x}$이다.

551 답 4시간

전체 작업의 양을 1이라 하면 예서와 현준이가 1시간 동안 하는

작업의 양은 각각 $\dfrac{1}{12}$, $\dfrac{1}{8}$이다.

둘이 함께 작업한 시간을 x시간이라 하면

$\dfrac{1}{12} \times 2+\left(\dfrac{1}{12}+\dfrac{1}{8}\right) \times x=1$

$\dfrac{1}{6}+\dfrac{5}{24}x=1$

양변에 24를 곱하면

$4+5x=24$, $5x=20$

$\therefore x=4$

따라서 둘이 함께 4시간 동안 작업했다.

552 답 ④

전체 문서의 양을 1이라 하면 지민이와 서연이가 하루에 입력하는

문서의 양은 각각 $\dfrac{1}{15}$, $\dfrac{1}{10}$이다.

서연이가 x일 동안 작업했다고 하면 지민이는 $(x-5)$일 동안 작

업했으므로

$\dfrac{1}{15} \times (x-5)+\dfrac{1}{10} \times x=1$

양변에 30을 곱하면

$2(x-5)+3x=30$, $5x=40$

$\therefore x=8$

따라서 서연이가 작업한 기간은 8일이다.

553 답 2시간

전체 일의 양을 1이라 하면 지유와 규영이가 1시간 동안 하는 일의

양은 각각 $\dfrac{1}{4}$, $\dfrac{1}{5}$이다.

규영이가 혼자 일한 시간을 x시간이라 하면

$\left(\dfrac{1}{4}+\dfrac{1}{5}\right) \times \dfrac{2}{3} \times 2+\dfrac{1}{5} \times x=1$ 　　……❶

$\dfrac{3}{5}+\dfrac{1}{5}x=1$, $\dfrac{1}{5}x=\dfrac{2}{5}$

$\therefore x=2$ 　　……❷

따라서 규영이가 혼자 일한 시간은 2시간이다. 　　……❸

채점 기준	
❶ 일차방정식 세우기	50 %
❷ 일차방정식 풀기	40 %
❸ 규영이가 혼자 일한 시간 구하기	10 %

554 답 ④

물통에 가득 찬 물의 양을 1이라 하면 두 호스 A, B로 1시간 동안

각각 $\dfrac{1}{4}$, $\dfrac{1}{8}$의 물을 채울 수 있고, 호스 C로 1시간 동안 $\dfrac{1}{6}$의 물을

내보낼 수 있다.

물통에 물을 가득 채우는 데 걸리는 시간을 x시간이라 하면

$\left(\dfrac{1}{4}+\dfrac{1}{8}-\dfrac{1}{6}\right) \times x=1$

$\dfrac{5}{24}x=1$　　$\therefore x=\dfrac{24}{5}$

따라서 물통에 물을 가득 채우는 데 걸리는 시간은 $\dfrac{24}{5}$시간, 즉 4

시간 48분이다. $\quad \dfrac{24}{5}=4\dfrac{4}{5}=4\dfrac{48}{60}(시간)$

555 답 250분

사장님이 빵 반죽 90개를 만드는 데 1시간, 즉 60분이 걸리므로 1

분 동안 만들 수 있는 빵 반죽은

$\dfrac{90}{60}=\dfrac{3}{2}(개)$

수제자가 빵 반죽 90개를 만드는 데 1시간 40분, 즉 100분이 걸리므로 1분 동안 만들 수 있는 빵 반죽은

$$\frac{90}{100}=\frac{9}{10}(\text{개})$$

사장님과 수제자가 함께 빵 반죽 600개를 만드는 데 걸리는 시간을 x분이라 하면

$$\left(\frac{3}{2}+\frac{9}{10}\right)\times x=600$$

$$\frac{12}{5}x=600 \qquad \therefore\ x=250$$

따라서 둘이 함께 빵 반죽 600개를 만드는 데 걸리는 시간은 250분이다.

556 답 20

오른쪽 그림과 같이 5개의 수 중 가운데에 있는 수를 x라 하면

	$x-7$	
$x-1$	x	$x+1$
	$x+7$	

$(x-7)+(x-1)+x+(x+1)+(x+7)$
$=100$

$5x=100 \qquad \therefore\ x=20$

따라서 5개의 수 중 가운데에 있는 수는 20이다.

557 답 ②

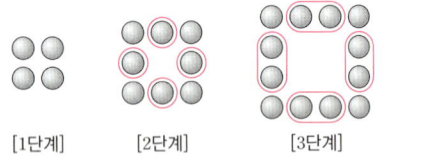

[1단계] [2단계] [3단계] ...

각 단계에 필요한 바둑돌의 개수는 다음과 같다.

[1단계] ➡ 4
[2단계] ➡ $4+1\times4$
[3단계] ➡ $4+2\times4$
[4단계] ➡ $4+3\times4$
　　⋮
[n단계] ➡ $4+(n-1)\times4=4n$

이때 120개의 바둑돌을 사용하면

$4n=120 \qquad \therefore\ n=30$

따라서 120개의 바둑돌을 모두 사용하면 30단계의 정사각형을 만들 수 있다.

558 답 ③

정삼각형을 만드는 데 필요한 성냥개비의 개수는 다음과 같다.

정삼각형 1개 ➡ 3
정삼각형 2개 ➡ $3+2$
정삼각형 3개 ➡ $3+2+2=3+2\times2$
정삼각형 4개 ➡ $3+2+2+2=3+2\times3$
　　⋮
정삼각형 n개 ➡ $3+2\times(n-1)=2n+1$

이때 55개의 성냥개비를 사용하면

$2n+1=55,\ 2n=54 \qquad \therefore\ n=27$

따라서 55개의 성냥개비를 모두 사용하여 만들 수 있는 정삼각형의 개수는 27이다.

559 답 14단계

각 단계에 필요한 성냥개비의 개수는 다음과 같다.

[1단계] ➡ 4
[2단계] ➡ $4+3+3=4+3\times2$
[3단계] ➡ $4+3+3+3=4+3\times4$
[4단계] ➡ $4+3+3+3+3+3=4+3\times6$　　$3\times2\times2$
　　　　　　　　　　　　　　　　　　　　$3\times2\times3$
　　⋮
[n단계] ➡ $4+3\times2(n-1)=6n-2$

이때 82개의 성냥개비를 사용하면

$6n-2=82,\ 6n=84 \qquad \therefore\ n=14$

따라서 82개의 성냥개비를 모두 사용하면 14단계의 도형을 만들 수 있다.

■ 최고수준 도전 기출　116~117쪽

560 답 ①

최저 합격 점수를 x점이라 하면
합격자의 평균은 $(x+15)$점
불합격자의 평균은 $(x-30)$점
합격자는 60명, 불합격자는 40명이고 전체 평균이 78점이므로

$$\frac{60(x+15)+40(x-30)}{100}=78$$

$$\frac{100x-300}{100}=78,\ x-3=78 \qquad \therefore\ x=81$$

따라서 최저 합격 점수는 81점이다.

561 답 61초 후

x초 후에 사다리꼴 ABCP의 넓이가 처음으로 $1820\,\text{cm}^2$가 된다고 하면 점 P가 매초 $2\,\text{cm}$의 속력으로 움직이므로 x초 후에 점 P가 움직인 거리는 $2x\,\text{cm}$

점 P가 변 CD 위에 있으므로 선분 CP의 길이는
$2x-40-70=2x-110(\text{cm})$

즉, $\frac{1}{2}\times\{40+(2x-110)\}\times70=1820$이므로

$70x-2450=1820,\ 70x=4270 \qquad \therefore\ x=61$

따라서 사다리꼴 ABCP의 넓이가 처음으로 $1820\,\text{cm}^2$가 되는 것은 61초 후이다.

다른 풀이

선분 CP의 길이를 $x\,\text{cm}$라 하면

$$\frac{1}{2}\times(40+x)\times70=1820$$

$1400+35x=1820,\ 35x=420 \qquad \therefore\ x=12$

따라서 점 P가 움직인 거리는
(선분 AB의 길이)+(선분 BC의 길이)+(선분 CP의 길이)
$=40+70+12=122(\text{cm})$

이때 점 P는 매초 $2\,\text{cm}$의 속력으로 움직이므로 사다리꼴 ABCP의 넓이가 처음으로 $1820\,\text{cm}^2$가 되는 것은 $\frac{122}{2}=61(\text{초})$ 후이다.

562 답 ②

A, B 두 트럭에 실린 짐의 무게를 각각 $5x\,\text{kg}$, $3x\,\text{kg}$이라 하자.

A 트럭에서 B 트럭으로 $900\,\text{kg}$의 짐을 옮기면 A, B 두 트럭에 실린 짐의 무게는

A 트럭: $(5x-900)\,\text{kg}$

B 트럭: $(3x+900)\,\text{kg}$

B 트럭에 실린 짐의 $\dfrac{1}{3}$을 A 트럭으로 옮기면 A, B 두 트럭에 실린 짐의 무게는

A 트럭: $\left\{5x-900+\dfrac{1}{3}\times(3x+900)\right\}\,\text{kg}$

B 트럭: $\dfrac{2}{3}\times(3x+900)\,\text{kg}$

A 트럭에 실린 짐의 무게는 B 트럭에 실린 짐의 무게의 2배이므로

$5x-900+\dfrac{1}{3}\times(3x+900)=2\times\dfrac{2}{3}\times(3x+900)$

$6x-600=4x+1200$

$2x=1800$ $\quad\therefore\ x=900$

따라서 처음 A 트럭에 실린 짐의 무게는

$5\times900=4500\,(\text{kg})$

563 답 ⑤

전략 A 지점에서 B 지점으로 갈 때는 강물이 같은 방향으로 흐르고, B 지점에서 A 지점으로 갈 때는 강물이 반대 방향으로 흐르고 있음을 이용하여 속력을 구한다.

(A 지점에서 B 지점으로 갈 때의 속력)

$=$(배의 속력)$+$(강물의 속력)

$=8+2=10\,(\text{km/h})$

(B 지점에서 A 지점으로 갈 때의 속력)

$=$(배의 속력)$-$(강물의 속력)

$=8-2=6\,(\text{km/h})$

두 지점 A, B 사이의 거리를 $x\,\text{km}$라 하면

$\dfrac{x}{10}+\dfrac{x}{6}=4$

양변에 30을 곱하면

$3x+5x=120,\ 8x=120$ $\quad\therefore\ x=15$

따라서 두 지점 A, B 사이의 거리는 $15\,\text{km}$이다.

564 답 ②

승우가 종이학 3개를 만드는 데 10분이 걸리므로 1분 동안 만들 수 있는 종이학은 $\dfrac{3}{10}$개이다.

나은이가 종이학 4개를 만드는 데 8분이 걸리므로 1분 동안 만들 수 있는 종이학은 $\dfrac{4}{8}=\dfrac{1}{2}$(개)이다.

두 사람이 함께 만드는 시간을 x분이라 하면

$\dfrac{3}{10}\times30+\dfrac{1}{2}\times30+\left(\dfrac{3}{10}+\dfrac{1}{2}\right)\times x=40$

$9+15+\dfrac{4}{5}x=40,\ \dfrac{4}{5}x=16$

$\therefore\ x=20$

따라서 종이학의 개수의 총합이 40이 되는 것은 두 사람이 함께 만들기 시작한 지 20분 후이다.

565 답 285

작년의 여자 자원봉사자 수를 x라 하면

올해의 여자 자원봉사자 수는 $x-\dfrac{5}{100}x=\dfrac{19}{20}x$

내년의 여자 자원봉사자 수는 $\dfrac{19}{20}x+\dfrac{25}{100}\times\dfrac{19}{20}x=\dfrac{19}{16}x$

작년의 남자 자원봉사자 수는 $430-x$이므로 올해와 내년의 남자 자원봉사자 수는

$(430-x)+\dfrac{10}{100}\times(430-x)=\dfrac{11}{10}(430-x)$

내년의 자원봉사자 수는 $430+64=494$이므로

$\dfrac{19}{16}x+\dfrac{11}{10}(430-x)=494$

양변에 80을 곱하면

$95x+88(430-x)=39520$

$95x+37840-88x=39520$

$7x=1680$ $\quad\therefore\ x=240$

따라서 내년의 여자 자원봉사자 수는

$\dfrac{19}{16}\times240=285$

566 답 19장

전략 색종이 n장을 이어 붙인 도형의 둘레의 길이는 색종이 n장의 둘레의 길이에서 겹쳐진 부분의 둘레의 길이를 뺀 것과 같다.

한 변의 길이가 8인 정사각형 모양의 색종이 $n\,(n\geq2)$장을 이어 붙인다고 하자.

색종이 n장의 둘레의 길이는

$8\times4\times n=32n$

겹쳐지는 부분의 둘레의 길이는

$4\times4\times(n-1)=16n-16$

따라서 색종이 n장을 이어 붙인 도형의 둘레의 길이는

$32n-(16n-16)=16n+16$

이때 둘레의 길이가 320이 되려면

$16n+16=320$

$16n=304$ $\quad\therefore\ n=19$

따라서 색종이 19장을 이어 붙이면 된다.

567 답 ④

오른쪽 그림과 같이 8시 x분에 시침과 분침이 일치한다고 하면 x분 동안 분침과 시침이 이동한 각도는 각각 $6x°$, $0.5x°$이므로

$6x=240+0.5x$

$5.5x=240$

양변에 10을 곱하면

$55x=2400$ $\quad\therefore\ x=\dfrac{480}{11}$

따라서 구하는 시각은 8시 $\dfrac{480}{11}$분이다.

참고 시계에서 시침과 분침이 움직이는 각도

① 분침은 1시간에 $360°$씩 움직이므로 1분에 $\dfrac{360°}{60}=6°$씩 움직인다.

② 시침은 1시간에 $30°$씩 움직이므로 1분에 $\dfrac{30°}{60}=0.5°$씩 움직인다.

08 좌표와 그래프

난이도별 **필수 기출**   120~128쪽

568 답 $(-2, -9)$, $(-2, 9)$, $(2, -9)$, $(2, 9)$

$|a|=2$이므로 $a=-2$ 또는 $a=2$

$|b|=9$이므로 $b=-9$ 또는 $b=9$

따라서 구하는 순서쌍은

$(-2, -9)$, $(-2, 9)$, $(2, -9)$, $(2, 9)$

569 답 ⑤

$2+a=5$에서 $a=3$

$3=2b-7$에서 $10=2b$ ∴ $b=5$

∴ $a+b=3+5=8$

570 답 ③

① A$(3, 4)$

② B$(2, -2)$

④ D$(-3, 1)$

⑤ E$(0, 3)$

따라서 옳은 것은 ③이다.

571 답 ④

572 답 $(2, 6)$, $(3, 5)$, $(4, 4)$, $(5, 3)$, $(6, 2)$

$8=2+6=3+5=4+4$이므로 두 눈의 수의 합이 8인 순서쌍은

$(2, 6)$, $(3, 5)$, $(4, 4)$, $(5, 3)$, $(6, 2)$

573 답 6

$3a-1=a+9$에서 $2a=10$ ∴ $a=5$

$a+1=4-2b$에서 $a=5$를 대입하면

$6=4-2b$, $2=-2b$ ∴ $b=-1$

∴ $a-b=5-(-1)=6$

574 답 $(4, 2)$

네 점 A$(1, -1)$, B$(4, -4)$, C$(7, -1)$,
D를 꼭짓점으로 하는 정사각형 ABCD를 좌표평면 위에 그리면 오른쪽 그림과 같으므로 꼭짓점 D의 좌표는 $(4, 2)$이다.

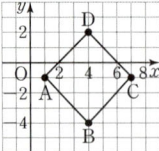

575 답 ⑤

점 $(2a-1, 2a+6)$이 y축 위의 점이므로

$2a-1=0$, $2a=1$

∴ $a=\dfrac{1}{2}$

따라서 주어진 점의 y좌표는

$2a+6=2\times\dfrac{1}{2}+6=7$

576 답 5

점 $(a+3, a-2)$가 x축 위의 점이므로

$a-2=0$ ∴ $a=2$

점 $(9-3b, b+4)$가 y축 위의 점이므로

$9-3b=0$, $9=3b$ ∴ $b=3$

∴ $a+b=2+3=5$

577 답 $(-3, -1)$

점 A$(a-7, 2b+4)$가 x축 위의 점이므로

$2b+4=0$, $2b=-4$

∴ $b=-2$ ⋯⋯ ⓘ

점 B$(3a-12, b+1)$이 y축 위의 점이므로

$3a-12=0$, $3a=12$

∴ $a=4$ ⋯⋯ ⓘⓘ

점 A의 x좌표는 $a-7=4-7=-3$

점 B의 y좌표는 $b+1=-2+1=-1$

따라서 구하는 점의 좌표는 $(-3, -1)$이다. ⋯⋯ ⓘⓘⓘ

채점 기준	
ⓘ b의 값 구하기	30 %
ⓘⓘ a의 값 구하기	30 %
ⓘⓘⓘ 점 A와 x좌표가 같고 점 B와 y좌표가 같은 점의 좌표 구하기	40 %

578 답 ④

세 점 A, B, C를 좌표평면 위에 나타내면 오른쪽 그림과 같다.

따라서 삼각형 ABC의 넓이는

$\dfrac{1}{2}\times\{5-(-3)\}\times\{3-(-2)\}$

$=\dfrac{1}{2}\times8\times5=20$

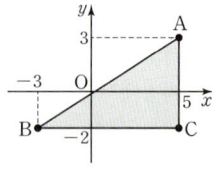

579 답 40

네 점 A, B, C, D를 좌표평면 위에 나타내면 오른쪽 그림과 같다.

따라서 사각형 ABCD의 넓이는

$\{2-(-6)\}\times\{1-(-4)\}=8\times5$

$=40$

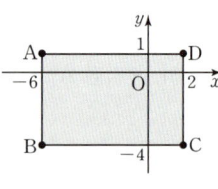

580 답 7

세 점 A, B, C를 좌표평면 위에 나타내면 오른쪽 그림과 같다. ⋯⋯ ⓘ

이때 삼각형 ABC의 밑변을 선분 AC, 높이를 선분 BH라 하면

(선분 AC의 길이)$=a-(-1)=a+1$

(선분 BH의 길이)$=2-(-1)=3$ ⋯⋯ ⓘⓘ

삼각형 ABC의 넓이가 12이므로

$\dfrac{1}{2}\times(a+1)\times3=12$

$a+1=8$ ∴ $a=7$ ⋯⋯ ⓘⓘⓘ

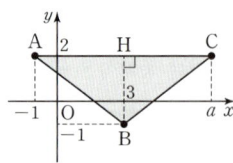

채점 기준	
ⅰ 세 점 A, B, C를 좌표평면 위에 나타내기	20 %
ⅱ 삼각형의 밑변의 길이와 높이 구하기	40 %
ⅲ a의 값 구하기	40 %

581 답 ①

점 B$(b-a,\ 1-b)$가 x축 위의 점이므로

$1-b=0$ $\quad\therefore b=1$

점 D$(2b+1,\ a-2b)$가 x축 위의 점이므로

$a-2b=0$

$b=1$을 대입하면 $a-2=0$ $\quad\therefore a=2$

즉, 네 점 A, B, C, D의 좌표는

A$(0,\ 2)$, B$(-1,\ 0)$, C$(2,\ -1)$, D$(3,\ 0)$

이므로 좌표평면 위에 나타내면 오른쪽 그림과 같다.

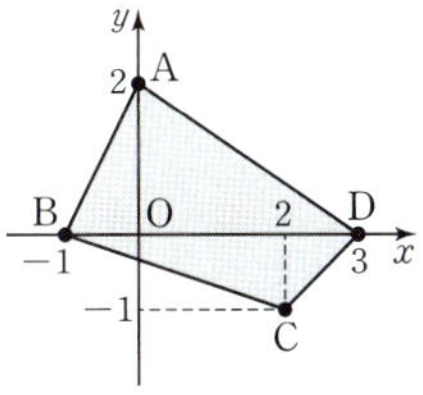

따라서 사각형 ABCD의 넓이는 두 삼각형 ABD, BCD의 넓이의 합과 같으므로

$\frac{1}{2}\times\{3-(-1)\}\times2+\frac{1}{2}\times\{3-(-1)\}\times1$

$=\frac{1}{2}\times4\times2+\frac{1}{2}\times4\times1$

$=4+2=6$

582 답 ⑤

① 제3사분면 위의 점

② 제2사분면 위의 점

③ x축 위의 점이므로 어느 사분면에도 속하지 않는다.

④ 제1사분면 위의 점

따라서 제4사분면 위의 점은 ⑤이다.

583 답 ③

① $(6,\ 1)$ – 제1사분면

② $(-2,\ 7)$ – 제2사분면

④ $(0,\ 10)$ – 어느 사분면에도 속하지 않는다.

⑤ $(4,\ -5)$ – 제4사분면

따라서 바르게 짝 지어진 것은 ③이다.

584 답 ②, ⑤

① y축 위에 있는 점의 x좌표는 0이다.

③ 점 $(0,\ 0)$은 어느 사분면에도 속하지 않는다.

④ 점 $(1,\ -5)$는 제4사분면, 점 $(-5,\ 1)$은 제2사분면 위에 있다.

따라서 옳은 것은 ②, ⑤이다.

585 답 제1사분면

점 $(a+1,\ 4-b)$가 x축 위의 점이므로

$4-b=0$ $\quad\therefore b=4$

점 $(2a-6,\ a+b)$가 y축 위의 점이므로

$2a-6=0$, $2a=6$ $\quad\therefore a=3$

따라서 점 $(3,\ 4)$는 제1사분면 위의 점이다.

586 답 ④

$a>0$, $b>0$이므로 $a+b>0$, $-ab<0$

따라서 점 $(a+b,\ -ab)$는 제4사분면 위의 점이다.

587 답 제3사분면

점 $(a,\ b)$가 제2사분면 위의 점이므로

$a<0$, $b>0$ ······ ⅰ

따라서 $-b<0$, $a<0$이므로 점 $(-b,\ a)$는 제3사분면 위의 점이다. ······ ⅱ

채점 기준	
ⅰ a, b의 부호 구하기	50 %
ⅱ 점 $(-b,\ a)$가 속하는 사분면 구하기	50 %

588 답 ②

점 $(-a,\ b)$가 제4사분면 위의 점이므로

$-a>0$, $b<0$ $\quad\therefore a<0$, $b<0$

따라서 $a<0$, $\frac{a}{b}>0$이므로 점 $\left(a,\ \frac{a}{b}\right)$는 제2사분면 위의 점이다.

589 답 ①, ⑤

점 $(a,\ b)$가 제3사분면 위의 점이므로

$a<0$, $b<0$

① $a<0$, $-b>0$이므로 점 $(a,\ -b)$는 제2사분면 위의 점이다.

② $-b>0$, $-a>0$이므로 점 $(-b,\ -a)$는 제1사분면 위의 점이다.

③ $b<0$, $a+b<0$이므로 점 $(b,\ a+b)$는 제3사분면 위의 점이다.

④ $ab>0$, $a<0$이므로 점 $(ab,\ a)$는 제4사분면 위의 점이다.

⑤ $a+b<0$, $-a-b>0$이므로 점 $(a+b,\ -a-b)$는 제2사분면 위의 점이다.

따라서 제2사분면 위의 점은 ①, ⑤이다.

590 답 ②

점 $(a,\ -b)$가 제1사분면 위의 점이므로

$a>0$, $-b>0$ $\quad\therefore a>0$, $b<0$

ㄱ. $a+b$의 부호는 알 수 없다.

ㄷ. $\frac{a}{b}<0$

따라서 항상 옳은 것은 ㄴ, ㄹ이다.

591 답 ③

점 P$(a,\ b)$가 제4사분면 위의 점이므로

$a>0$, $b<0$

ㄴ. $a-b>0$, $a>0$이므로 점 $(a-b,\ a)$는 제1사분면 위에 있다.

따라서 옳은 것은 ㄱ, ㄷ이다.

592 답 24

점 A$(4,\ -3)$과 x축에 대하여 대칭인 점의 좌표는

B$(4,\ 3)$ $\quad\therefore a=4$, $b=3$ ······ ⅰ

점 A$(4,\ -3)$과 원점에 대하여 대칭인 점의 좌표는

C$(-4,\ 3)$ $\quad\therefore c=-4$, $d=3$ ······ ⅱ

$$\therefore\ ab-cd=4\times3-(-4)\times3$$
$$=12-(-12)=24 \quad\cdots\cdots\text{ⅲ}$$

채점 기준

❶ a, b의 값 구하기	40 %
❷ c, d의 값 구하기	40 %
❸ $ab-cd$의 값 구하기	20 %

593 답 ②

점 $A(2a,\ 7-2b)$와 y축에 대하여 대칭인 점의 좌표는
$(-2a,\ 7-2b)$
따라서 점 $(-2a,\ 7-2b)$는 점 $B(a+3,\ b-2)$와 같으므로
$-2a=a+3$에서 $-3a=3$
$\therefore\ a=-1$
$7-2b=b-2$에서 $-3b=-9$
$\therefore\ b=3$
$\therefore\ a+b=-1+3=2$

594 답 ④

$ab<0$이므로
$a>0,\ b<0$ 또는 $a<0,\ b>0$
이때 $b-a<0$이므로 $a>0,\ b<0$
따라서 점 $(a,\ b)$는 제4사분면 위의 점이다.

595 답 ④

$\dfrac{a}{b}<0$이므로
$a>0,\ b<0$ 또는 $a<0,\ b>0$
이때 $a<b$이므로 $a<0,\ b>0$
따라서 $a-b<0,\ -b<0$이므로 점 $(a-b,\ -b)$는 제3사분면 위의 점이다.
즉, 점 $(a-b,\ -b)$와 같은 사분면 위의 점은 ④이다.

596 답 제4사분면

점 $(-ab,\ 2a)$가 제2사분면 위의 점이므로
$-ab<0,\ 2a>0$ $\quad\cdots\cdots$ ❶
$2a>0$에서 $a>0$
$-ab<0$에서 $a>0$이므로 $b>0$ $\quad\cdots\cdots$ ❷
따라서 $\dfrac{a}{b}>0,\ -a-b<0$이므로 점 $\left(\dfrac{a}{b},\ -a-b\right)$는 제4사분면 위의 점이다. $\quad\cdots\cdots$ ❸

채점 기준

❶ $-ab$, $2a$의 부호 구하기	30 %
❷ a, b의 부호 구하기	40 %
❸ 점 $\left(\dfrac{a}{b},\ -a-b\right)$가 속하는 사분면 구하기	30 %

597 답 2

점 $\left(a-b,\ \dfrac{2a}{b}\right)$가 제3사분면 위의 점이므로
$a-b<0,\ \dfrac{2a}{b}<0$

$\dfrac{2a}{b}<0$에서
$a>0,\ b<0$ 또는 $a<0,\ b>0$
이때 $a-b<0$이므로 $a<0,\ b>0$
ㄱ. $a<0,\ b>0$이므로 점 $(a,\ b)$는 제2사분면 위의 점이다.
ㄴ. $b>0,\ a<0$이므로 점 $(b,\ a)$는 제4사분면 위의 점이다.
ㄷ. $a^2>0,\ b>0$이므로 점 $(a^2,\ b)$는 제1사분면 위의 점이다.
ㄹ. $-b<0,\ \dfrac{ab}{2}<0$이므로 점 $\left(-b,\ \dfrac{ab}{2}\right)$는 제3사분면 위의 점이다.
ㅁ. $b-a>0,\ a^2b>0$이므로 점 $(b-a,\ a^2b)$는 제1사분면 위의 점이다.
$\quad\longmapsto a^2>0,\ b>0$이므로 $a^2b>0$
ㅂ. $-ab>0,\ a+ab<0$이므로 점 $(-ab,\ a+ab)$는 제4사분면 위의 점이다.
$\quad\longmapsto a<0,\ ab<0$이므로 $a+ab<0$
따라서 점 $(5,\ 1)$과 같은 사분면, 즉 제1사분면 위의 점은 ㄷ, ㅁ의 2개이다.

598 답 ②

㈎에서 점 B는 제1사분면 위의 점이므로 $a>0$
㈏에서 선분 AB의 길이가 5이므로
$a-(-3)=5$ $\quad\therefore\ a=2$
㈎에서 점 C는 제3사분면 위의 점이므로 $b<0$
㈐에서 선분 AC의 길이가 11이므로
$5-b=11$ $\quad\therefore\ b=-6$
$\therefore\ ab=2\times(-6)=-12$

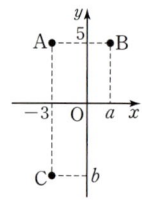

599 답 15

점 B는 제3사분면 위에 있으므로 x좌표와 y좌표가 모두 음수이다.
이때 x좌표와 y좌표의 절댓값이 각각 2이므로
$B(-2,\ -2)$
세 점 A, B, C를 좌표평면 위에 나타내면 오른쪽 그림과 같다.
따라서 삼각형 ABC의 넓이는
$\dfrac{1}{2}\times\{3-(-2)\}\times\{4-(-2)\}$
$=\dfrac{1}{2}\times5\times6=15$

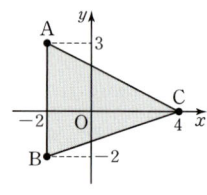

600 답 ②

네 점 A, B, C, D를 꼭짓점으로 하는 평행사변형을 구하면 다음과 같다.

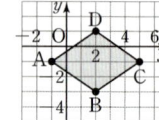 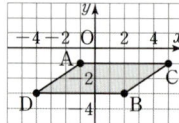 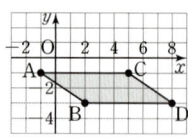

따라서 점 D가 속하지 않는 사분면은 제2사분면이다.

601 답 ④

$a<0,\ b>0,\ |a|>|b|$이므로
$b-a>0,\ a+b<0$
따라서 점 $(b-a,\ a+b)$는 제4사분면 위의 점이다.

602 답 ③

점 (a, b)가 제2사분면 위의 점이므로

$a<0, b>0$

점 (c, d)가 제4사분면 위의 점이므로

$c>0, d<0$

① $ab<0, cd<0$이므로 점 (ab, cd)는 제3사분면 위의 점이다.

② $ac<0, d-b<0$이므로 점 $(ac, d-b)$는 제3사분면 위의 점이다.

③ $a-c<0, -bd>0$이므로 점 $(a-c, -bd)$는 제2사분면 위의 점이다.

④ $ac+bd<0, a<0$이므로 점 $(ac+bd, a)$는 제3사분면 위의 점이다.
  └→ $ac<0, bd<0$이므로 $ac+bd<0$

⑤ $a+d<0, ab+cd<0$이므로 점 $(a+d, ab+cd)$는 제3사분면 위의 점이다.
  └→ $ab<0, cd<0$이므로 $ab+cd<0$

따라서 점이 속하는 사분면이 나머지 넷과 다른 하나는 ③이다.

603 답 ⑤

점 (a, ab)가 제3사분면 위의 점이므로

$a<0, ab<0$ ∴ $a<0, b>0$

점 $(-cd, d)$가 제4사분면 위의 점이므로

$-cd>0, d<0$ ∴ $c>0, d<0$

① $b>0, c-a>0$이므로 점 $(b, c-a)$는 제1사분면 위의 점이다.

② $ad>0, c>0$이므로 점 (ad, c)는 제1사분면 위의 점이다.

③ $b+c>0, a+d<0$이므로 점 $(b+c, a+d)$는 제4사분면 위의 점이다.

④ $\dfrac{a}{c}<0, d-b<0$이므로 점 $\left(\dfrac{a}{c}, d-b\right)$는 제3사분면 위의 점이다.

⑤ $bd<0, b-a>0$이므로 점 $(bd, b-a)$는 제2사분면 위의 점이다.

따라서 제2사분면 위의 점은 ⑤이다.

604 답 15

$a=40, b=65-40=25$이므로

$a-b=40-25=15$

605 답 ④

택시가 ❶ 일정한 속력으로 가다가 손님을 태우기 위해 ❷ 잠시 동안 멈춘 후 ❸ 다시 출발하여 이전과 같은 속력으로 움직였다.

❶ 속력이 일정하다.

❷ 속력이 점점 감소하여 잠시 동안 0이 된다.

❸ 속력이 점점 증가하여 이전과 같은 속력으로 일정하다.

따라서 상황을 가장 잘 나타낸 그래프로 알맞은 것은 ④이다.

606 답 ㄴ, ㄷ

ㄴ. 주스의 높이가 낮아지는 구간이 3번 있으므로 세 번에 나누어 마셨다.

ㄷ. 주스의 높이가 0이 되었으므로 남아 있는 주스가 없다.

따라서 옳은 것은 ㄴ, ㄷ이다.

607 답 ②, ⑤

① 드론이 가장 높이 올라갔을 때의 지면으로부터의 높이는 20 m이다.

③ 드론의 지면으로부터의 높이가 8 m가 되는 경우는 총 4번이다.

④ 드론의 높이가 낮아지다가 다시 높아지는 것은 드론을 날린 지 6분 후이다.

⑤ 드론을 날린 지 4분 후와 18분 후의 지면으로부터의 높이는 12 m로 같다.

따라서 옳은 것은 ②, ⑤이다.

608 답 ⑤

② $15-9=6$(분)

④ 걸어간 거리의 총합은 $300+300+450+150=1200$(m)

즉, 걸어간 거리의 총합은 1.2 km이다.

⑤ 집으로부터 450 m 떨어진 지점, 즉 영화관으로부터 150 m 떨어진 지점에서 3분간 머물렀다.

따라서 옳지 않은 것은 ⑤이다.

609 답 (1) 35 m (2) 12분

610 답 ③

③ 세진이는 출발한 지 20분 후에 현범이와 만났다.

611 답 (1) 시현 (2) 정후, 세영, 시현 (3) 30분 후

(1) 달리기 시작한 지 10분 후에 달린 거리가 가장 긴 사람이 시현이므로 가장 선두에 달린 사람은 시현이다.

(2) 달린 거리가 4 km에 먼저 도달하는 사람은 순서대로 정후, 세영, 시현이다.

(3) 정후의 그래프와 시현이의 그래프가 만나는 때는 달리기 시작한 지 30분 후이다.

612 답 ②

로봇 청소기가 출발한 후 다시 출발점으로 돌아오는 데 걸린 시간은 50초이므로 두 지점 사이를 한 번 왕복하는 데 50초가 걸린다.

이때 40분은 $40\times60=2400$(초)이므로

$\dfrac{2400}{50}=48$(번)

따라서 로봇 청소기는 40분 동안 두 지점 사이를 모두 48번 왕복할 수 있다.

613 답 A-ㄷ, B-ㄱ, C-ㄴ

용기의 폭이 넓을수록 같은 시간 동안 물의 높이가 느리게 증가하므로 각 용기에 해당하는 그래프는

A-ㄷ, B-ㄱ, C-ㄴ

614 답 ②

주어진 용기의 아랫부분은 폭이 일정하면서 넓고 윗부분은 폭이 일정하면서 좁으므로 물의 높이는 일정하게 증가하다가 어느 순간부터 이전보다 빠르면서 일정하게 증가한다.

따라서 그래프로 알맞은 것은 ②이다.

615 답 ④

주어진 물통의 폭이 위로 갈수록 좁아지므로 물의 높이는 점점 빠르게 증가한다.

따라서 그래프로 알맞은 것은 ④이다.

616 답 ④

주어진 그래프에서 물의 높이가 일정하게 증가하다가 어느 순간부터 점점 느리게 증가하므로 그릇의 아랫부분은 폭이 일정하고 윗부분은 폭이 위로 갈수록 넓어진다.

따라서 그릇의 모양으로 알맞은 것은 ④이다.

617 답 ㄹ

주어진 물병의 아랫부분은 폭이 위로 갈수록 좁아지고 윗부분은 폭이 위로 갈수록 넓어지므로 물의 높이는 점점 빠르게 증가하다가 점점 느리게 증가한다.

따라서 그래프로 알맞은 것은 ㄹ이다.

최고수준 도전 기출 129쪽

618 답 ⑤

세 점 A, B, C를 좌표평면 위에 나타내면 오른쪽 그림과 같으므로

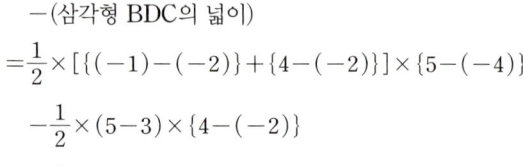

(삼각형 ABC의 넓이)

$=$(사각형 ABDE의 넓이)

 $-$(삼각형 ACE의 넓이)

 $-$(삼각형 BDC의 넓이)

$=\dfrac{1}{2}\times[\{(-1)-(-2)\}+\{4-(-2)\}]\times\{5-(-4)\}$

 $-\dfrac{1}{2}\times(5-3)\times\{4-(-2)\}$

 $-\dfrac{1}{2}\times\{3-(-4)\}\times\{(-1)-(-2)\}$

$=\dfrac{1}{2}\times(1+6)\times9-\dfrac{1}{2}\times2\times6-\dfrac{1}{2}\times7\times1$

$=\dfrac{63}{2}-6-\dfrac{7}{2}$

$=22$

619 답 ④

점 $(a+b, ab)$가 제2사분면 위의 점이므로

$a+b<0$, $ab>0$

$ab>0$에서 $a>0$, $b>0$ 또는 $a<0$, $b<0$

이때 $a+b<0$, $|a|<|b|$이므로

$b<a<0$

① $-a>0$, $\dfrac{a}{b}>0$이므로 점 $\left(-a, \dfrac{a}{b}\right)$는 제1사분면 위의 점이다.

② $b<0$, $-a-b>0$이므로 점 $(b, -a-b)$는 제2사분면 위의 점이다.

③ $-b>0$, $a+b<0$이므로 점 $(-b, a+b)$는 제4사분면 위의 점이다.

④ $b-a<0$, $a<0$이므로 점 $(b-a, a)$는 제3사분면 위의 점이다.

⑤ $ab>0$, $a-b>0$이므로 점 $(ab, a-b)$는 제1사분면 위의 점이다.

따라서 제3사분면 위의 점은 ④이다.

620 답 8

전략 x축에 대하여 대칭인 점은 y좌표의 부호, y축에 대하여 대칭인 점은 x좌표의 부호, 원점에 대하여 대칭인 점은 x좌표와 y좌표의 부호가 바뀜을 이용하여 점 P_2, P_3, P_4, ...의 좌표를 구하고 규칙을 찾는다.

점 $P_1(-3, 5)$와 x축에 대하여 대칭인 점 P_2의 좌표는

$(-3, -5)$

점 P_2와 y축에 대하여 대칭인 점 P_3의 좌표는 $(3, -5)$

점 P_3과 원점에 대하여 대칭인 점 P_4의 좌표는 $(-3, 5)$

점 P_4와 x축에 대하여 대칭인 점 P_5의 좌표는 $(-3, -5)$

⋮

따라서 점 P_1, P_2, P_3, ...의 좌표는 $(-3, 5)$, $(-3, -5)$, $(3, -5)$가 이 순서대로 반복된다.

이때 $2025=3\times675$이므로 점 P_{2025}의 좌표는 점 P_3의 좌표인 $(3, -5)$와 같다.

즉, $a=3$, $b=-5$이므로

$a-b=3-(-5)=8$

621 답 ④

전략 삼각형 APD에서 선분 AD의 길이는 변하지 않음을 이용하여 점 P가 움직일 때 삼각형 APD의 넓이의 변화를 생각해 본다.

삼각형 APD에서 선분 AD를 밑변이라 하면 삼각형 APD의 넓이는

$\dfrac{1}{2}\times$(선분 AD의 길이)$\times$(높이)

이때 선분 AD의 길이는 일정하므로 삼각형의 넓이는 높이에 따라 달라진다.

(ⅰ) 점 P가 꼭짓점 A에서 꼭짓점 B까지 움직일 때, 높이는 선분 AP의 길이이므로 일정하게 늘어난다.

(ⅱ) 점 P가 꼭짓점 B에서 꼭짓점 C까지 움직일 때, 높이는 선분 AB의 길이와 같으므로 일정하다.

(ⅲ) 점 P가 꼭짓점 C에서 꼭짓점 D까지 움직일 때, 높이는 선분 DP의 길이이므로 일정하게 줄어든다.

(ⅰ), (ⅱ), (ⅲ)에서 삼각형 APD의 넓이는 점점 증가하다가 일정하게 유지되다가 다시 점점 감소하므로 그래프로 알맞은 것은 ④이다.

난이도별 **필수 기출**

132~146쪽

622 답 ①, ⑤

④ $xy=4$에서 $y=\dfrac{4}{x}$

⑤ $\dfrac{y}{x}=-2$에서 $y=-2x$

따라서 y가 x에 정비례하는 것은 ①, ⑤이다.

623 답 $y=\dfrac{3}{2}x$

y는 x에 정비례하므로 $y=ax$로 놓고 $x=2$, $y=3$을 대입하면

$3=2a$ ∴ $a=\dfrac{3}{2}$

따라서 x와 y 사이의 관계식은 $y=\dfrac{3}{2}x$이다.

624 답 ㄱ, ㄹ

ㄴ. y는 x에 정비례하므로 x의 값이 3배가 되면 y의 값도 3배가 된다.

ㄷ. $y=\dfrac{x}{3}$에서 $\dfrac{y}{x}=\dfrac{1}{3}$이므로 $\dfrac{y}{x}$의 값이 일정하다.

ㄹ. $y=\dfrac{x}{3}$에 $y=-2$를 대입하면 $-2=\dfrac{x}{3}$ ∴ $x=-6$

따라서 옳은 것은 ㄱ, ㄹ이다.

625 답 ②

① $x\times y=24$이므로 $y=\dfrac{24}{x}$

② $y=300x$

③ $y=15-x$

④ $y=\left(1-\dfrac{x}{100}\right)\times 10000$이므로 $y=10000-100x$

⑤ $y=\dfrac{200}{x}$

따라서 y가 x에 정비례하는 것은 ②이다.

626 답 5

y가 x에 정비례하므로 $y=ax$로 놓고 $x=-3$, $y=9$를 대입하면

$9=-3a$ ∴ $a=-3$ ∴ $y=-3x$

따라서 $y=-3x$에 $y=-15$를 대입하면

$-15=-3x$ ∴ $x=5$

다른 풀이

y가 x에 정비례하면 $\dfrac{y}{x}$의 값이 일정하므로

$\dfrac{9}{-3}=\dfrac{-15}{x}$ ∴ $x=5$

627 답 14

y가 x에 정비례하므로 $y=ax$로 놓고 $x=-5$, $y=-20$을 대입하면

$-20=-5a$ ∴ $a=4$ ∴ $y=4x$ ...... ⓘ

$y=4x$에 $x=p$, $y=-8$을 대입하면

$-8=4p$ ∴ $p=-2$ ...... ⓘⓘ

$y=4x$에 $x=4$, $y=q$를 대입하면

$q=4\times 4=16$ ...... ⓘⓘⓘ

∴ $p+q=-2+16=14$ ...... ⓘⱽ

채점 기준

ⓘ x와 y 사이의 관계식 구하기	30 %	
ⓘⓘ p의 값 구하기	30 %	
ⓘⓘⓘ q의 값 구하기	30 %	
ⓘⱽ $p+q$의 값 구하기	10 %	

628 답 1

y가 x에 정비례하므로 x의 값이 $4p-8$에서 $p-2$로 $\dfrac{1}{4}$배가 될 때, y의 값도 $\dfrac{1}{4}$배가 된다.

즉, $16\times\dfrac{1}{4}=q$이므로 $q=4$

또 y의 값이 q에서 $3q$로 3배가 될 때, x의 값도 3배가 되므로

$(p-2)\times 3=9$에서

$p-2=3$ ∴ $p=5$

∴ $p-q=5-4=1$

629 답 ③

$y=\dfrac{3}{4}x$의 그래프는 원점을 지나고 오른쪽 위로 향하는 직선이다.

또 $x=4$일 때, $y=\dfrac{3}{4}\times 4=3$이므로 그래프는 점 $(4, 3)$과 원점을 지나는 직선이다.

따라서 구하는 그래프는 ③이다.

630 답 ④

$y=-\dfrac{5}{2}x$에 각 점의 좌표를 대입하면

① $5=-\dfrac{5}{2}\times(-2)$

② $\dfrac{1}{2}=-\dfrac{5}{2}\times\left(-\dfrac{1}{5}\right)$

③ $-\dfrac{5}{2}=-\dfrac{5}{2}\times 1$

④ $-4\neq-\dfrac{5}{2}\times\dfrac{6}{5}$

⑤ $-10=-\dfrac{5}{2}\times 4$

따라서 $y=-\dfrac{5}{2}x$의 그래프 위의 점이 아닌 것은 ④이다.

631 답 ②

$y=ax$에 $x=-2$, $y=4$를 대입하면

$4=-2a$ ∴ $a=-2$

632 답 ⑤

⑤ x의 값이 증가하면 y의 값은 감소한다.

633 답 ①, ④

$y=ax$의 그래프가 제1사분면과 제3사분면을 지나는 경우는 $a>0$일 때이므로 ①, ④이다.

634 답 -20

$y=\frac{3}{2}x$에 $x=a$, $y=-2$를 대입하면

$-2=\frac{3}{2}a$ $\therefore a=-\frac{4}{3}$ …… ❶

$y=\frac{3}{2}x$에 $x=10$, $y=b$를 대입하면

$b=\frac{3}{2}\times10=15$ …… ❷

$\therefore ab=-\frac{4}{3}\times15=-20$ …… ❸

채점 기준	
❶ a의 값 구하기	40 %
❷ b의 값 구하기	40 %
❸ ab의 값 구하기	20 %

635 답 -5

$y=ax$의 그래프가 점 $(3, 5)$를 지나므로 $y=ax$에 $x=3$, $y=5$를 대입하면

$5=3a$ $\therefore a=\frac{5}{3}$ $\therefore y=\frac{5}{3}x$

따라서 $y=\frac{5}{3}x$의 그래프가 점 $(-4, b)$를 지나므로 $y=\frac{5}{3}x$에 $x=-4$, $y=b$를 대입하면

$b=\frac{5}{3}\times(-4)=-\frac{20}{3}$

$\therefore a+b=\frac{5}{3}+\left(-\frac{20}{3}\right)=-5$

636 답 ④

그래프가 어두운 부분만을 지나려면 $a>0$

또 $y=ax$의 그래프가 $y=x$의 그래프보다 x축에 가까우므로

$|a|<|1|$ $\therefore a<1$

따라서 상수 a의 값이 될 수 있는 것은 ④이다.

637 답 ①

정비례 관계 $y=ax\,(a\neq0)$의 그래프는 a의 절댓값이 클수록 y축에 가깝다.

이때 $\left|\frac{1}{3}\right|<|-1|<\left|\frac{3}{2}\right|<|3|<|-4|$이므로 그래프가 y축에 가장 가까운 것은 ①이다.

638 답 ③

$y=ax$, $y=bx$의 그래프는 제2사분면과 제4사분면을 지나고, $y=cx$의 그래프는 제1사분면과 제3사분면을 지나므로

$a<0$, $b<0$, $c>0$

이때 $y=bx$의 그래프가 $y=ax$의 그래프보다 y축에 가까우므로

$|a|<|b|$ $\therefore a>b$

$\therefore b<a<c$

참고 양수끼리는 절댓값이 큰 수가 크고, 음수끼리는 절댓값이 큰 수가 작다.

639 답 ②

그래프가 원점을 지나는 직선이므로 $y=ax$로 놓자.

$y=ax$의 그래프가 점 $(-4, 1)$을 지나므로 $y=ax$에 $x=-4$, $y=1$을 대입하면

$1=-4a$ $\therefore a=-\frac{1}{4}$

따라서 x와 y 사이의 관계식은 $y=-\frac{1}{4}x$이다.

640 답 $-\frac{3}{2}$

그래프가 원점을 지나는 직선이므로 $y=ax$로 놓자.

$y=ax$의 그래프가 점 $(6, -8)$을 지나므로 $y=ax$에 $x=6$, $y=-8$을 대입하면

$-8=6a$ $\therefore a=-\frac{4}{3}$

$\therefore y=-\frac{4}{3}x$ …… ❶

따라서 $y=-\frac{4}{3}x$에 $x=k$, $y=2$를 대입하면

$2=-\frac{4}{3}k$ $\therefore k=-\frac{3}{2}$ …… ❷

채점 기준	
❶ x와 y 사이의 관계식 구하기	50 %
❷ k의 값 구하기	50 %

641 답 ②

그래프가 원점을 지나는 직선이므로 $y=ax$로 놓자.

$y=ax$의 그래프가 점 $(5, 4)$를 지나므로 $y=ax$에 $x=5$, $y=4$를 대입하면

$4=5a$ $\therefore a=\frac{4}{5}$

따라서 $y=\frac{4}{5}x$에 각 점의 좌표를 대입하면

① $16=\frac{4}{5}\times20$

② $5\neq\frac{4}{5}\times\frac{15}{4}$

③ $\frac{1}{10}=\frac{4}{5}\times\frac{1}{8}$

④ $-2=\frac{4}{5}\times\left(-\frac{5}{2}\right)$

⑤ $-12=\frac{4}{5}\times(-15)$

따라서 $y=\frac{4}{5}x$의 그래프 위의 점이 아닌 것은 ②이다.

642 답 ①, ⑤

② $a>0$일 때 x의 값이 증가하면 y의 값도 증가하고, $a<0$일 때 x의 값이 증가하면 y의 값은 감소한다.

③ $a>0$일 때, 제1사분면과 제3사분면을 지난다.

④ $a<0$일 때, 오른쪽 아래로 향하는 직선이다.

따라서 옳은 것은 ①, ⑤이다.

643 답 40

B$(8, 0)$이므로 점 A의 x좌표는 8이다.

$y=\dfrac{5}{4}x$에 $x=8$을 대입하면 $y=\dfrac{5}{4}\times 8=10$

따라서 A$(8, 10)$이므로 삼각형 AOB의 넓이는

$\dfrac{1}{2}\times 8\times 10=40$

644 답 ③

두 점 A, B의 y좌표가 모두 3이므로

$y=3x$에 $y=3$을 대입하면

$3=3x$ $\therefore x=1$ $\therefore$ A$(1, 3)$

$y=\dfrac{1}{2}x$에 $y=3$을 대입하면

$3=\dfrac{1}{2}x$ $\therefore x=6$ $\therefore$ B$(6, 3)$

따라서 삼각형 AOB의 넓이는

$\dfrac{1}{2}\times(6-1)\times 3=\dfrac{1}{2}\times 5\times 3=\dfrac{15}{2}$

645 답 63

두 점 A, B의 x좌표가 모두 6이므로

$y=\dfrac{5}{2}x$에 $x=6$을 대입하면

$y=\dfrac{5}{2}\times 6=15$ $\therefore$ A$(6, 15)$ ······ ❶

$y=-x$에 $x=6$을 대입하면

$y=-6$ $\therefore$ B$(6, -6)$ ······ ❷

따라서 삼각형 AOB의 넓이는

$\dfrac{1}{2}\times\{15-(-6)\}\times 6=\dfrac{1}{2}\times 21\times 6=63$ ······ ❸

채점 기준

❶ 점 A의 좌표 구하기	30 %
❷ 점 B의 좌표 구하기	30 %
❸ 삼각형 AOB의 넓이 구하기	40 %

646 답 ①

두 점 A, B의 x좌표가 모두 4이므로

$y=3x$에 $x=4$를 대입하면

$y=3\times 4=12$ $\therefore$ A$(4, 12)$

$y=ax$에 $x=4$를 대입하면

$y=4a$ $\therefore$ B$(4, 4a)$

이때 삼각형 AOB의 넓이가 14이므로

$\dfrac{1}{2}\times(12-4a)\times 4=14$, $24-8a=14$

$-8a=-10$ $\therefore a=\dfrac{5}{4}$

647 답 $\dfrac{7}{10}$

A$(3, 7)$이므로 정사각형 ABCD의 한 변의 길이는 7이다.

따라서 점 D의 x좌표는 $3+7=10$, y좌표는 7이므로 $y=ax$에

$x=10$, $y=7$을 대입하면

$7=10a$ $\therefore a=\dfrac{7}{10}$

648 답 -6

점 A의 x좌표를 a라 하면 선분 AD의 길이가 8이므로 점 D의 x좌표는 $a+8$

두 점 A, D의 y좌표가 같으므로

$-\dfrac{2}{3}a=2(a+8)$, $-\dfrac{2}{3}a=2a+16$

$-\dfrac{8}{3}a=16$ $\therefore a=-6$

따라서 점 A의 x좌표는 -6이다.

649 답 -1

점 A의 y좌표가 6이므로 $y=\dfrac{3}{2}x$에 $y=6$을 대입하면

$6=\dfrac{3}{2}x$ $\therefore x=4$

$\therefore$ A$(4, 6)$ ······ ❶

선분 AP의 길이가 6이므로 선분 BP의 길이를 k라 하면

$6:k=3:2$

$3k=12$ $\therefore k=4$

즉, 선분 BP의 길이가 4이고 점 B는 제4사분면 위에 있으므로 점 B의 y좌표는 -4이다.

이때 점 B의 x좌표는 4이므로 B$(4, -4)$ ······ ❷

따라서 $y=ax$에 $x=4$, $y=-4$를 대입하면

$-4=4a$ $\therefore a=-1$ ······ ❸

채점 기준

❶ 점 A의 좌표 구하기	30 %
❷ 점 B의 좌표 구하기	40 %
❸ a의 값 구하기	30 %

650 답 ②

두 점 A, C의 x좌표가 모두 3이므로

$y=\dfrac{1}{4}ax$, $y=-\dfrac{1}{4}ax$에 $x=3$을 각각 대입하면

$y=\dfrac{3}{4}a$, $y=-\dfrac{3}{4}a$ $\therefore$ A$\left(3, \dfrac{3}{4}a\right)$, C$\left(3, -\dfrac{3}{4}a\right)$

두 점 B, D의 x좌표가 모두 7이므로

$y=\dfrac{1}{4}ax$, $y=-\dfrac{1}{4}ax$에 $x=7$을 각각 대입하면

$y=\dfrac{7}{4}a$, $y=-\dfrac{7}{4}a$ $\therefore$ B$\left(7, \dfrac{7}{4}a\right)$, D$\left(7, -\dfrac{7}{4}a\right)$

사각형 ACDB는 사다리꼴이므로 그 넓이는

$\dfrac{1}{2}\times\left[\left\{\dfrac{3}{4}a-\left(-\dfrac{3}{4}a\right)\right\}+\left\{\dfrac{7}{4}a-\left(-\dfrac{7}{4}a\right)\right\}\right]\times(7-3)$

$=\dfrac{1}{2}\times\left(\dfrac{3}{2}a+\dfrac{7}{2}a\right)\times 4$

$=10a$

즉, $10a=30$이므로 $a=3$

점 C의 y좌표는 $-\dfrac{3}{4}a=-\dfrac{3}{4}\times 3=-\dfrac{9}{4}$

점 D의 y좌표는 $-\dfrac{7}{4}a=-\dfrac{7}{4}\times 3=-\dfrac{21}{4}$

따라서 두 점 C, D의 y좌표의 합은

$-\dfrac{9}{4}+\left(-\dfrac{21}{4}\right)=-\dfrac{15}{2}$

651 답 $\frac{1}{3}$

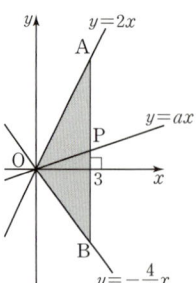

오른쪽 그림과 같이 $y=ax$의 그래프가
선분 AB와 만나는 점을 P라 하면 세
점 A, B, P의 x좌표가 모두 3이므로
$y=2x$에 $x=3$을 대입하면
$y=2\times3=6$ $\quad\therefore$ A$(3, 6)$
$y=-\frac{4}{3}x$에 $x=3$을 대입하면
$y=-\frac{4}{3}\times3=-4$ $\quad\therefore$ B$(3, -4)$
$y=ax$에 $x=3$을 대입하면
$y=3a$ $\quad\therefore$ P$(3, 3a)$
이때 (삼각형 AOP의 넓이)$=\frac{1}{2}\times$(삼각형 AOB의 넓이)이므로
$\frac{1}{2}\times(6-3a)\times3=\frac{1}{2}\times\left[\frac{1}{2}\times\{6-(-4)\}\times3\right]$
$9-\frac{9}{2}a=\frac{15}{2}$, $-\frac{9}{2}a=-\frac{3}{2}$
$\therefore a=\frac{1}{3}$

652 답 ④

오른쪽 그림과 같이 $y=ax$의 그래프가
선분 CD와 만나는 점을 P라 하자.
$y=ax$에 $x=5$를 대입하면
$y=5a$ $\quad\therefore$ P$(5, 5a)$
이때 A$(0, 6)$, B$(0, -2)$, C$(5, -2)$,
D$(5, 6)$이고
(사다리꼴 AOPD의 넓이)
$=\frac{1}{2}\times$(직사각형 ABCD의 넓이)
이므로
$\frac{1}{2}\times\{6+(6-5a)\}\times5=\frac{1}{2}\times[5\times\{6-(-2)\}]$
$30-\frac{25}{2}a=20$, $-\frac{25}{2}a=-10$
$\therefore a=\frac{4}{5}$

653 답 (1) 40만 톤 (2) 15시간

그래프가 원점을 지나는 직선이므로 $y=ax$로 놓자.
$y=ax$의 그래프가 점 $(3, 20)$을 지나므로 $y=ax$에 $x=3$, $y=20$
을 대입하면
$20=3a$ $\quad\therefore a=\frac{20}{3}$ $\quad\therefore y=\frac{20}{3}x$
(1) $y=\frac{20}{3}x$에 $x=6$을 대입하면
$\quad y=\frac{20}{3}\times6=40$
따라서 수문을 6시간 동안 열었을 때 방류하는 물의 양은 40만
톤이다.
(2) $y=\frac{20}{3}x$에 $y=100$을 대입하면
$\quad 100=\frac{20}{3}x$ $\quad\therefore x=15$
따라서 100만 톤의 물을 방류하는 데 15시간이 걸린다.

654 답 (1) $y=18x$ (2) 16 L

(1) 3 L의 연료로 54 km를 달릴 수 있으므로 1 L의 연료로 18 km
를 달릴 수 있다.
즉, x L의 연료로 $18x$ km를 달릴 수 있으므로
$y=18x$ $\qquad\qquad\qquad$ ······ ❶
(2) $y=18x$에 $y=288$을 대입하면
$288=18x$ $\quad\therefore x=16$
따라서 필요한 연료의 양은 16 L이다. $\qquad$ ······ ❷

채점 기준

❶	x와 y 사이의 관계식 구하기	50 %
❷	288 km를 달리는 데 필요한 연료의 양 구하기	50 %

655 답 ⑤

y는 x에 정비례하므로 $y=ax$로 놓자.
$y=ax$에 $x=20$, $y=5$를 대입하면
$5=20a$ $\quad\therefore a=\frac{1}{4}$
$y=\frac{1}{4}x$에 $y=12$를 대입하면
$12=\frac{1}{4}x$ $\quad\therefore x=48$
따라서 늘어난 용수철의 길이가 12 cm가 되게 하려면 48 g의 추를
매달아야 한다.

656 답 ④

백열등 대신 엘이디 등을 x시간 동안 사용할 때, 절약할 수 있는 전
력량을 y Wh라 하면 x시간에 $26x$ Wh를 절약할 수 있으므로
$y=26x$
이 식에 $x=9$를 대입하면
$y=26\times9=234$
따라서 9시간 동안 사용하면 234 Wh를 절약할 수 있다.

657 답 ⑤

(톱니바퀴 A의 톱니의 수)×(톱니바퀴 A의 회전수)
$=$(톱니바퀴 B의 톱니의 수)×(톱니바퀴 B의 회전수)이므로
$50\times x=30\times y$ $\quad\therefore y=\frac{5}{3}x$

658 답 (1) $y=\frac{9}{2}x$ (2) 10 cm

(1) $y=\frac{1}{2}\times x\times9$이므로 $y=\frac{9}{2}x$
(2) $y=\frac{9}{2}x$에 $y=45$를 대입하면
$\quad 45=\frac{9}{2}x$ $\quad\therefore x=10$
따라서 선분 BP의 길이는 10 cm이다.

659 답 ④

두 그래프 모두 원점을 지나는 직선이므로 1반의 그래프가 나타내
는 식을 $y=ax$, 2반의 그래프가 나타내는 식을 $y=bx$로 놓자.
1반의 그래프가 점 $(30, 30)$을 지나므로 $y=ax$에 $x=30$, $y=30$
을 대입하면
$30=30a$ $\quad\therefore a=1$ $\quad\therefore y=x$

2반의 그래프가 점 $(30, 24)$를 지나므로 $y=bx$에 $x=30$, $y=24$를 대입하면

$24=30b$ ∴ $b=\dfrac{4}{5}$ ∴ $y=\dfrac{4}{5}x$

학교에서 체험 학습 장소까지의 거리는 $56\,km$이므로

$y=x$에 $y=56$을 대입하면 $x=56$

$y=\dfrac{4}{5}x$에 $y=56$을 대입하면

$56=\dfrac{4}{5}x$ ∴ $x=70$

따라서 체험 학습 장소까지 가는 데 걸리는 시간은 1반 버스가 56분, 2반 버스가 70분이므로 2반 버스는 1반 버스가 체험 학습 장소에 도착한 지 $70-56=14$(분) 후에 도착한다.

660 답 ㄱ, ㄹ

두 그래프 모두 원점을 지나는 직선이므로 도영이의 그래프가 나타내는 식을 $y=ax$, 지율이의 그래프가 나타내는 식을 $y=bx$로 놓자.

도영이의 그래프가 점 $(2, 800)$을 지나므로 $y=ax$에 $x=2$, $y=800$을 대입하면

$800=2a$ ∴ $a=400$ ∴ $y=400x$

지율이의 그래프가 점 $(2, 200)$을 지나므로 $y=bx$에 $x=2$, $y=200$을 대입하면

$200=2b$ ∴ $b=100$ ∴ $y=100x$

ㄱ. 도영이는 1분 동안 $400\,m$를 갔으므로 도영이의 속력은 분속 $400\,m$이다.

ㄴ. 지율이는 1분 동안 $100\,m$를 갔으므로 지율이의 속력은 분속 $100\,m$이다.

ㄷ. 역에서 도서관까지의 거리는 $2.4\,km$, 즉 $2400\,m$이므로

$y=400x$에 $y=2400$을 대입하면

$2400=400x$ ∴ $x=6$

따라서 도영이는 출발한 지 6분 후에 도서관에 도착한다.

ㄹ. $y=100x$에 $y=2400$을 대입하면

$2400=100x$ ∴ $x=24$

따라서 지율이는 출발한 지 24분 후에 도서관에 도착하므로 도영이보다 $24-6=18$(분) 늦게 도서관에 도착한다.

따라서 옳은 것은 ㄱ, ㄹ이다.

661 답 ②, ④

④ $xy=-6$에서 $y=-\dfrac{6}{x}$

⑤ $\dfrac{y}{x}=10$에서 $y=10x$

따라서 y가 x에 반비례하는 것은 ②, ④이다.

662 답 $y=\dfrac{8}{x}$

y는 x에 반비례하므로 $y=\dfrac{a}{x}$로 놓고 $x=2$, $y=4$를 대입하면

$4=\dfrac{a}{2}$ ∴ $a=8$

따라서 x와 y 사이의 관계식은 $y=\dfrac{8}{x}$이다.

663 답 ㄱ, ㄴ, ㄹ

ㄴ. $y=-\dfrac{2}{x}$에서 $xy=-2$이므로 xy의 값이 일정하다.

ㄷ. y는 x에 반비례하므로 x의 값이 4배가 되면 y의 값은 $\dfrac{1}{4}$배가 된다.

ㄹ. $y=-\dfrac{2}{x}$에 $x=-8$을 대입하면 $y=-\dfrac{2}{-8}=\dfrac{1}{4}$

따라서 옳은 것은 ㄱ, ㄴ, ㄹ이다.

664 답 ③

① $y=3x$ ② $y=5x$ ③ $y=\dfrac{2}{x}$

④ $y=8x$ ⑤ $y=13x$

따라서 y가 x에 반비례하는 것은 ③이다.

665 답 2

ㄱ. $y=24-x$

ㄴ. $y=16x$

ㄷ. $y=\dfrac{350}{x}$

ㄹ. $\dfrac{1}{2}\times x\times y=20$이므로 $y=\dfrac{40}{x}$

ㅁ. $y=70x$

ㅂ. $y=3x$

ㅅ. $y=\dfrac{1}{2}\times x\times 8$이므로 $y=4x$

따라서 정비례하는 것은 ㄴ, ㅁ, ㅂ, ㅅ의 4개이고, 반비례하는 것은 ㄷ, ㄹ의 2개이므로

$a=4$, $b=2$

∴ $a-b=4-2=2$

666 답 -4

y가 x에 반비례하므로 $y=\dfrac{a}{x}$로 놓고 $x=10$, $y=-2$를 대입하면

$-2=\dfrac{a}{10}$ ∴ $a=-20$

∴ $y=-\dfrac{20}{x}$ ······ ❶

따라서 $y=-\dfrac{20}{x}$에 $y=5$를 대입하면

$5=-\dfrac{20}{x}$ ∴ $x=-4$ ······ ❷

채점 기준

❶ x와 y 사이의 관계식 구하기	50 %
❷ $y=5$일 때 x의 값 구하기	50 %

다른 풀이

y가 x에 반비례하면 xy의 값이 일정하므로

$10\times(-2)=x\times 5$ ∴ $x=-4$

667 답 6

y가 x에 반비례하므로 $y=\dfrac{a}{x}$로 놓고 $x=-3$, $y=6$을 대입하면

$6=\dfrac{a}{-3}$ ∴ $a=-18$ ∴ $y=-\dfrac{18}{x}$

$y=-\dfrac{18}{x}$에 $x=p$, $y=2$를 대입하면

$2=-\dfrac{18}{p}$ $\therefore p=-9$

$y=-\dfrac{18}{x}$에 $x=1$, $y=q$를 대입하면

$q=-\dfrac{18}{1}=-18$

$y=-\dfrac{18}{x}$에 $x=6$, $y=r$를 대입하면

$r=-\dfrac{18}{6}=-3$

$\therefore p-q+r=-9-(-18)+(-3)=6$

668 답 ③

$y=-\dfrac{3}{x}$의 그래프는 제2사분면과 제4사분면을 지나는 한 쌍의 매끄러운 곡선이다.

또 $x=-3$일 때 $y=-\dfrac{3}{-3}=1$이므로 그래프는 점 $(-3,\ 1)$을 지난다.

따라서 구하는 그래프는 ③이다.

669 답 ①

$y=\dfrac{12}{x}$에 각 점의 좌표를 대입하면

① $-\dfrac{5}{6}\neq\dfrac{12}{-10}$ ② $-3=\dfrac{12}{-4}$

③ $4=\dfrac{12}{3}$ ④ $\dfrac{3}{2}=\dfrac{12}{8}$

⑤ $1=\dfrac{12}{12}$

따라서 $y=\dfrac{12}{x}$의 그래프 위의 점이 아닌 것은 ①이다.

670 답 ③, ⑤

① 원점을 지나지 않는다.

② $y=\dfrac{4}{x}$에 $x=2$를 대입하면 $y=2$

    즉, 점 $(2,\ 2)$를 지난다.

④ 제1사분면과 제3사분면을 지난다.

따라서 $y=\dfrac{4}{x}$의 그래프에 대한 설명으로 옳은 것은 ③, ⑤이다.

671 답 ㄱ, ㄹ, ㅂ

정비례 관계 $y=ax$의 그래프와 반비례 관계 $y=\dfrac{a}{x}$의 그래프는

$a>0$일 때 제1사분면과 제3사분면을 지나고,

$a<0$일 때 제2사분면과 제4사분면을 지난다.

따라서 제2사분면과 제4사분면을 지나는 것은 ㄱ, ㄹ, ㅂ이다.

672 답 ③

①, ②, ④, ⑤ 제2사분면과 제4사분면을 지난다.

③ 제1사분면과 제3사분면을 지난다.

따라서 그래프가 지나는 사분면이 나머지 넷과 다른 하나는 ③이다.

673 답 ②

$y=-\dfrac{16}{x}$의 그래프가 두 점 $(-4,\ a)$, $(b,\ -8)$을 지나므로

$y=-\dfrac{16}{x}$에 $x=-4$, $y=a$를 대입하면

$a=-\dfrac{16}{-4}=4$

$y=-\dfrac{16}{x}$에 $x=b$, $y=-8$을 대입하면

$-8=-\dfrac{16}{b}$ $\therefore b=2$

$\therefore a+b=4+2=6$

674 답 -15

$y=\dfrac{a}{x}$에 $x=2$, $y=-6$을 대입하면

$-6=\dfrac{a}{2}$ $\therefore a=-12$ $\therefore y=-\dfrac{12}{x}$

$y=-\dfrac{12}{x}$에 $x=-8$, $y=b$를 대입하면

$b=-\dfrac{12}{-8}=\dfrac{3}{2}$

$y=-\dfrac{12}{x}$에 $x=c$, $y=-4$를 대입하면

$-4=-\dfrac{12}{c}$ $\therefore c=3$

$\therefore ab+c=-12\times\dfrac{3}{2}+3=-15$

675 답 16

$y=ax$에 $x=-2$, $y=12$를 대입하면

$12=-2a$ $\therefore a=-6$ ⋯⋯ ⓘ

$y=\dfrac{b}{x}$에 $x=5$, $y=2$를 대입하면

$2=\dfrac{b}{5}$ $\therefore b=10$ ⋯⋯ ⓘⓘ

$\therefore b-a=10-(-6)=16$ ⋯⋯ ⓘⓘⓘ

채점 기준	
ⓘ a의 값 구하기	40 %
ⓘⓘ b의 값 구하기	40 %
ⓘⓘⓘ $b-a$의 값 구하기	20 %

676 답 ⑤

$y=ax$에 $x=2$, $y=-6$을 대입하면

$-6=2a$ $\therefore a=-3$

$y=\dfrac{b}{x}$에 $x=2$, $y=-6$을 대입하면

$-6=\dfrac{b}{2}$ $\therefore b=-12$

$\therefore ab=-3\times(-12)=36$

677 답 ㄴ, ㅁ

반비례 관계 $y=\dfrac{a}{x}$ $(a\neq0)$의 그래프는 a의 절댓값이 클수록 원점에서 멀다.

이때 $|-1|<|2|<|3|<|-5|<|7|<|-12|$이므로 그래프가 원점에 가장 가까운 것은 ㄴ, 원점에서 가장 먼 것은 ㅁ이다.

678 답 ③

$y=\dfrac{a}{x}$의 그래프는 제1사분면과 제3사분면을 지나므로 $a>0$

또 $y=\dfrac{a}{x}$의 그래프가 $y=\dfrac{3}{x}$의 그래프보다 원점에 가까우므로

$|a|<|3|$ $\quad\therefore a<3$

따라서 a의 값이 될 수 있는 것은 ③이다.

679 답 ⑤

$y=ax$, $y=bx$의 그래프는 제1사분면과 제3사분면을 지나므로
$a>0$, $b>0$

또 $y=ax$의 그래프가 $y=bx$의 그래프보다 y축에 가까우므로

$|a|>|b|$ $\quad\therefore a>b$

$y=\dfrac{c}{x}$, $y=\dfrac{d}{x}$의 그래프는 제2사분면과 제4사분면을 지나므로
$c<0$, $d<0$

또 $y=\dfrac{c}{x}$의 그래프가 $y=\dfrac{d}{x}$의 그래프보다 원점에 가까우므로

$|c|<|d|$ $\quad\therefore c>d$

$\therefore d<c<b<a$

680 답 $y=\dfrac{14}{x}$

그래프가 좌표축에 가까워지면서 한없이 뻗어 나가는 한 쌍의 매끄러운 곡선이므로 $y=\dfrac{a}{x}$로 놓자.

$y=\dfrac{a}{x}$의 그래프가 점 $(2,7)$을 지나므로 $y=\dfrac{a}{x}$에 $x=2$, $y=7$을 대입하면

$7=\dfrac{a}{2}$ $\quad\therefore a=14$

따라서 x와 y 사이의 관계식은 $y=\dfrac{14}{x}$이다.

681 답 ②

그래프가 좌표축에 가까워지면서 한없이 뻗어 나가는 한 쌍의 매끄러운 곡선이므로 $y=\dfrac{a}{x}$로 놓자.

$y=\dfrac{a}{x}$의 그래프가 점 $(-3,5)$를 지나므로 $y=\dfrac{a}{x}$에 $x=-3$, $y=5$를 대입하면

$5=\dfrac{a}{-3}$ $\quad\therefore a=-15$ $\quad\therefore y=-\dfrac{15}{x}$

따라서 $y=-\dfrac{15}{x}$에 $x=\dfrac{5}{2}$, $y=k$를 대입하면

$k=-15\div\dfrac{5}{2}=-15\times\dfrac{2}{5}=-6$

682 답 ㄱ, ㄹ

ㄱ. 그래프 ㈎는 좌표축에 가까워지면서 한없이 뻗어 나가는 한 쌍의 매끄러운 곡선이므로 $y=\dfrac{a}{x}$로 놓자.

$y=\dfrac{a}{x}$의 그래프가 점 $(-1,3)$을 지나므로 $y=\dfrac{a}{x}$에 $x=-1$, $y=3$을 대입하면

$3=\dfrac{a}{-1}$ $\quad\therefore a=-3$ $\quad\therefore y=-\dfrac{3}{x}$

ㄴ. 그래프 ㈐는 좌표축에 가까워지면서 한없이 뻗어 나가는 한 쌍의 매끄러운 곡선이므로 $y=\dfrac{b}{x}$로 놓자.

$y=\dfrac{b}{x}$의 그래프가 점 $(2,3)$을 지나므로 $y=\dfrac{b}{x}$에 $x=2$, $y=3$을 대입하면

$3=\dfrac{b}{2}$ $\quad\therefore b=6$ $\quad\therefore y=\dfrac{6}{x}$

ㄷ. 그래프 ㈏는 원점을 지나는 직선이므로 $y=cx$로 놓자.
$y=cx$의 그래프가 점 $(-1,2)$를 지나므로 $y=cx$에
$x=-1$, $y=2$를 대입하면
$2=-c$ $\quad\therefore c=-2$ $\quad\therefore y=-2x$

ㄹ. 그래프 ㈑는 원점을 지나는 직선이므로 $y=dx$로 놓자.
$y=dx$의 그래프가 점 $(3,1)$을 지나므로 $y=dx$에 $x=3$, $y=1$을 대입하면
$1=3d$ $\quad\therefore d=\dfrac{1}{3}$ $\quad\therefore y=\dfrac{1}{3}x$

따라서 옳은 것은 ㄱ, ㄹ이다.

683 답 24

점 P의 y좌표가 -3이므로 $y=\dfrac{a}{x}$에 $y=-3$을 대입하면

$-3=\dfrac{a}{x}$ $\quad\therefore x=-\dfrac{a}{3}$ $\quad\cdots\cdots$ ❶

점 Q의 y좌표가 -6이므로 $y=\dfrac{a}{x}$에 $y=-6$을 대입하면

$-6=\dfrac{a}{x}$ $\quad\therefore x=-\dfrac{a}{6}$ $\quad\cdots\cdots$ ❷

두 점 P, Q의 x좌표의 차가 -4이므로

$-\dfrac{a}{3}-\left(-\dfrac{a}{6}\right)=-4$, $-\dfrac{a}{6}=-4$

$\therefore a=24$ $\quad\cdots\cdots$ ❸

채점 기준

❶ 점 P의 x좌표를 a에 대한 식으로 나타내기	30 %
❷ 점 Q의 x좌표를 a에 대한 식으로 나타내기	30 %
❸ a의 값 구하기	40 %

684 답 24

$y=\dfrac{2}{3}x$의 그래프 위의 점 P의 x좌표가 6이므로 $y=\dfrac{2}{3}x$에 $x=6$을 대입하면

$y=\dfrac{2}{3}\times6=4$ $\quad\therefore \mathrm{P}(6,4)$

이때 $y=\dfrac{a}{x}$의 그래프가 점 $\mathrm{P}(6,4)$를 지나므로 $y=\dfrac{a}{x}$에 $x=6$, $y=4$를 대입하면

$4=\dfrac{a}{6}$ $\quad\therefore a=24$

685 답 ①

$y=-\dfrac{18}{x}$의 그래프가 점 $(b,6)$을 지나므로 $y=-\dfrac{18}{x}$에 $x=b$, $y=6$을 대입하면

$6=-\dfrac{18}{b}$ $\quad\therefore b=-3$

이때 $y=ax$의 그래프가 점 $(-3, 6)$을 지나므로 $y=ax$에 $x=-3$, $y=6$을 대입하면

$6=-3a$ $\therefore a=-2$

$\therefore a+b=-2+(-3)=-5$

686 답 ②, ⑤

② $y=\dfrac{a}{x}$에 $x=1$을 대입하면 $y=a$

   즉, 점 $(1, a)$를 지난다.

⑤ a의 절댓값이 클수록 원점에서 멀다.

참고 반비례 관계 $y=\dfrac{a}{x}(a\neq0)$의 그래프는 a의 값의 부호에 관계없이 항상 점 $(1, a)$를 지난다.

687 답 12

$y=\dfrac{18}{x}$의 그래프에서 x좌표와 y좌표가 모두 정수이려면 $|x|$는 18의 약수이어야 하므로 x의 값은

$-18, -9, -6, -3, -2, -1, 1, 2, 3, 6, 9, 18$

따라서 x좌표와 y좌표가 모두 정수인 점은

$(-18, -1), (-9, -2), (-6, -3), (-3, -6), (-2, -9),$
$(-1, -18), (1, 18), (2, 9), (3, 6), (6, 3), (9, 2), (18, 1)$
의 12개이다.

참고 반비례 관계 $y=\dfrac{a}{x}(a\neq0)$의 그래프 위의 점 (m, n) 중에서 m, n이 모두 정수이려면 $|m|$은 $|a|$의 약수이어야 한다.

688 답 16

점 B의 x좌표를 $k(k>0)$라 하면 $B\left(k, \dfrac{16}{k}\right)$

따라서 직사각형 AOCB의 넓이는

$k\times\dfrac{16}{k}=16$

689 답 ④

$y=\dfrac{a}{x}$의 그래프가 점 $Q(5, 4)$를 지나므로 $y=\dfrac{a}{x}$에 $x=5$, $y=4$를 대입하면

$4=\dfrac{a}{5}$ $\therefore a=20$ $\therefore y=\dfrac{20}{x}$

점 P의 y좌표가 10이므로 $y=\dfrac{20}{x}$에 $y=10$을 대입하면

$10=\dfrac{20}{x}$ $\therefore x=2$

$\therefore P(2, 10)$

따라서 직사각형 PAQB의 넓이는

$(5-2)\times(10-4)=3\times6=18$

690 답 8

점 C의 x좌표가 2이므로 $y=\dfrac{24}{x}$에 $x=2$를 대입하면

$y=\dfrac{24}{2}=12$ $\therefore C(2, 12)$

따라서 직사각형 AOBC의 넓이는

$2\times12=24$

점 E의 x좌표가 2이므로 $y=\dfrac{a}{x}$에 $x=2$를 대입하면

$y=\dfrac{a}{2}$ $\therefore E\left(2, \dfrac{a}{2}\right)$

따라서 직사각형 DOBE의 넓이는

$2\times\dfrac{a}{2}=a$

이때 직사각형 AOBC의 넓이는 직사각형 DOBE의 넓이의 3배이므로

$24=3a$ $\therefore a=8$

691 답 -8

$y=\dfrac{a}{x}$의 그래프가 제2사분면과 제4사분면을 지나므로 $a<0$

점 A의 x좌표가 -4이므로 $y=\dfrac{a}{x}$에 $x=-4$를 대입하면

$y=\dfrac{a}{-4}$ $\therefore A\left(-4, -\dfrac{a}{4}\right)$

점 C의 x좌표가 4이므로 $y=\dfrac{a}{x}$에 $x=4$를 대입하면

$y=\dfrac{a}{4}$ $\therefore C\left(4, \dfrac{a}{4}\right)$

이때 직사각형 ABCD의 넓이가 32이므로

$\{4-(-4)\}\times\left(-\dfrac{a}{4}-\dfrac{a}{4}\right)=32$

$8\times\left(-\dfrac{a}{2}\right)=32, \ -4a=32$

$\therefore a=-8$

692 답 30

점 A의 x좌표가 3이므로 $y=\dfrac{a}{x}$에 $x=3$을 대입하면

$y=\dfrac{a}{3}$ $\therefore A\left(3, \dfrac{a}{3}\right)$

점 C의 x좌표가 6이므로 $y=\dfrac{a}{x}$에 $x=6$을 대입하면

$y=\dfrac{a}{6}$ $\therefore C\left(6, \dfrac{a}{6}\right)$ ⋯⋯ ❶

이때 직사각형 ABCD의 넓이가 15이므로

$(6-3)\times\left(\dfrac{a}{3}-\dfrac{a}{6}\right)=15$

$3\times\dfrac{a}{6}=15, \ \dfrac{a}{2}=15$

$\therefore a=30$ ⋯⋯ ❷

채점 기준	
❶ 두 점 A, C의 좌표를 a를 사용하여 나타내기	40 %
❷ a의 값 구하기	60 %

693 답 ④

점 A의 x좌표가 1이므로 $y=4x$에 $x=1$을 대입하면

$y=4\times1=4$ $\therefore A(1, 4)$

즉, 정사각형 ABCD의 한 변의 길이는 4이다.

따라서 점 D의 x좌표는 $1+4=5$, y좌표는 4이므로 $y=\dfrac{a}{x}$에 $x=5$, $y=4$를 대입하면

$4=\dfrac{a}{5}$ $\therefore a=20$

694 답 ④

① ㉠에 알맞은 수는 $\dfrac{3300}{2}=1650$이다.

② ㉡에 알맞은 수는 $\dfrac{3300}{3}=1100$이다.

③ ㉢에 알맞은 수는 $\dfrac{3300}{4}=825$이다.

④ $y=\dfrac{3300}{x}$에 $x=15$를 대입하면

$$y=\dfrac{3300}{15}=220$$

따라서 옳지 않은 것은 ④이다.

695 답 $y=\dfrac{150}{x}$, $30\,cm^3$

y는 x에 반비례하므로 $y=\dfrac{a}{x}$로 놓자.

$y=\dfrac{a}{x}$에 $x=3$, $y=50$을 대입하면

$$50=\dfrac{a}{3} \quad\therefore a=150 \quad\therefore y=\dfrac{150}{x}$$

$y=\dfrac{150}{x}$에 $x=5$를 대입하면

$$y=\dfrac{150}{5}=30$$

따라서 압력이 5기압일 때, 이 기체의 부피는 $30\,cm^3$이다.

696 답 ③

매분 $20\,L$씩 36분 동안 넣은 물의 양과 매분 $x\,L$씩 y분 동안 넣은 물의 양은 같으므로

$$20\times36=x\times y \quad\therefore y=\dfrac{720}{x}$$

697 답 ③

(톱니바퀴 A의 톱니의 수)×(톱니바퀴 A의 회전수)
＝(톱니바퀴 B의 톱니의 수)×(톱니바퀴 B의 회전수)이므로

$$30\times4=x\times y \quad\therefore y=\dfrac{120}{x}$$

$y=\dfrac{120}{x}$에 $x=20$을 대입하면

$$y=\dfrac{120}{20}=6$$

따라서 톱니바퀴 B는 매분 6번 회전한다.

698 답 (1) $y=\dfrac{280}{x}$ (2) 210분

(1) (시간)＝$\dfrac{\text{(거리)}}{\text{(속력)}}$이므로 $y=\dfrac{280}{x}$ ······ ⓘ

(2) $y=\dfrac{280}{x}$에 $x=80$을 대입하면

$$y=\dfrac{280}{80}=\dfrac{7}{2}$$

따라서 시속 $80\,km$로 이동하면 국립 공원까지 가는 데 $\dfrac{7}{2}$시간,

즉 210분이 걸린다. ······ ⓘ

채점 기준

ⓘ x와 y 사이의 관계식 구하기	50 %
ⓘ 시속 $80\,km$로 이동할 때 국립 공원까지 가는 데 걸리는 시간 구하기	50 %

699 답 $\dfrac{17}{1000}$ m 이상 17 m 이하

음파의 파장을 $y\,m$, 진동수를 $x\,Hz$라 하면 y는 x에 반비례하므로 $y=\dfrac{a}{x}$로 놓자.

$y=\dfrac{a}{x}$에 $x=10$, $y=34$를 대입하면

$$34=\dfrac{a}{10} \quad\therefore a=340 \quad\therefore y=\dfrac{340}{x}$$

$y=\dfrac{340}{x}$에 $x=20$을 대입하면 $y=\dfrac{340}{20}=17$

$y=\dfrac{340}{x}$에 $x=20000$을 대입하면 $y=\dfrac{340}{20000}=\dfrac{17}{1000}$

따라서 사람이 귀로 들을 수 있는 음파의 파장의 범위는 $\dfrac{17}{1000}$ m 이상 17 m 이하이다.

최고수준 도전 기출　147~148쪽

700 답 (10, 10)

전략 점 A의 x좌표를 a라 하고, 두 선분 AB, BC의 길이가 4임을 이용하여 네 점 A, B, C, D의 좌표를 a를 사용하여 나타낸다.

점 A의 x좌표를 a라 하면 점 A는 $y=\dfrac{5}{3}x$의 그래프 위의 점이므로

$$A\left(a,\ \dfrac{5}{3}a\right)$$

선분 AB의 길이가 4이므로 점 B의 y좌표는 $\dfrac{5}{3}a-4$

$$\therefore B\left(a,\ \dfrac{5}{3}a-4\right)$$

선분 BC의 길이가 4이므로 점 C의 x좌표는 $a+4$

$$\therefore C\left(a+4,\ \dfrac{5}{3}a-4\right)$$

이때 점 C는 $y=\dfrac{3}{5}x$의 그래프 위의 점이므로 $y=\dfrac{3}{5}x$에

$x=a+4$, $y=\dfrac{5}{3}a-4$를 대입하면

$$\dfrac{5}{3}a-4=\dfrac{3}{5}(a+4)$$

양변에 15를 곱하면 $25a-60=9a+36$

$$16a=96 \quad\therefore a=6$$

따라서 점 D의 좌표는 $\left(a+4,\ \dfrac{5}{3}a\right)$, 즉 (10, 10)이다.

701 답 ③

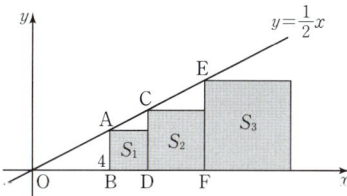

위의 그림에서 점 A의 x좌표가 4이고 점 A는 $y=\dfrac{1}{2}x$의 그래프 위의 점이므로

$$A(4, 2)$$

즉, 선분 BD의 길이가 2이므로 점 D의 x좌표는 $4+2=6$

점 C의 x좌표가 6이고 점 C는 $y=\frac{1}{2}x$의 그래프 위의 점이므로
$C(6, 3)$
즉, 선분 DF의 길이가 3이므로 점 F의 x좌표는 $6+3=9$
점 E의 x좌표가 9이고 점 E는 $y=\frac{1}{2}x$의 그래프 위의 점이므로
$E\left(9, \frac{9}{2}\right)$

$$\therefore S_1+S_2+S_3=2\times2+3\times3+\frac{9}{2}\times\frac{9}{2}$$
$$=4+9+\frac{81}{4}=\frac{133}{4}$$

702 답 $\frac{3}{2}$

오른쪽 그림과 같이 $y=ax$의 그래프와 선분
AB가 만나는 점을 P라 하고, 점 P의 좌표를
$(m, n)\,(m>0, n>0)$이라 하자.

(삼각형 AOB의 넓이)$=\frac{1}{2}\times6\times9=27$에서

(삼각형 AOP의 넓이)$=\frac{1}{2}\times27=\frac{27}{2}$이므로

$\frac{1}{2}\times9\times m=\frac{27}{2}$　$\therefore m=3$

또 (삼각형 POB의 넓이)$=\frac{27}{2}$이므로

$\frac{1}{2}\times6\times n=\frac{27}{2}$　$\therefore n=\frac{9}{2}$

따라서 $y=ax$의 그래프가 점 $P\left(3, \frac{9}{2}\right)$를 지나므로 $y=ax$에

$x=3, y=\frac{9}{2}$를 대입하면

$\frac{9}{2}=3a$　$\therefore a=\frac{3}{2}$

703 답 ④

$y=ax$의 그래프가 점 $(-4, c)$를 지나므로 $y=ax$에 $x=-4$,
$y=c$를 대입하면
$c=-4a$
$y=\frac{b}{x}$의 그래프가 점 $(-4, c)$를 지나므로 $y=\frac{b}{x}$에 $x=-4$,
$y=c$를 대입하면
$c=\frac{b}{-4}$

즉, $c=-4a=\frac{b}{-4}$이므로 a, b의 부호는 서로 같고 c의 부호는
다르다.

따라서 $\frac{a}{b}>0$, $bc<0$이므로 점 $\left(\frac{a}{b}, bc\right)$는 제4사분면 위의 점이다.

704 답 $\frac{3}{4}\leq a\leq3$

$y=\frac{12}{x}$의 그래프가 점 $B(k, 3)$을 지나므로 $y=\frac{12}{x}$에 $x=k$,
$y=3$을 대입하면

$3=\frac{12}{k}$　$\therefore k=4$

(i) $y=ax$의 그래프가 점 $A(2, 6)$을 지날 때,
　$y=ax$에 $x=2$, $y=6$을 대입하면
　　$6=2a$　$\therefore a=3$

(ii) $y=ax$의 그래프가 점 $B(4, 3)$을 지날 때,
　$y=ax$에 $x=4$, $y=3$을 대입하면
　　$3=4a$　$\therefore a=\frac{3}{4}$

(i), (ii)에서 $y=ax$의 그래프가 선분 AB와 만나기 위한 상수 a의
값의 범위는
$\frac{3}{4}\leq a\leq3$

705 답 ⑤

$y=\frac{a}{x}$에서 $xy=a$이므로 이 그래프 위의 점의 x좌표와 y좌표의 곱
은 항상 a로 일정하다.
즉, 두 직사각형 AODP와 BOEQ의 넓이가 서로 같다.
∴ (직사각형 CDEQ의 넓이)
　$=$(직사각형 BOEQ의 넓이)$-$(직사각형 BODC의 넓이)
　$=$(직사각형 AODP의 넓이)$-$(직사각형 BODC의 넓이)
　$=$(직사각형 ABCP의 넓이)
　$=20$

706 답 ⑤

전략　삼각형 $A_nB_{n-1}B_n$의 넓이를 이용하여 두 점 A_n, B_n의 좌표를
구한다.

점 A_1의 y좌표가 2이므로 $y=\frac{2}{x}$에 $y=2$를 대입하면

$2=\frac{2}{x}$　$\therefore x=1$

$\therefore A_1(1, 2)$, $B_1(1, 0)$
두 점 A_2, B_2의 x좌표를 b_2라 하면

$A_2\left(b_2, \frac{2}{b_2}\right)$, $B_2(b_2, 0)$

삼각형 $A_2B_1B_2$의 넓이가 $\frac{1}{2}$이므로

$\frac{1}{2}\times(b_2-1)\times\frac{2}{b_2}=\frac{1}{2}$

$b_2-1=\frac{1}{2}b_2$, $\frac{1}{2}b_2=1$　$\therefore b_2=2$

두 점 A_3, B_3의 x좌표를 b_3이라 하면

$A_3\left(b_3, \frac{2}{b_3}\right)$, $B_3(b_3, 0)$

삼각형 $A_3B_2B_3$의 넓이가 $\frac{1}{3}$이므로

$\frac{1}{2}\times(b_3-2)\times\frac{2}{b_3}=\frac{1}{3}$

$b_3-2=\frac{1}{3}b_3$, $\frac{2}{3}b_3=2$　$\therefore b_3=3$
　　⋮
즉, 두 점 A_n, B_n의 x좌표가 n이므로

$A_{24}\left(24, \frac{1}{12}\right)$, $B_{24}(24, 0)$

사각형 $A_1B_1B_{24}A_{24}$의 넓이는
　　　└→ 사다리꼴

$\frac{1}{2}\times\left(2+\frac{1}{12}\right)\times(24-1)=\frac{1}{2}\times\frac{25}{12}\times23=\frac{575}{24}$

따라서 $p=575$, $q=24$이므로
$p+q=575+24=599$

다른 곳엔 없는

메타인지 학습 과

성취 기반 AI메타보드·AI채움퀘스트

교재 강의 로

업계 유일한 비상교재, 쎈 강좌 보유

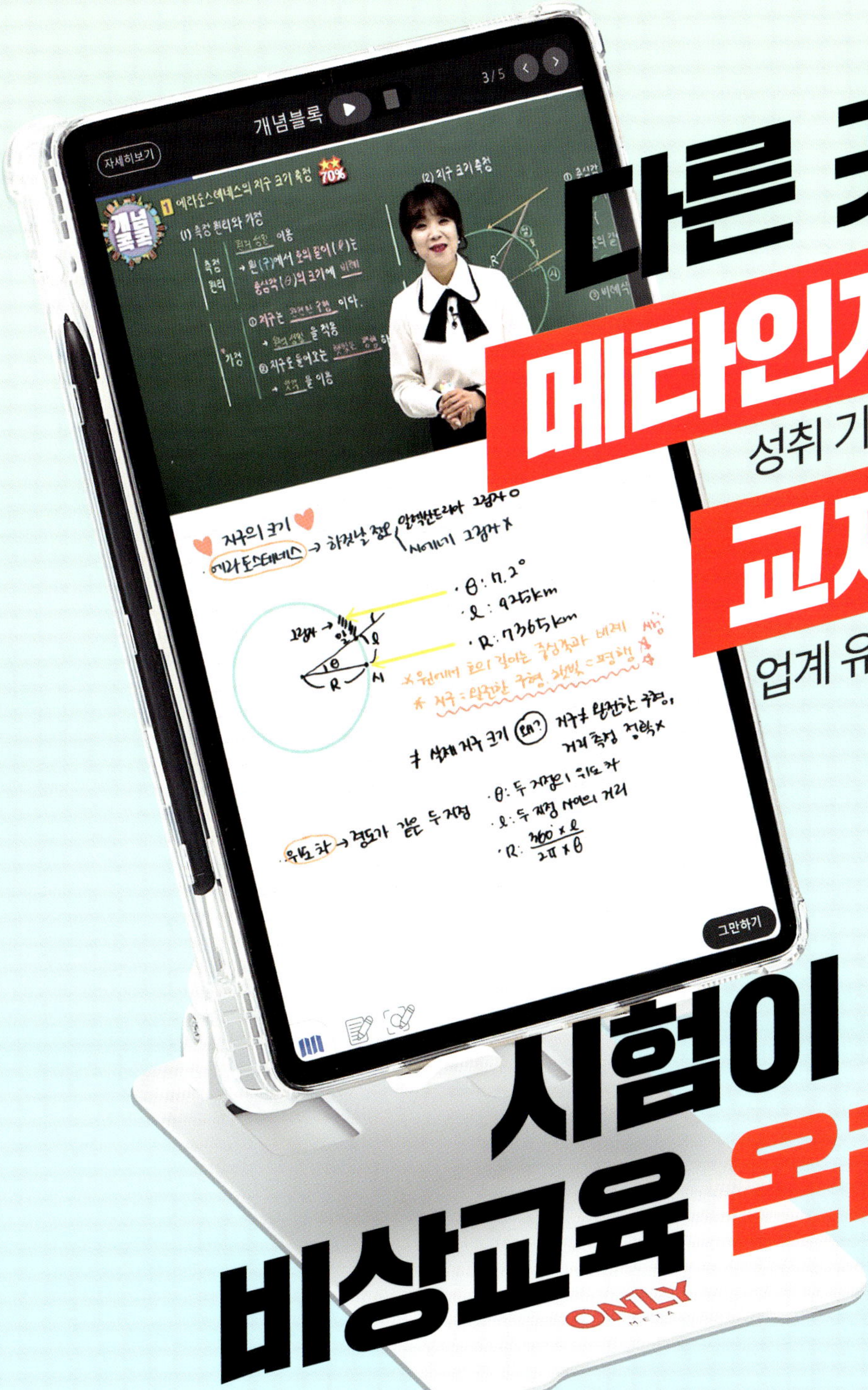

시험이 쉬워지는

비상교육 **온리원 중등**

0원 무제한 학습!
지금 신청하기

★★★ **10명 중 8명 내신 최상위권**
★★★ **특목고 합격생 167% 달성**
★★★ **1년 만에 2배 장학생 증가**

완자 기출 **PICK** 완자가 pick한 내신 기출의 모든 것, 내신 필수템!

대표전화 1544-0554
주소 경기도 과천시 과천대로2길 54(갈현동, 그라운드브이)
협의 없는 무단 복제는 법으로 금지되어 있습니다.